신용철의
참쉬운 천연식초 만들기

신용철의
참쉬운 천연식초 만들기

누구나 쉽게 따라할 수 있는 전통 발효식초 레시피 102

이른아침

전통의 비법과 천연식초의 만남

할머니와 어머니의 발효 부엌

불과 30여 년 전까지만 해도 우리네 할머니와 어머니들은 집에서 직접 식초를 만들어 요리에 이용했다. 가마솥 옆 제일 따뜻한 부뚜막 위에는 항상 초가 익어가는 초병이 놓여 있었고, 할머니와 어머니는 부엌에 드나드실 때마다 아주 귀한 보물을 다루듯 성심어린 마음으로 식초가 만들어지길 기도했다. "초야, 초야, 나와 살자, 나와 살자." 하면서 술 넣은 초병을 자주 흔들어주던 모습이 우리네 부엌살림에 있었다.

하지만 이제는 부뚜막에 초병을 두고 정성을 다해 조심조심 흔들어주던 풍경은 더이상 찾아보기 어렵다. 가족들의 삼시세끼를 챙기기 위해, 그리고 온돌의 군불을 지피기 위해 존재하던 아궁이가 사라졌고, 언제나 따뜻한 온도를 유지하던 부뚜막도 사라졌다. 그와 함께 초병도 사라진 것이다.

우리네 할머니와 어머니가 자연적인 방법으로 만들던 천연식초는 초여름 온도인 30도 전후에서 발효가 가장 잘 이루어졌다. 우리 전통 부엌의 부뚜막은 식초가 자연발효를 하기 위한 최적의 온도를 유지하던 장소였고, 할머니와 어머니들이 하루 중 가장 많은 시간을 보내는 부엌에 초병을 두고 자주 흔들어준 것은 호기성 초산균의 발육과

할머니 때부터 사용하던 초병

발효에 필요한 산소를 충분히 공급할 수 있는 매우 효과적인 방법이었다.

필자의 할머니와 어머니도 같은 방법으로 식초를 직접 만들어 드셨다. 어린 시절 간식거리를 찾아 할머니를 따라 부엌에 들어가면 이상하게도 시큼한 냄새가 코를 찌르곤 했다. 부뚜막 근처에서 나는 이 시큼한 냄새도 그때그때 조금씩 달라서 어떤 날에는 "이게 뭐야!" 하며 나도 모르게 얼굴이 찡그려지기도 했다. 또 초병을 흔들기라도 하면 초병에 달라붙었다 일시에 날아가는 초파리 무리를 보고 기겁을 하여 도망을 치기도 했다.

어린 시절에는 할머니와 어머니의 일상에 별 관심이 없었다. 할머니와 어머니가 부엌에서 우물가로, 밭에서 논으로 전전긍긍하며 숨가쁘게 움직일 때 나의 마음은 친구들과 밖에 나가 놀 생각 뿐이었다.

마음을 열어 관심을 갖기 전에는 주변의 일들이 그저 스쳐가는 일상일 뿐이다. 예전

에 할머니와 어머니가 하시던 일이 어린 내게는 그러했다. 별 관심이 없었고 시키는 일이나, 하시는 말씀 모두 귓등으로 흘렸다. 우리를 위해 흘리시는 땀방울도 눈에 들어오지 않았다. 하지만 성인이 되고 결혼을 하여 식초를 가까이 하고 만들게 되면서 자주 그때가 떠오른다. 그 시절의 어린아이로 돌아가 그분들의 말씀을 생각하고 더듬어가며 일상을 새롭게 깨우쳐가고 있다. 어쩌면 그래서 식초를 만드는 일에 더 애정이 가는 것인지도 모르겠다.

나의 발효 스승은 할머니

우리 할머니는 발효음식에 천재적인 소질이 있으셨던 것 같다. 할머니야말로 나의 발효 스승이다. 할머니는 할아버지를 일찍 저세상으로 보내고 2남3녀의 자녀를 홀로 키우셨다. 체구는 아주 왜소했지만 웬만한 남자들이 따라올 수 없을 정도로 배짱이 두둑한 여장부였는데, 음식을 만드는 데도 천부적인 소질이 있으셔서 된장, 고추장, 간장, 식초 등 다양한 발효음식들을 맛깔나게 잘 만드셨다. 청년기까지 할머니가 각종 발효음식들 만드는 것을 곁에서 지켜보고 달콤짭조름한 할머니의 손맛이 든 반찬들을 먹으면서 자랐다. 나에게 할머니는 엄마이기도 했다. 태어나면서부터 어머니보다는 할머니 품에서 컸고 걸음마를 시작하면서 할머니 치맛자락을 붙잡고 따라 다닐 정도로 떨어져서는 살 수 없는 존재였다. 평소에 할머니와 같이 자고 할머니와 같이 움직이면서 생활을 하다 보니 자연스럽게 발효음식 만드는 것도 같이 하게 되었다.

할머니가 장을 담글 때나 식초를 안칠 때는 구경하라며 꼭 나를 부르셨는데 그때마다 부정을 탈 수 있으니 손발을 깨끗이 씻고 오도록 하셨다. 그러면서 고추장과 된장은 쌀쌀한 철이 찾아오면 담가야 하고, 누룩은 삼복더위에 뜨며, 식초는 초봄에서 초여름이나 늦여름에서 초가을에 만들어야 한다는 말씀을 들려주곤 하셨다. 하지만 뛰어

노는 것이 더 좋았던 어린 나는 유년시절 내내 이런 말씀을 한쪽 귀로 듣고 또 한쪽 귀로 흘려보냈을 뿐이다.

고등학교 때 감기몸살로 심하게 앓은 적이 있는데, 온몸에 한기가 드는 것 같더니 뼈마디가 쑤시며 몹시 아팠다. 입맛도 없어 제대로 먹지를 못했더니 결국 학교에 갈 힘조차 없어 결석을 하고 아예 자리에 누웠다. 할머니는 힘없이 누워만 있는 손자 걱정에 내가 제일 좋아하던 고등어 숯불구이와 계란 프라이를 해서 죽과 함께 상을 차려주셨지만 나는 한 수저도 먹을 수가 없었다. 할머니는 끙끙 앓고 있던 나를 위해 한겨울 추위를 마다하지 않고 앞마을에 있는 약방에서 약도 사다 주셨다. 그리고 입이 깔깔해 아무것도 먹지 못하는 내게 약이라도 먹으려면 속을 먼저 채워야 한다며 내가 제일 좋아하던 홍어 무침을 만들어주셨다. 막걸리식초로 버무린 것이었다. "우리 새끼, 많이 먹고 힘내야지." 하시며 입에 넣어주시는데 새콤하면서 매콤달콤한 홍어무침 한 점이 입에 들어가자 거짓말처럼 군침이 확 돌면서 입맛이 돌아왔다. 어찌나 반갑던지 그 자리에서 홍어무침 한 접시를 혼자 다 먹었다. 아마 그때부터 할머니의 식초 맛을 제대로 알아챘던 것 같다.

청년이 되고 힘이 생기자 고추장 담글 때 버무리는 것은 내가 맡게 되었다. 식초 만들 때에도 쌀 씻기 따위의 힘이 필요한 일은 어머니와 내가 나누어 맡았다. 그렇게 하나하나 같이 만들면서 할머니의 전통 막걸리 담그는 법을 지켜보고 식초 만드는 것도 어깨 너머로 배웠다. 그 기억에 의지하고 나름의 성공과 실패를 반복하며 이제는 나 혼자서 효소와 막걸리, 전통 식초를 만들고 있다. 할머니와 어머니의 손맛까지 흉내내기는 어렵지만 퍽이나 신기하고 재미있다. 그녀들의 일상이 이제는 내 삶의 일부가 되어가고 있다.

장인의 손을 주신 어머니

나는 태어나면서부터 할머니 품에서 자라 어머니를 '엄마'라고 친근하게 불러본 적

이 없다. 어머니는 항상 나와는 멀리 떨어진 사람처럼 느껴졌고, 엄마보다는 어머니라는 단어가 더 친숙했다. 어머니는 슬하에 7남매를 두셨지만 당신의 품과 손으로 자식을 제대로 키워보지 못하셨다. 논밭 일과 집안 일을 도맡아 해야 했기에 아기가 태어나면 할머니가 키우시고 어머니는 죽어라 일만 하셨다. 지금 와서 생각해보면 어머니의 불쌍한 인생살이에 눈시울이 젖고, 우리를 위해 땀만 흘리신 그 인생에 저절로 고개가 숙여진다.

내 기억에 있는 어머니는 눈만 뜨면 아버지와 논밭으로 나가시던 분이다. 그렇게 바깥 일에만 매달리던 분이지만 음식 솜씨만큼은 탁월했다. 어머니는 음식을 빠르게 척척 만들어냈을 뿐만 아니라, 천부적으로 타고난 손맛을 지니고 있어 가히 음식 천재라고 해도 좋을 정도였다. 평소 할머니도 음식을 많이 하셨지만 일꾼들이나 가족들이 먹는 음식은 어머니가 대부분 도맡았다. 우리 어머니의 동태국, 김치, 동치미, 멸치조림, 젓갈찜, 갈칫국, 홍어찌개는 그 누구도 따라올 수 없을 정도로 맛이 일품이었다.

어머니는 할머니와 발효음식도 같이 만드셨다. 하지만 할머니의 전통 방법을 그대로 따라하지 않고 약간씩 변형하여 새로운 발효음식을 만들어내곤 하셨다. 특히 감식초를 즐겨 담그셨는데, 감만으로 만드는 전통 감식초 외에 현미와 감을 섞고 거기에 다시 감즙을 넣어 만드는 어머니만의 특별한 감식초도 만드셨다. 나는 어머니가 담근 식초들 중에서 현미와 감으로 막걸리를 빚어 만드는 이 천연 감식초를 특히 좋아했는데, 발효 기간만 최소 1년이 걸리는 식초였다. 여느 천연식초와 달리 감미료가 들어간 것처럼 감칠맛이 나고 산도가 적당하여 먹기에 부드럽고 편했다. 하지만 어느 날 갑자기 어머니가 세상을 떠나셔서 어머니의 맛깔 난 음식과 감칠맛 나는 식초를 이제는 다시 맛볼 수 없게 되었다. 어머니의 손맛을 배울 기회도 영영 잃었다. 하지만 다행히도 간단한 레시피가 남아 있었다. 어머니가 관절과 디스크로 고생하실 때 내가 어머니의 지시에 따라 종종 만들었던 기억을 되살린 것이고, 이 레시피에 따라 오늘도 나는 나만의 감식초를 만들고 있다. 어머니는 현미와 감으로 식초를 담글 때 고두밥이 아니라 꼭 진밥을 지으라 하셨고, 감을 넣을 때도 즙을 짜서 건더기는 빼고 담아야 식초가 잘 만들어진다며 꼭 감즙을 내서 쓰도록 하셨다. 어머니의 이 비법이 지금은 나의 비법이 되었다.

즐기는 사람이 진정한 장인

평소 엄하고 무서웠던 할머니도 발효음식과 식초를 만드실 때만큼은 얼굴에서 웃음을 볼 수 있었고, 평소에 잘 웃지 않으시는 어머니도 음식을 만들고 감식초를 담그실 때는 편안하게 웃음 띤 얼굴을 하고 계셨다. 나 또한 하루 일과 중에서 막걸리, 효소, 식초 등 발효음식을 만들 때 웃음이 제일 많아진다. 기분이 좋아지면서 엔도르핀(endorphin)이 몸 안에 가득 차는 것을 느낀다. 그런 날이면 희한하게도 좋은 일이 생기고 소화도 더 잘되며 하루 종일 기분이 좋아 싱글벙글 웃게 된다. 할머니와 어머니 그리고 나는 모두 식초에 빠져 즐기는 사람이라 웃으면서 행복하게 만들 수 있는 게 아닐까 하는 생각이 든다.

식초의 효능을 처음 알게 된 것은 아버지와 어머니로부터 물려받은 가족력 때문에 크게 고생을 하던 20대 후반이었다. 남들보다 내장지방이 많이 끼고 혈액순환이 제대로 되지 않는 몸인데다 위장질환과 비염, 축농증으로 많이 힘들었다. 그 시기에 어떻게 하면 내 몸을 조금이라도 편하게 할 수 있을까 하는 고민 끝에 찾게 된 것이 발효음식이었다. 특히 어머니와 할머니가 즐겨 만드셨던 막걸리와 효소, 식초가 체질에 맞았다.

내가 지니고 있는 가족력은 대충만 헤아려도 여섯 가지나 된다. 그 중에서도 나를 가장 많이 괴롭힌 것은 위장병과 혈액순환장애 그리고 관절질환이었다. 한겨울이 시작되는 12월이면 어김없이 손과 발이 차가워지면서 발가락과 손가락에 피가 공급되지 않아서인지 심하게 저렸다. 바깥활동을 하는 동안에는 주머니에서 손을 뺄 수가 없었

으며 발가락이 얼어붙는 것 같아 몸이 따뜻해지도록 소주를 한 모금씩 마시며 돌아다녀야 할 정도로 증상이 심했다. 그러던 차에 문득 어머니의 식초 생각이 났다. 그 때부터 식초, 효소와 막걸리를 같이 만들어 먹기 시작했는데 차츰 효과가 눈에 띄게 나타났고, 가족력을 극복하는 데 큰 도움이 되었다.

처음엔 어머니가 계셔서 식초를 쉽게 구할 수 있었지만, 어머니가 세상을 떠나신 후에는 내 손으로 직접 가양주를 담그고 식초를 만들어야 했다. 그러다 기왕이면 내가 지니고 있는 질병에 좋은 재료들을 골라서 맞춤형 식초를 만들어야겠다는 생각이 들었다. 그렇게 가족력을 치유하기 위해 시작한 식초 만들기가 이제는 취미생활의 단계를 넘어섰다. 말하자면 마니아의 단계를 지나 아예 식초쟁이가 된 것이다. 전통 천연발효 식초를 더 많은 사람들에게 알리고자 '찾아가는 발효학교'를 설립하여 식초 학교도 운영하고 있다.

이렇게 발효식초를 만들면서 항상 드는 생각이 하나 있다. 나는 남들보다 머리가 좋아 식초를 더 잘 만들 수 있는 사람도 아니고, 노력을 한다지만 그것도 남들보다 더 많이 하지는 못한다. 그럼에도 질 좋은 천연식초를 다양하게 만들고 있다. 이는 내가 즐기는 사람이기 때문이다. 실제로 발효식초 만드는 일이 나는 무엇보다도 신기하고 재미있다. 이렇게 즐기면서 하기 때문에 행복을 느낀다. 이것이 나의 강점이라면 강점이다. 또 발효를 연구하면서 시간 가는 줄 모르고 일을 하기 때문에 누구보다도 좋은 식초가 만들어지고 언제나 좋은 결과로 보답을 해준다고 믿는다. 정성과 즐기는 것만큼 좋은 식초를 만들어내는 비법이 또 있을까?

내일도 아침 일찍 일어나 할머니 때부터 사용해 이미 100년이 넘은 종초를 넣어 한 통의 새 식초를 담그면서 일과를 시작하려 한다. 아침 일찍부터 발효를 시작하니 나의 몸에서는 종일 웃음이 떠나지 않을 것이고, 그로 인해 나를 더욱 행복하게 만들어주는 행복 호르몬이 만들어져 내일 하루도 즐겁고 좋은 일만 가득할 것 같다. 또 발효 강의를 하면서 룰루랄라 조금 더 신나는 시간을 보낼 수 있을 것도 같다.

약이 된 할머니와 어머니의 발효 인생

부모님 곁을 떠나 살다 보면 누구나 한 번쯤은 어머니의 손맛, 혹은 고향의 음식맛이 몹시 그리워질 때가 있다. 내 경우에는 주로 김치, 된장, 식초 등 발효음식과 관련된 기억들이 떠오르곤 한다. 나는 아장아장 걸음마를 떼기 시작하면서 할머니의 술빵을 빨고 다녔고, 말문이 트이고 한참 지나 집 밖의 세상이 신기하기만 하던 유년기에는 가자미초무침 한 접시면 밥 한 공기를 뚝딱 먹어치웠다. 온 세상이 모두 내 것 같고 두려울 것 없던 십대 후반에는 어머니의 홍어무침으로 한 끼 식사를 때우기도 했다.

내가 기억하고 있는 어머니의 요리하는 손은 뚝딱 하면 맛난 음식을 만들어내던 도깨비 손이었다. 그렇게 오랜 기간 어머니의 손맛에 길들여진 탓인지 어머니 곁을 떠나 사회생활을 시작하면서 나의 입은 식당 음식이나 어설프게 만들어진 음식에는 별 반응이 없었고 무얼 먹어도 맛있다고 느끼기 어려웠다. 그런 때일수록 어머니의 손맛이 더 절절하게 그리웠다. 그런 날이면 퇴근 후 냉장고 속에 있던 어머니의 김치를 혼자서 꺼내먹곤 하던 기억이 지금도 생생하다.

그렇게 쓸쓸하던 혼자만의 도시 생활은 20대 후반에 내 인생 최고의 행운인 지금의 아내와 결혼을 하게 되면서 드디어 마침표를 찍었다. 아내의 고향은 전라북도 진안으로, 음식 잘하시는 장모님 밑에서 자라서인지 아내도 솜씨가 제법이었다. 내가 먹고 싶은 것을 말하면 눈 깜짝할 사이에 뚝딱 만들어내고, 언제든 나를 위해 어머니께서 즐겨 만드시던 추억의 음식도 척척 만들어주니 나로서는 더 이상 바랄 게 없다.

요즘음의 나는 발효 강의를 많이 하고 있다. 그런 강좌들 중에는 할머니께서 자주 담그셨던 전통 막걸리 수업과 막걸리를 발효시켜 만드는 다양한 식초 만들기도 있다. 어릴 적 할머니 곁에서 부엌을 오가며 익힌 막걸리 만들기, 어머니가 가자미와 홍어무침에 넣으셨던 막걸리식초의 기억을 더듬어 지금의 식초 강의를 하고 있다. 또한 귀하고 귀해 금처럼 여겨졌던 설탕으로 조금씩 버무려두셨던 것을 생각해내 효소를 만들고 있고 강의 내용에 참고자료로 쓰고 있다.

어느덧 나의 일상은 할머니와 어머니를 닮아가고 있다. 어느 날은 하루 종일 식초를 만들고, 또 다른 날엔 새벽까지 효소 레시피를 연구하느라 시간을 잊고 지내기를 밥 먹듯이 한다. 새로운 막걸리와 식초를 찾기 위해 밤새 책과 씨름하는 날도 늘고 있다. 특히 우리 몸에 약이 되는 천연식초를 농촌에서든 도시에서든 누구나 쉽게 만들어 먹을 수 있는 방법을 찾아내고자 식초 연구에 전념하고 있다. 이 책은 그 보고서의 일부라고 할 수 있겠다.

지금의 우리 가족은 할머니와 어머니의 발효 인생을 고스란히 되살려 만든 나의 천연식초를 먹고 있다. 그래서인지 아내는 체중 관리가 잘되어 늘씬한 몸매를 유지한다. 변비 때문에 고생했던 화장실 생활도 편안해졌다. 묵직했던 나의 몸은 지방분해가 잘되어 콜레스테롤 수치가 정상이 되었고, 지금도 군살 없이 건강한 몸을 유지하고 있다. 무엇보다도 나 자신이 직접 만든 천연식초를 먹으면서 비염, 축농증, 위장병, 손발저림, 혈액순환장애, 관절염 등 나의 가족력에 따른 질병들을 이겨내고 건강을 유지하는 데 큰 도움을 받고 있으니 내게 식초는 단순한 조미료가 아니라 약이나 다름 없다.

3대 장인 100년의 손맛을 담아

1대 백옥자 할머니의 손맛과 2대 차금례 어머니의 손맛을 토대로 하여 3대인 나의 손맛을 이번 책에 담아내고자 하였다. 내가 식초를 처음 담그기 시작한 지는 강산이 두 번 바뀌는 20여 년이 조금 넘었지만, 할머니와 어머니의 세월을 더하면 강산이 열

번이나 바뀔 100년이요 한 세기를 훌쩍 넘어
가는 참으로 긴 세월이다. 그 긴 시간을 거쳐
완성된 식초 만들기의 비법을 그냥 숨겨두고
나만의 것으로 삼기에는 너무도 아까워서 여
러 사람들과 이를 공유하고자 이번 책을 집
필하기 시작했다.

　요즘 들어 화학 첨가물 없이 만드는 천연식초가 새롭게 조명을 받고 있고, 특히 멸균
하지 않아 미생물이 살아 숨 쉬는 식초를 먹기 위해 많은 사람들이 여러 노력을 기울
이고 있다. 그들 중에는 고가의 비용을 지불하고 기술을 배우는 사람도 있고 비싼 가
격으로 장인들이 만들어낸 식초를 구입해 먹는 사람도 있다. 또한 적극적인 사람들은
집에서 가양주를 직접 담가 식초를 만들어 먹기도 한다. 이러한 자연 발효 천연식초는
100세 장수시대에 건강한 삶을 유지하는 네 큰 보탬이 되리라 생각한다

　이 책에 소개한 방법에 따라 식초를 만들어 먹고 많은 사람들이 병을 극복하는 데
도움이 되길 바란다. 맛있는 음식을 만들어 먹으면서 건강해지고, 천연식초 만들기로
조금 더 행복해지는 사람이 단 한 명이라도 있다면 나의 소명은 다했다고 생각한다.
이 책이 곳곳에 퍼져 상처 받은 사람들에게 도움이 되고 전작인 『효소 만들기 비법노
트』처럼 중국 등 해외로 퍼져나가 세계의 모든 가정에서 홈 메이드 식초가 주방 한 자
리를 차지하기를 바란다. 이 책을 보시는 모든 사람들이 한 방울의 식초로 더 나은 건
강을 찾고, 그들의 삶에 항상 좋은 일만 있기를 바라며 펜을 놓는다.

2015년 4월

지은이 신용철

PART 3   초간단 천연식초 만들기

PART 1

| 천연식초 만들기의 준비 |

자연이 선물한 기적의 물

모든 주방에서 중요한 조미료로 사용되고 있는 식초는 제조법에 따라 양조식초와 합성식초로 나눌 수 있다. 빙초산 같은 합성식초는 화학적인 방법으로 만든 것으로 석유의 산물이라고 볼 수 있는데, 한때 우리나라 대중음식점에서 냉면이나 각종 음식에 사용하였고, 일반 가정의 주방에서도 제왕노릇을 했었다. 하지만 합성식초에 함유되어 있는 화학물질들이 건강을 해칠 수 있다는 연구결과가 나오면서 선진국에서는 우리가 즐겨 먹던 빙초산을 독극물로 분류하고 더 이상 식탁에 오르지 못하게 하였다.

시중에는 다양한 양조식초도 나와 있는데 쌀식초, 현미식초, 곡물식초, 사과식초, 포도식초, 감식초 등 여러 가지 이름으로 동네 마트의 진열대를 차지하고 있다.

식초는 본래 발효식품이며 발효의 산물이다. 전분이 알코올이 되어 식초가 되고, 발효된 영양분은 우리 몸의 효소에 의해 분해되어 에너지가 된다. 식초는 고혈압과 당뇨병에 효과를 보이며 각종 성인병을 치료하고 예방하는 데에도 효과가 있다. 또한 장운동을 향상시켜 변비가 없어지고 지친 몸의 피로를 회복시켜 주는 데에도 도움이 된다. 식초는 이미 오래전부터 민간에서 만병통치약처럼 이용되어 왔다. 하지만 요즘 동네 마트에서 구입할 수 있는 양조식초나 천연식초는 출하 시 멸균처리를 하기 때문에 우

리 몸에 들어와 면역력을 길러주는 좋은 균들이 모두 죽은 상태의 식초다.

　예전에 우리네 할머니나 어머니는 집에서 막걸리라는 술을 직접 담가 먹었다. 그리고 먹다 남은 막걸리는 항아리에 담아 부뚜막의 따뜻한 가마솥 옆에 두고 열심히 흔들어 식초로 만들어 드셨다. 나 또한 부엌에서 호리병 같이 생긴 식초 항아리를 흔들었던 기억이 있다. 그렇게 만들어진 천연식초로 생선 무침을 해주시면 신맛이 부드러우면서 감칠맛이 돌아 많이 먹었던 기억도 생생하다.

　이제는 누구나 천연식초를 직접 담가 먹을 때가 된 것 같다. 각종 통신과 매체가 발달되어 식초를 만들 수 있는 정보가 널려 있다. 또한 발효할 수 있는 기기가 발달되고 도구들이 좋아져 봄, 여름, 가을, 겨울 계절에 관계없이 우리나라 어디서든 식초를 쉽게 만들어 먹을 수 있는 여건이 되었다. 앞으로는 집집마다 천연식초를 직접 만들어 건강한 100세를 희망하며 살아가면 좋을 듯 싶다. 오늘부터 천연발효식초와 감성을 나누며 건강한 하루를 시작하는 것은 어떨까?

신용철의 식초 건강법

　건강에 대한 관심이 커지면서 유기농 식재료와 함께 합성 조미료가 아닌 천연 조미료를 사용하는 가정이 늘고 있다. 집에서 천연식초를 직접 만들어 먹거나 자연으로 발효시킨 식초를 구입해 먹는 사람들도 늘고 있다. 튀김 요리나 부침 요리를 먹을 때 천연식초를 넣은 초간장에 찍어 먹으면 기름기의 느끼함이 사라진다. 오징어를 무칠 때 양념에 천연식초를 넣으면 식감이 부드러워지고 식초의 새콤함이 생선 맛을 더욱 돋궈준다. 김밥을 만들 때도 밥에 천연식초를 살짝 넣어 밑간을 하면 식초의 살균력이 야외에서도 음식이 상하는 것을 예방해 주는 효과가 있다. 그 외에도 물에 희석해 먹거나 효소와 같이 마시면 청량감이 좋아 음료수로도 손색이 없다.

　김치를 담그고 동치미를 만들고 장아찌를 담가 일정 기간이 지나면 약간의 초산이 형성되어 발효식품의 맛과 향을 살려주어 식욕을 돋군다. 이렇듯 우리는 식초를 생활 속에서 알게 모르게 많은 양 섭취하고 있다. 우리가 먹고 있는 하루 세 끼 중에서 식초를 넣은 음식을 한 끼 더 먹으면 10년을 더 살고, 두 끼를 먹으면 수명이 20년 길어지며, 세 끼를 먹으면 건강하게 걸어서 100세까지 갈 수 있다고도 한다.

　식초 한 방울이 한 움큼의 암 덩어리를 삭혀낼 수 있다는 결과가 나올 정도로 식초

는 우리 몸에 생기는 질병을 치료하고 예방하는 데 도움이 된다. 식초 한 병은 산삼 1만 뿌리의 효능을 넣은 것과 같다고도 한다. 나 스스로도 생활 속에서 식초가 건강한 삶을 유지하는 데 무척이나 유용함을 실감하며 지내고 있다. 하지만 이러한 식초의 효능을 제대로 보기 위해서는 알아두어야 할 것이 하나 있다. 공장에서 대량 생산된 멸균 식초의 경우 멸균 과정에서 우리 몸에 유익한 미생물들이 함께 죽어버린다는 사실이다. 결국 이런 식초에서는 신맛과 재료의 영양성분만 섭취할 수 있다. 반면에 멸균하지 않은 천연식초의 경우 미생물이 살아 있어 식초 본연의 영양성분과 몸에 유익한 균들을 함께 섭취할 수 있다.

요즘 사람들의 관심이 집중되는 면역력의 경우 장과 깊은 관련이 있는데, 우리 몸에 필요한 면역력의 70~80% 정도를 장이 담당한다고 한다. 거칠어진 피부나 아토피질환도 장과 관련이 있고, 수험생의 뇌 활동을 활발하게 하는 데도 장 기능이 중요하다. 술과 담배, 짜고 매운 음식, 인스턴트 식품 등 각종 유해한 음식들을 즐기면 우리의 장은 제 기능을 유지하기 어렵게 된다. 이렇게 병이 들어 기능을 잃은 장에는 산삼 녹용도 소용이 없고, 어떤 좋은 건강식품을 먹는다 해도 일단 한 번 나빠진 장은 다시 회복되기가 어렵다.

장 기능은 장내 미생물과 유산균 생산물질 등에 영향을 받는데, 전통적인 방법으로 발효시킨 천연식초에는 유익한 미생물들이 가득 들어 있어 우리 장에도 훌륭한 지원군이 된다. 김치, 요구르트, 천연식초 등 멸균하지 않은 미생물과 유산균을 섭취하여 장에 넣어주면 장내에 쌓여 있던 독소가 몸 밖으로 빠져나오고 해독이 되면서 장 운동이 활발해진다. 특히 멸균하지 않은 발효식품과 천연식초에는 각종 미생물이 살아 있어 장 건강에 매우 유익하며, 섬유질이 많은 음식과 같이 먹으면 장 건강을 지키는 데 복합적인 효과를 얻을 수 있다. 장이 편하면 마음도 편해지고, 행복 호르몬도 나오니 건강과 행복은 장에서 시작된다고 해도 과언이 아닐 것이다. 이처럼 중요한 장에 가장 좋은 음식 가운데 하나가 바로 전통적인 방법으로 발효시킨 천연식초다. 장이 건강해야 면역력도 좋아지고, 면역력이 좋아야 건강할 수 있다.

식초 건강음료 및 소스 만들기 황금 레시피

식초 효소음료 만들기

재료 천연식초 20㎖, 발효액 효소 20㎖, 물 120㎖, 유리컵(300㎖), 얼음 약간

❶ 컵에 물과 식초를 6:1 비율로 넣고, 발효액 효소를 식초 양만큼 넣는다.
❷ 혼합이 잘 되도록 골고루 섞은 후 얼음을 몇 조각 띄워 마신다.
❸ 온 가족이 모여 식초 효소음료를 마시며 건강을 챙긴다.

tip 발효액 효소는 집에서 만든 매실이나 복분자, 오미자 등 어느 것을 넣어도 된다. 담가 놓은 천연식초와 같은 재료로 담근 효소액를 넣어 마시면 더 좋은 효과를 볼 수 있다. 천연식초를 대신하여 시중에서 판매하는 현미식초를 이용해도 된다.

식초 건강음료 만들기

재료 천연식초 20㎖, 물 200㎖, 유리컵(300㎖), 얼음 약간

❶ 컵에 물과 식초를 10:1 비율로 넣고 섞는다.
❷ 혼합이 잘 되도록 골고루 섞은 후 얼음을 몇 조각 넣어 마신다.
❸ 온 가족이 모여 식초음료를 마시며 건강을 챙긴다.

tip 천연식초가 없다면 시중에서 판매하는 현미식초를 구입해 물과 희석하여 마셔도 된다.

식초 샐러드 소스 만들기

재료 천연식초 5큰술, 발효액 효소 5큰술, 간장 5큰술, 고춧가루 5큰술(기호에 따라), 참깨 약간, 올리브유 1큰술, 채소 약간

❶ 준비한 채소를 씻어 물기를 빼준다.
❷ 채소가 크면 한 입 크기로 잘라 접시에 담는다.
❸ 채소 위에 준비해 둔 소스를 뿌리고 살살 섞은 뒤 참깨를 뿌려 마무리 한다.

tip 삼겹살을 구워 먹을 때 같이 먹으면 지방분해가 촉진되어 소화도 잘되고 비만을 예방하는 데에도 도움이 된다.

엿기름

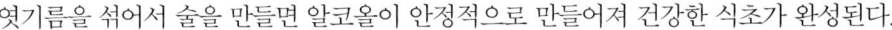

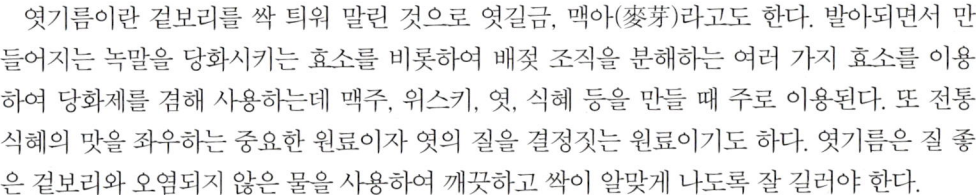

식초의 맛을 살리는 엿기름

식초는 술에서부터 시작을 한다. 술을 만들 때 발효 촉진제로 누룩과 효모를 넣는데, 최소의 효모만 사용하고 그 대신 엿기름을 섞어서 술을 만들면 알코올이 안정적으로 만들어져 건강한 식초가 완성된다.

엿기름이란 겉보리를 싹 틔워 말린 것으로 엿길금, 맥아(麥芽)라고도 한다. 발아되면서 만들어지는 녹말을 당화시키는 효소를 비롯하여 배젖 조직을 분해하는 여러 가지 효소를 이용하여 당화제를 겸해 사용하는데 맥주, 위스키, 엿, 식혜 등을 만들 때 주로 이용된다. 또 전통 식혜의 맛을 좌우하는 중요한 원료이자 엿의 질을 결정짓는 원료이기도 하다. 엿기름은 질 좋은 겉보리와 오염되지 않은 물을 사용하여 깨끗하고 싹이 알맞게 나도록 잘 길러야 한다.

엿기름을 만드는 법은 먼저 무농약 유기농 겉보리를 구입하여 쭉정이 없이 잘 골라서 깨끗이 씻은 후 하루 동안 물에 담가 둔다. 잘 불린 것이 확인되면 소쿠리에 건져 물 빠짐이 좋은 시루에 안치고 수분 증발을 막기 위해 천 또는 광목 보자기에 물을 축여서 덮어놓는다. 물기가 마르지 않도록 하루에 두세 번 물을 뿌려준다. 사흘쯤 지나면 보리가 뿌리를 내려 엉키기 시작하므로 시루에서 꺼내 물에 씻어 다시 안친다. 이렇게 싹을 틔우는 과정에서 두서너 번 씻어주면 맛도 좋아지고 단맛이 높아진다. 이러한 과정을 반복하는 동안에 겉보리에서 열이 생기면서 새싹이 트기 시작한다. 나흘째에는 물을 흠뻑 주고 닷새째에도 겉보리를 시루에서 꺼내어 물에 담가 씻어서 다시 안친다. 엿새째에는 겉보리알 길이보다 짧을 정도로 싹이 자라는데 이때를 놓치지 않고 전부 쏟아서 엉킨 겉보리를 떼어 헤쳐 바람이 잘 통하는 곳에서 말린다. 싹이 너무 길게 자라나면 가루가 적게 나오고 단맛이 떨어지므로 알맞게 싹이 났을 때를 놓치지 말고 말려야 좋은 엿기름이 된다. 겉보리는 말리는 과정에서도 싹이 자라므로 열이 나지 않도록 헤쳐주고 뿌리가 떨어져 나가도록 손바닥으로 비벼 말려야 한다. 엿기름은 늦가을 기온이 낮을 때 기르면 가장 질 좋은 것을 얻을 수 있다.

엿기름 만드는 법

재료 준비

무농약 겉보리 10kg, 시루 또는 포대, 함지박, 물조리

❶ 손질하고 물주기

쭉정이를 골라내고 24시간 불린다. 소쿠리에 건져 물기를 빼고 포대에 담거나 시루에 안치고 젖은 포로 덮는다. 물이 마르지 않도록 매일 하루 2~3회 물을 준다.

❷ 씻어주기

2~3일 지나면 뿌리를 내려 잉긴다. 포대나 시루에서 꺼내어 함지박에 담아 뿌리가 붙지 않도록 헤쳐 가며 물에 씻어 다시 안친다. 이러한 과정을 두 번 정도 해준다.

❸ 건조하기

5~6일 지나면 1cm 정도의 싹이 나온다. 이때 전부 쏟아내어 엉키지 않도록 헤치면서 바람이 잘 통하는 곳에서 말린다.

❹ 비비고 보관하기

바스락거릴 정도로 마르면 손바닥으로 비벼 뿌리를 떨어낸다. 뭉치지 않게 잘 헤쳐서 서늘한 곳에 보관한다. 장기간 보관할 경우 냉장보관을 한다.

필수 재료 준비하기 ❷

누룩

누룩은 천연 항생물질

우리 할머니와 어머니께서는 직접 키운 밀로 누룩을 만들어 술을 빚었고 그 술로 식초를 만드셨다. 밀누룩으로 만든 술은 구수하면서 전통의 술맛이 더 나며 식초 또한 감칠맛이 더 나면서 항생물질도 더 많이 생긴다.

누룩이란 우리나라 전통 술을 만드는 발효제로, 효소를 갖고 있는 곰팡이 균을 곡류에 번식시켜 만든 것이다. 누룩에서 볼 수 있는 곰팡이는 빛깔에 따라 황국균(黃麴菌)·흑국균(黑麴菌)·홍국균(紅麴菌) 등으로, 우리들이 즐겨 만들어 먹는 전통 막걸리나 약주에 쓰이는 누룩 곰팡이는 주로 황국균이다.

누룩이 만들어지는 과정을 보면 신비함이 느껴진다. 밀의 전분질이 적당한 수분 조건과 적정한 온도가 되면 젖산 활동이 시작되면서 발효가 진행되는데 젖산이 잡균의 번식을 억제해 강한 누룩곰팡이와 효모가 자랄 수 있게 된다. 이때 효모의 활동으로 열이 나면서 이산화탄소(CO_2)가 발생해 반죽해 둔 누룩이 부풀어 올랐다가 다시 원래 형태로 돌아가기를 반복하는데 그 모습이 신기할 정도다. 이러한 과정을 거쳐 발효가 완료되면 전분질의 밀 덩어리에서 항생물질을 지닌 발효 촉진제 누룩이 만들어진다.

잘 뜬 누룩은 잡균과 냄새 제거를 위해 하루 이틀 정도 햇볕을 쪼이고 이슬을 맞게 하는 등 법제(法製)한 후 전통주 빚기에 이용한다. 하지만 도시에서는 황사나 미세먼지 등 공기 오염이 심하므로 간단하게 실내 창가에서 건조하는 것만으로 법제는 만족해야 한다. 법제를 마친 누룩으로 술을 빚으면 풍미가 깊고 향기가 그윽한 전통술이 되며 그 술로 만든 식초 또한 맛이 훨씬 좋다.

전통 밀누룩 만드는 법

재료 준비

무농약 유기농 통밀 1말, 물(정수기 물 또는 생수) 2되
누룩 틀, 면 보자기, 함지박, 바가지, 물동이, 유기농 볏짚(또는 말린 쑥)

❶ 손질하기

통밀을 깨끗하게 씻어 볕에 바스락거릴 정도로 말린 후 거칠게 분쇄하거나 방앗간에서 2회 정도만 빻아 온다.

❷ 반죽하기

체를 이용하여 하얀 밀가루를 제거한다. 밀에 준비한 물을 조금씩 뿌려가면서 반죽을 한다. 이때 처음부터 준비한 물 전량을 넣는 것이 아니다. 양을 조절하면서 조금씩 넣어야 한다. 반죽의 정도는 손으로 뭉쳐 쥐어 손바닥에 밀가루가 묻어나오지 않으면서 물기가 거의 느껴지지 않으면 적당하다.

❸ 성형하기

누룩 틀에 베 보자기를 펴서 깐다. 그 위에 반죽을 넣고 단단하게 다진 뒤 보자기의 네 귀퉁이 끝을 가운데로 모아 꼬아서 접는다. 그런 다음 반죽이 단단해질 때까지 발로 밟는다. 일그러지지 않도록 조심하면서 천을 빼낸다.

❹ 발효하기

베 보자기를 벗겨내고 누룩이 서로 닿지 않도록 볏짚이나 쑥을 층층이 덮은 후 발효시킨다. 켜켜이 넣어도 되며 위와 옆에 볏짚이나 쑥을 충분하게 넣어준다. 2~3일 간격으로 5~7회 자리를 바꿔준다. 이때 위 아래 있는 것을 바꿔주면서 10일~21일간 두면 누룩의 표면에 하얗고 노르스름한 곰팡이와 불그스름한 곰팡이 등이 솜털처럼 골고루 핀다. 이로써 띄우기가 끝난다.

❺ 건조 보관하기

잘 뜬 누룩은 바람이 잘 통하고 그늘진 곳에서 말린다. 이때 누룩 속의 수분이 완전히 없어지게 말려야 오래 저장할 수 있다. 충분하게 말린 누룩은 그늘지고 바람이 잘 통하는 곳에 보관하며, 습기가 많은 계절에는 벌레가 생길 수 있으므로 냉장 보관한다.

현미밥

식초 만들기 성공 포인트 – 현미로 진밥 짓기

현미만으로 식초를 담그거나 현미에 채소·약초·과일 등을 섞어 식초 만들기에 도전해 보자. 건강에 좋은 식초를 만들기 위해서는 우선 농약을 쓰지 않고 재배한 유기농 현미를 사용해야 한다. 구입한 현미를 정성껏 씻은 다음 찜 솥에 증기로 쪄서 밥을 짓고, 누룩 등 발효 촉진제를 혼합하여 막걸리를 만들고, 그 술로 식초를 담그는 것이 일반적인 방법이다. 하지만 초보자의 경우 기대했던 것과는 달리 술도 식초도 쉽게 만들어지지 않아 실패하는 경우가 비일비재하다.

전문가들의 조언과 방법을 잘 따른다고 해도 성공하지 못하는 경우가 많다. 이럴 때는 식초를 발효시키는 데 어느 정도 익숙해질 때까지 전문가들의 방법보다는 좀 더 쉽고 성공률이 높은 방법을 따를 것을 추천한다.

우선 식초를 만들 목적으로 밥을 지을 때는 보통의 술 담글 때 만드는 현미 고두밥 대신 진밥을 지어 쓰는 게 실패하지 않는 지름길이다. 일반 가정에서는 아무리 현미를 잘 불려서 고두밥을 짓는다고 해도 렌지의 화력이 약해 센 증기를 내지 못하므로 현미를 충분히 익힐 수가 없다. 이런 고들고들한 고두밥으로 식초를 담그면 현미 껍질이 잘 터지지 않는다. 즉 밥이 충분히 삭지 않기 때문에 분해되고 발효되는 과정이 100퍼센트로 일어나지 못한다. 따라서 경험이 부족한 사람은 실패할 확률이 높다. 식초나 술 만들기가 처음이라면 진밥을 사용해 보자.

현미 진밥 짓는 법

재료 준비

유기농 현미, 솥, 바가지, 물통

❶ 현미는 맑은 물이 나올 때까지 치대지 말고 돌려가며 깨끗하게 씻는
다.

❷ 12시간 정도 불린다. 여름에는 6시간마다 한 번씩 물을 갈아주어야 한
다.

❸ 밥하기 전에 물을 두세 번 갈아준다.

❹ 증기로 찌는 고두밥 대신 솥에서 진밥을 짓는다. 현미 500g에 물
650㎖ 비율이면 적당하다. 전기 압력밥솥의 경우 현미 메뉴를 선택한
다.

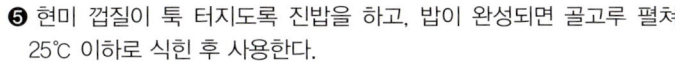

❺ 현미 껍질이 툭 터지도록 진밥을 하고, 밥이 완성되면 골고루 펼쳐
25℃ 이하로 식힌 후 사용한다.

tip 날씨가 더운 여름철에는 밥을 식힐 때 부패되지 않도록 주의한다.

tip 완성된 현미 진밥의 양
현미 500g으로 진밥을 하면 1,100g～1,200g 정도의 현미밥이 만들어진다.

막걸리와 약주

실패 없이 막걸리 담그기

마시다가 냉장고에 넣어둔 막걸리를 며칠 지나 다시 마시려고 뚜껑을 열었다가 시큼한 냄새 때문에 먹지 못하고 버린 경험들이 있을 것이다. 이는 막걸리에서 초산화가 진행되어 자연스럽게 자연발효식초, 천연식초가 된 것이다. 우연히 만들어진 막걸리 식초를 맛본 사람은 그 맛에 매료되기 마련이다. 내친김에 생막걸리를 구입하거나 집에서 직접 가양주를 담가 식초 담그기 시도를 해보기도 하지만 성공하기는 쉽지 않다. 더 쉬운 방법을 찾아 과일식초, 채소식초, 약초식초, 효소식초, 효소건더기식초 등의 만들기에 도전해보지만 이 역시 성공하기가 쉽지 않다는 것을 경험했을 것이다.

식초는 몇 단계의 과정을 거쳐 만들어지는데, 우선 알코올발효를 진행시켜 질 좋은 술을 만들고 그 다음 초산발효 과정을 거쳐야 식초가 완성된다. 따라서 맛 좋고 품질 좋은 식초를 만들기 위해서는 술을 먼저 알아야 한다. 흔한 방법으로 쌀, 채소, 과일, 약초에 설탕을 첨가하여 술을 담그는 경우가 많지만 알코올이 원하는 대로 형성되지 않아 좋은 술이 만들어지지 않고, 결국 식초 또한 잘 만들어지지 않는 것이 보통이다.

우리가 일반적으로 천연식초 만들 때 사용하는 막걸리는 찹쌀, 멥쌀, 밀가루, 보리 등 곡물에 누룩과 효모, 물을 섞어 발효시킨 술이다. 순수 곡물을 발효시켜 만들기 때문에 곡물의 영양 성분을 그대로 유지하고 있으며 발효 과정에서 효모와의 화학반응을 통해 필수 아미노산, 무기질, 비타민 등 다양한 영양성분이 생성된다. 막걸리의 성분은 물이 80%이며 나머지 20% 중에서 알코올이 6~8% 정도인데 시중에 유통되고 있는 생막걸리는 대부분 6%이다. 그 밖에도 단백질 2%, 탄수화물 0.8%, 지방 0.1% 수준이고, 나머지 10%는 식이섬유와 비타민 B, C, 그리고 유산균 효모 등이다. 막걸리 한 병 속에 들어 있는 유산균은 무려 요구르트 100병에 든 유산균과 맞먹고, 필수아미노산도 7가지가 들어 있다고 하니 그 술로 식초를 만들면 이런 모든 영양소가 고스란히 식초 속에 남아 건강에 좋은 조미료가 되는 것이다.

이처럼 막걸리는 식초의 풍미와 영양을 좌우하므로 막걸리를 담글 때 재료 선택이 매우 중요하다. 유기농 쌀을 구입하되 묵은 쌀은 쓰지 않으며, 누룩은 우리 밀로 만든 것을 사용하고, 오염되지 않은 깨끗한 물로 막걸리를 만들어야 한다. 발효시키는 환경도 깨끗하고 먼지가 나지 않는 곳이 좋으며 늘 일정한 온도를 유지할 수 있는 장소에 완성될 때까지 두어야 알코올이 안정적으로 형성되어 질 좋은 식초를 만들 수 있다.

누룩은 재래식으로 만든 전통 누룩을 넣어 만든다. 재래식 누룩은 공기 중에 떠다니는 누룩 곰팡이와 효모를 자연적인 방법으로 접종하여 만든 것이다. 그러므로 다양한 곰팡이가 붙게 되어 술 맛이 풍부해지고 향미 또한 좋아진다. 발효를 촉진하기 위해 첨가하는 효모는 발효 초기에 잡균의 증식을 막아 실패를 줄여주므로 술을 빚어보지 않은 초보자의 경우엔 이 효모를 넣고 담그는 것이 좋다.

우리의 전통 술을 빚을 때 중요한 것은 밥을 짓는 요령이다. 앞서도 말했듯이 술을 많이 담가 보지 않은 사람은 막걸리나 식초를 담글 때 고두밥보다는 진밥을 지어 사용하면 무난하게 성공할 수 있다.

막걸리와 약주 만드는 법(재래식 전통막걸리 기준)

재료 준비

쌀 500g, 누룩 250g, 효모(이스트) 1/4t, 물 450㎖+950㎖
발효통(4.4ℓ), 찜통, 광목천, 거름망, 일회용 비닐장갑, 국자, 고무줄

막걸리 재료 비율

막걸리 종류	쌀	누룩	효모(1t=3g)	전체 물의 양	
				고두밥	진밥
재래식 전통막걸리	500g	250g (50%)	1/4t(0.75g)	담을 물 950㎖ 희석 물 950㎖ (쌀+누룩의 250%)	담을 물 450㎖ 희석 물 950㎖ (쌀+누룩의 185%)
진한 맛 막걸리	500g	100g (20%)	1t(3g)	담을 물 950㎖ 희석 물 950㎖ (쌀+누룩의 315%)	담을 물 450㎖ 희석 물 950㎖ (쌀+누룩의 230%)
담백한 맛 막걸리	500g	50g (10%)	1/2t(1.5g)	담을 물 900㎖ 희석 물 900㎖ (쌀+누룩의 325%)	담을 물 400㎖ 희석 물 900㎖ (쌀+누룩의 330%)

❶ 진밥을 지어 막걸리 안치기

· 쌀 500g을 맑은 물이 나올 때까지 비비지 않고 돌려가며 씻어 3~4시간 불린다.
· 불린 쌀을 체에 밭쳐 물기를 빼준다.
· 솥에 쌀과 물(압력밥솥과 일반 전기밥솥 물 650㎖)을 넣고 밥을 한다.
· 밥이 다 되면 10분간 뜸을 들인다.
· 뜸 들인 밥을 골고루 헤쳐 25~30℃ 정도로 식힌다.
· 함지박에 준비해 둔 진밥, 누룩, 효모, 물 450㎖를 넣고 10분간 밥알이 으깨질 때까지 치댄 후 발효통에 담아 천으로 덮고 묶어둔다.

❷ 고두밥을 지어 막걸리 안치기

· 쌀 500g을 맑은 물이 나올 때까지 비비지 않고 돌려가며 씻어 3~4시간 불린다.

- 불린 쌀을 체에 밭쳐 1~2시간 물기를 뺀다.
- 찜솥에 물을 넉넉하게 붓고 찜기에 광목천을 깔고 쌀을 넣은 다음 뚜껑을 닫는다.
- 불을 최대로 올려 60분가량 찐 뒤에 20분간 뜸을 들인다.
- 뜸 들인 고두밥을 골고루 헤쳐 25~30℃ 정도로 식힌다.
- 함지박에 준비해 둔 고두밥, 누룩, 효모, 물 950㎖를 넣고 치댄 뒤에 발효통에 담아 천으로 덮고 묶어둔다.

❸ 발효하기(용기 안의 적정 온도 23~28℃)

- 발효 온도는 통 안의 온도이며 23~28℃이다. 발효가 진행되어 몇 시간이 지나면 밥이 수분을 흡수하여 뻑뻑해진다.
- 발효 3일까지는 천으로 덮고 뚜껑도 덮어둔다. 매일 두 번씩 저어주고 4일째 되는 날 외부 공기를 차단하기 위해 랩으로 밀봉한 후 발효통 입구의 크기에 따라 바늘구멍을 1~10개 정도 뚫어준다. 그 이후에는 저어주지 않는다.

❹ 막걸리 거르기

- 발효를 시작하고 5~7일 지나면 거름망에 넣고 주물러서 액체를 짜고, 남은 찌꺼기는 버린다.
- 걸러 낸 술에 1.0~1.2배의 물을 첨가하여 알코올 도수 5~6%의 막걸리를 만든다. 이렇게 물을 희석하여 술을 빚을 경우 쌀 500g 기준으로 1,800~2,000㎖의 막걸리가 나온다. 하루 이상 냉장 숙성한다.

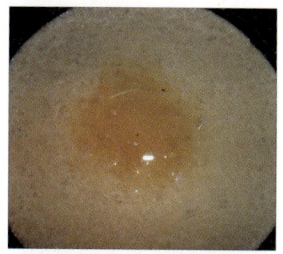

tip 1. 단맛이 부족하고 쓴맛이 많이 나면 비발효성 감미료인 자일리톨이나 스테비오사이드를 넣어 단맛을 보충하여 달달한 막걸리를 만들 수 있다.
2. 술의 완성 시점 테스트는 끓어오르는 것이 멈추고 술독에 성냥불을 넣었을 때 꺼지지 않으면 거를 시기가 된 것이다.

❹ 약주 거르기

- 발효를 시작하고 15일간 발효시켜 거름망에 넣고 주물러 액체를 짜고, 남은 찌꺼기는 버린다.
- 걸러낸 술은 깨끗한 용기에 넣고 15일 이상 숙성하여 침전시킨다.
- 아래쪽에 침전물이 충분히 가라앉으면 조심스럽게 따라 내거나 소독한 고무호스를 사용하여 병에 옮겨 담는다.
- 병에 옮겨 담은 술을 냉장고에서 10일 이상 숙성하여 마시면 고급 약주가 된다.

tip 약주를 걸러낼 때는 주물러 짜지 않고 발효통에 용수를 박아 떠도 된다.

종초

생막걸리로 종초 만들기

살짝 터치만 하면 온갖 정보를 얻을 수 있는 세상이 되었다. 스마트폰 하나면 못하는 것이 없는 정말 신기한 세상이다. 이렇듯 빠르게 변화하는 현대 문명이라지만 옛것이 더 각광을 받는 경우도 있다. 요즘 한창 관심을 받고 있는 자연발효와 천연발효가 바로 그 중 하나다.

우리의 전통 막걸리와 천연식초, 김치 등은 자연 그대로 첨가물 없이 발효되는 음식이다. 그 중에서도 '천연식초, 자연식초'가 큰 관심을 끌고 있다. 참으로 반가운 일이다.

우리 할머니는 전통적인 시골집 부엌에서 온갖 음식을 마술처럼 만드셨고, 어머니는 감칠맛 나는 감식초를 만드셨다. 그 때문인지 내게 발효음식과 할머니, 어머니는 한 단어처럼 느껴질 정도다. 효소와 식초를 만들 때면 할머니와 어머니가 부쩍 더 그리워진다.

식초 만들기는 '종초'라는 녀석을 만드는 것에서부터 시작되는데, 종초의 품질에 따라 천연식초의 성공 여부가 결정될 정도다. 우리 어머니들은 오랜 시간을 기다려 자연 그대로의 식초를 만드셨지만, 요즘처럼 빠른 시대엔 씨앗식초인 종초를 넣어 기간을 단축시키고 성공률을 높이는 것도 현명한 방법이다.

종초는 종균, 모균, 모초, 씨앗식초라고도 불리며 멸균하지 않아 초산균이 살아 있는 식초를 말한다. 종초라고 하면 마치 귀하게 만들어지는 씨앗 같은 느낌이라서 집에서 만들 수는 없고 오랫동안 만들어온 장인에게서 얻거나 만들어진 제품을 구입해야 한다고 생각하는 이들이 많다. 하지만 종초를 만드는 것은 생각만큼 그리 어렵지 않다. 집에서 담가 좋은 이웃들과 한 잔 나누고 남은 막걸리로 식초를 안치면 향 좋고 맛 좋은 식초가 만들어져 종초로 사용할 수 있다. 시중에서 판매하는 멸균하지 않은 생막걸리를 구입해 종초를 만들어서 사용해도 된다.

일부에서는 시중에 나와 있는 식초 중에서 천연발효와 자연발효라고 표기되어 있는 현미식초, 감식초, 양조식초 등을 종초라고 생각하여 사용하는데, 아쉽게도 이런 식초들은 멸균처리

가 된 것으로 초산균이 없어서 종초로는 쓸 수 없다. 이런 식초를 종초로 사용하면 천연식초가
절대 만들어지지 않는다.
이제 김치를 담그는 것보다 쉽고 밥 짓는 것보다 쉬운 종초 만드는 법을 알아보자.

생막걸리로 종초 만드는 법

재료 준비

생막걸리 1.5ℓ, 소주(35도) 150㎖, 식초 150㎖, 발효통 3ℓ, 천 또는 한지, 고무줄
tip 유통기간이 짧은 생막걸리를 구입한다. 식초는 1배 현미식초, 사과식초, 양초식초 모두 가능

❶ 손질하기

모든 도구는 소독을 하고 생막걸리는 병 밑에 가라앉은 앙금을 흔들어
준비해 둔다. 앙금을 같이 넣어 식초를 만들면 나중에 식초 앙금을 종초
로 사용할 수 있어 좋다.

tip 플라스틱 통은 세제로 씻어 헹군 후 햇빛에 말려 소독하고 유리병은 냄비
에 찬물과 병을 같이 넣고 끓여 소독하거나 락스를 넣어 30분 정도 담가둔
뒤 헹궈 말려서 사용한다. 항아리는 불 소독 또는 증기로 소독한다.

❷ 혼합하기

용기에 생막걸리, 담금주용 소주, 식초를 전부 넣고 섞는다.

tip 소주를 넣어 알코올 도수를 살짝 높이고 식초를 넣어 산도를 높여주면 유
해균의 접근을 막을 수 있다. 발효 기간은 조금 더 걸리지만 성공 확률이
높아질 뿐 아니라 완성된 식초의 산도가 높아져 품질 좋은 종초가 만들어
진다.

❸ 식초 안치기

첨가물을 혼합한 막걸리를 발효통에 넣고 천으로 덮고 묶어 둔다. 식초는

산소를 필요로 하는 호기성 발효이므로 공기가 잘 통하는 천으로 덮는다.

tip 실패율이 높지만 첨가물을 넣지 않고 발효를 하면 공기 중에 떠다니는 미생물이 들어가 자연적으로 초산발효를 한다. 첨가물 없이 알코올 6도의 생막걸리로 종초를 만들면 빨리 완성되어 40일이면 식초가 만들어진다. 하지만 유해균이 좋아하는 환경이어서 실패를 많이 하며 성공 확률이 10%밖에 되지 않는다. 봄, 여름, 가을에는 초파리가 들어가지 못하도록 단단히 묶어둔다. 이때 다른 첨가물은 넣지 않고, 초산균이 살아 있는 식초가 있으면 생막걸리 분량의 30%를 함께 넣어준다.

❹ 초산발효하기(용기 안의 적정온도 27~30℃)

적정 온도에서 햇빛이 들지 않고 통풍이 잘 되는 곳에 발효통을 둔다. 온도가 낮은 계절에는 통을 싸주거나 덮어 적절하게 온도를 맞춰준다. 겨울에는 전기장판 등을 이용하면 된다. 온도가 너무 높으면 잡균이 번식할 수 있으니 주의한다. 초산발효는 25~34℃에서도 가능하다.

tip 전기장판이나 방바닥에 올려놓을 경우 통에 직접적으로 열이 전달되지 않도록 밑에 깔판을 깔고 발효를 진행한다.

❺ 저어주기

식초를 안치고 40~50일 동안 매일 한 번씩 소독한 도구로 저어준다. 그 후에는 일주일에 한두 번 저어준다.

tip 초산발효를 하면서 거품이 생겼다 가라앉으면서 식초가 만들어진다. 이때 저어주면 공기 중에 떠다니는 초산균이 쉽게 들어가고 산소 공급이 잘 되어 식초가 잘 만들어진다. 밑에 앙금도 섞이도록 한다. 저어줄 때는 스테인리스 도구가 소독하기에 편리하여 좋다.

❻ 산도 체크하기

적정 온도에서 10일이 지나면 초막이 생기고 40~50일이면 종초로 쓸 수 있는 식초가 완성된다. 더 좋은 종초를 만들려면 식초를 안치고 90일간 발효한 뒤에 사용하면 된다. 10일 이후 옛날 십 원짜리 동전을 천 위에 올려놓고 산도를 체크한다. 초록색으로 변하면 식초가 잘 만들어지고 있는 것이다.

tip 시중에서 판매되는 식초는 산도 4.0 이상이다. 초막이 생기는 기간은 알코올 도수와 당도, 환경에 따라 5~30일 정도 걸린다. 완성된 식초의 산도가

낮아도 종초로 사용할 수 있으며 적정량보다 조금 더 넣으면 된다.

❼ 숙성하기

종초가 완성단계에 접어들면 초막이 줄어든다. 식초를 안치고 3개월 지난 뒤에 앙금을 분리한다. 맑은 상초는 밀봉하여 실온에 보관한다..

tip 맑은 상초와 걸러낸 하초 앙금을 모두 종초로 사용할 수 있다. 밀봉 보관은 산도 유지를 위해 3개월 숙성 뒤에 한다.

❽ 종초로 사용하기

완성된 종초는 현미식초, 막걸리식초, 과일식초, 채소식초 등 각종 천연식초를 만들 때 증초로 넣으면 실패율이 낮아진다.

tip 종초는 식초 안칠 때 술 양의 10~30%를 넣어준다. 많이 넣을수록 식초의 성공률이 높아진다.

❾ 종초의 음용

완성된 식초는 천연 생막걸리식초로 그대로 먹을 수 있다. 식초 20㎖에 물 10배로 희석하여 하루 세 번 먹는다. 우유에 섞어 마시면 칼슘 흡수가 잘 되어 건강에 더 좋다.

tip 효소 20㎖에 식초 20㎖를 섞고 물 160㎖를 부어 희석해서 식초효소음료로 만들어 먹으면 좋다. 이때 효소는 종류에 상관없이 집에 있는 효소를 넣으면 된다. 위가 약한 사람은 식후에 바로 마실 것을 추천한다.

천연 발효식초의 기본은 종초

종초를 만들지 못하면 천연식초 만드는 것을 포기해야 한다. 종초는 한 번만 성공하면 두 번 다시는 필요없다. 지속적으로 천연식초를 만들 수 있는 기본이기에 꼭 알아두어야 한다.

PART 2

| 제철 재료로 천연식초 만들기 |

봄

SPRING

돌나물식초

　모처럼 15일의 긴 휴가가 시작되었다. 혼자만의 편안한 휴식을 기대했지만 아내가 있고 부모형제가 있으니 그도 생각처럼 여의치 않다. 아내가 휴가가 시작되는 토요일에 장모님 뵈러 처가에 가자며, 마침 부산에 살고 계신 처형과 형님, 서울에 사는 처형까지 모두 내려온다고 한다. 나는 그만 이끌리듯이 "그래 가지 뭐." 하며 약속을 해버렸다.

　반나절이나 걸리는 준비를 끝내고 드디어 처가를 향해 출발을 하게 되었다. 지난해 여름 휴가철과는 달리 고속도로에는 차가 그리 많지 않아서 진안의 목적지에 도착할 때까지 막히지 않고 즐겁게 달릴 수 있었다. 처가에 도착해 대문을 열고 그리 넓지 않은 마당에 주차를 했다. 그런데 다른 때와는 다르게 장모님이 나와 계시지 않는 것이었다. 우리는 혹시 무슨 일이 있나 걱정이 되어 급하게 안방 문을 열었다. 다행히 장모님은 쪼그리고 누워 주무시고 계셨다.

　몇 해 전부터 장모님은 귀가 어둑어둑해져 평소에도 잘 알아듣지 못하시는데, 잠결에 차 소리를 듣지 못하신 것이었다. 보청기를 끼셔야 그나마 대화가 되는데 2년 전에 처남이 해드린 보청기를 귀찮다 하시며 평소에는 끼지 않으신다.

　처가에서 이틀을 보내는 동안 다슬기도 잡고 진안 장에서 토종닭도 사다 먹었다. 또 옆집에 사는 이종사촌 처남이 옥수수를 한 자루나 주어 배불리 쪄 먹었다.

　찾아온 자식들을 보고 아흔이 다 되어 가시는 노모의 얼굴에 웃음꽃이 피는 걸 보니 '오기를 잘했구나.' 하는 생각이 들었다. 장모님은 내가 효소와 식초를 즐겨 담근다는 것을 아시고는 집 앞에 돌나물이 많이 자랐으니 뜯어다가 식초를 담가 보라고 하셨다. 장모님 덕분에 생각지도 않았던 돌나물로 천연식초를 담그게 되었다.

돌나물의 효능

식탁에 육류가 자주 올라온다면 고기와 함께 돌나물을 같이 먹는 것이 좋다. 돌나물은 콜레스테롤 수치를 낮춰주고 고지혈증 개선과 피를 맑게 해주는 효능이 있기 때문에 동물성 식품인 육류와 잘 어울리며, 각종 성인병 예방에도 도움이 된다. 돌나물은 100g당 칼로리가 11kcal에 불과해 다이어트 식품으로도 제격이다. 수분 함유량이 높아 물을 대신할 수 있어 피부가 건조하거나 평소 물을 잘 마시지 않는 이들이 섭취하면 피부 건강에 도움이 된다.

이 외에도 비타민, 미네랄, 무기질, 여성 호르몬인 에스트로겐과 같은 역할을 하는 이소플라본 등 필수 영양소도 풍부해 나른한 봄철 피로를 풀기에도 좋다. 특히 돌나물의 칼슘 함량은 우유보다 두 배가량 높다. 성장기 어린이들에게 좋은 식품이다.

현미돌나물식초 만드는 법

재료 및 준비물

현미 500g, 돌나물즙 500㎖, 누룩 250g, 엿기름 100g, 효모(이스트) 0.25t, 물 900㎖, 종초(술 양의 10~30%, 성공 포인트는 30%), 발효통 4ℓ, 함지박, 천, 고무줄, 일회용 비닐장갑, 국자

❶ 준비하기

사용할 도구들은 미리 소독을 해두고, 현미로는 고슬고슬한 고두밥 대신 진밥을 지어 준비한다.

tip 누룩은 이화곡이나 밀누룩을 사용하는데, 전통적인 옛날 맛과 효능을 내고 산미가 좋은 밀누룩을 만들어 사용할 것을 권한다.

❷ 재료 손질하기

돌나물은 수분이 95.4%이다. 수분이 풍부하여 즙이 잘 나온다. 땅과 가까이 크는 식물이라 오염의 원인이 될 수 있어 깨끗하게 씻어야 한다. 씻은 돌나물은 물기를 최대한 털어낸 다음 분쇄기로 갈아 즙을 짠다. 보통은 생즙과 물을 그대로 사용하나 돌나물즙과 물을 혼합한 것을 끓여서 사용하면 오염이 되어 생길 수 있는 실패를 줄일 수 있고 감칠맛 나는 식초를 얻을 수 있다. 현미밥은 25℃ 정도로 식혀 사용한다.

tip 현미와 돌나물을 섞어 식초를 만들 때 건더기가 들어가면 발효에 어려움이 있다. 돌나물즙을 짜서 사용하면 발효가 잘되어 알코올 형성도 빨라지고 실패 없이 질 좋은 돌나물식초를 만들 수 있다.

❸ 혼합하기

함지박에 현미밥, 돌나물즙, 누룩, 엿기름, 효모를 넣고 10분 동안 으깨듯이 치댄 뒤 물을 전부 넣고 섞어준다. 물은 상온에 반나절 정도 받아놓아 찬 기를 없앤 것을 사용하거나 25℃의 물을 사용한다.

tip 현미의 쌀알을 으깨듯이 치댈 때 믹서나 도깨비 방망이 등을 사용할 경우 식초가 탁해지고 잡맛이 생기므로 번거롭더라도 반드시 직접 손으로 해야 한다.

❹ 술 안치고 알코올발효하기(용기 안의 적정 온도 23~28℃)

식초를 담그기 위한 전단계로 현미와 돌나물 즙으로 전통술을 만드는 과정이다. 준비한 통에 혼합물을 넣고 용기 입구를 천으로 덮고 묶어둔다. 술은 산소를 싫어하는 혐기성 발효를 하므로 공기 차단을 위해 뚜껑을 천 위에 살짝 올려놓는다. 다음 날부터 뽀글뽀글 소리를 내면서 방울이 올라오고 발효를 시작한다. 3일 동안 매일 한두 번씩 저어주고 4일째 되는 날 랩으로 씌워 묶는다. 견출지에 식초 이름과 날짜를 써서 랩 가운데에 붙이고, 바늘로 초파리가 들어가지 않을 정도의 크기로 구멍을 한 개만 뚫어 에어락을 만들어준다. 술 발효를 시작하면 3일째까지는 발효가 활발하게 이루어져 온도가 상승하므로 될 수 있으면 집을 비우지 않도록 한다.

tip 1. 술 발효 시 용기 안의 온도가 23℃ 이하로 내려가면 알코올발효가 제대로 되지 않으며 28℃ 이상 올라가면 잡균이 번식을 하여 실패의 원인이 되니 온도 조절에 신경을 써야 한다. 기온이 낮은 날에는 전기장판이나 이불, 보온기구를 사용하여 온도를 맞춰준다.

2. 저어줄 때 밑까지 골고루 저어 가라앉은 앙금도 당화가 되도록 해준다.

돌나물식초는 술 발효 시 잡균이 잘 생기므로 신경 써서 저어주어야 한다. 통을 흔드는 것은 오염의 원인이 될 수 있으니 저어주는 방법으로 한다. 발효가 되면서 곰팡이 같은 것이 하얗게 생기는 경우가 있으나 몸에 해로운 물질은 아니고 계속 저어주면 없어진다. 저어줘도 계속 생기면 설탕(돌나물즙과 물을 합한 양의 15%)을 넣고 저어주면 며칠 후 사라지며 발효는 계속 진행된다.

❺ 술 거르기(7~10일 정도)

당화 과정이 끝날 때쯤 현미 껍질이 떠오르기 시작하여 상층에 꽉 차게 떠오른다. 점차 뽀글뽀글 소리가 줄어들면서 현미 껍질이 다시 가라앉으면 발효가 다 끝난 것이니 거르기를 하면 된다. 돌나물식초 담금용 술을 완성하기 위해 거름망에 넣고 주물러 짠다.

tip 술을 거르는 시점은 당도, 돌나물즙, 현미, 누룩, 엿기름, 효모, 물 등 재료의 양과 온도 그리고 계절에 따라 달라진다. 보통은 7~10일 발효 뒤에 거르기를 한다.

❻ 식초 안치고 초산발효하기(용기 안의 적정 온도 27~30℃)

가수는 하지 않는다. 종초를 넣으면 실패율이 낮아지며 전체 술 양의 10~30%의 종초를 넣으면 된다. 식초는 많은 양의 산소를 필요로 하는 호기성 발효를 하므로 뚜껑은 덮지 않고 천 또는 한지로 덮어 묶고 그 위에 옛날 십 원짜리 동전을 올려둔다. 발효 기간은 3개월 정도이며 온도는 27~30℃를 유지하는 것이 중요하다. 발효되는 동안 일주일에 한두 번씩 저어준다. 초산발효는 25~34℃에서도 가능하다.

tip 초산균은 알코올 6~8도의 환경을 좋아하며 산도를 조절하기 위해 물을 섞는 가수를 한다. 저자의 식초는 처음부터 가수를 하여 담는 방법이므로 추가로 물을 넣을 필요가 없다. 초산균이 살아 있는 씨앗식초인 종초를 많이 넣으면 식초 성공률이 높아진다.

❼ 산도 체크하기

초막이 생기고 십 원짜리 동전에 초록색 녹이 슬면 식초가 만들어지고 있는 것이다. 초막은 식초가 완성되면 자연스럽게 줄어든다.

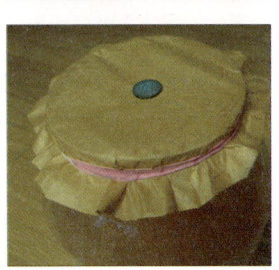

tip 시중에서 판매되는 일반 식초는 산도 4.0 이상이며 감식초는 2.6 이상이다. 초막은 알코올 도수와 당도, 종초의 양, 온도와 환경에 따라 5일에서 2개월 정도 걸리며 생기지 않는 경우도 있다. 담금 시 물을 적게 넣으면 초막이 늦게 생기며 산도가 조금 낮은 식초가 만들어질 수 있으나 버리지 말고 샐

러드나 식초음료로 활용하면 된다.

❽ 숙성하기(6~9개월, 돌나물 흑초 만들기)

3개월 뒤에 앙금과 맑은 상초를 분리한다. 6~9개월 더 숙성하면 맛은 부드럽고 색은 황갈색으로 변하면서 약성 좋고 향이 은은한 돌나물 흑초가 만들어진다. 숙성된 식초는 실온에서는 초막이 다시 생기지 않으나 공기와의 접촉을 피할 수 있게 밀봉하여 보관한다.

tip 상층에 뜨는 맑은 식초는 분리하여 바로 먹어도 된다. 하초 앙금은 종초로 사용할 수 있으며 생막걸리를 부어 막걸리식초를 만들 수 있다. 앙금을 종초로 사용할 경우 생막걸리 양의 30%를 넣으면 된다.

❾ 현미돌나물천연식초의 음용

식초와 물을 1:10(돌나물식초 20㎖, 물 200㎖)로 희석하여 하루 1~3회 먹는다. 위가 약한 사람은 식후에 바로 먹는다.

tip 현미돌나물천연식초 효소음료 만들기
돌나물식초, 돌나물효소, 물을 1:1:6(돌나물식초 20㎖, 돌나물효소 20㎖, 물 120㎖)으로 희석해 얼음 몇 조각 넣어 먹는다. 돌나물효소가 없으면 매실효소 등 다른 효소를 넣어도 된다.

도전! 명품 식초 만들기

현미돌나물포도식초 만들기

포도즙을 넣어 피를 맑게 해주는 효능을 높인 식초이며 초막이 늦게 생기고 식초 만들어지는 기간이 돌나물만 넣었을 때보다 길다. 포도는 수분이 84.5%로 비교적 즙이 적게 나온다. 필요하다면 물 15%를 넣고 짜도 된다. 이 식초 속에는 누룩, 엿기름, 돌나물, 포도, 현미 등의 약성이 포함되어 있어 식이요법으로 하루에 1~3회 약처럼 마시면 좋다. 위가 좋지 않다면 식후 바로 마실 것을 권한다.

❶ 현미 500g, 돌나물즙 500㎖, 포도즙 500㎖, 누룩 250g, 엿기름 50g, 효모(이스트) 0.25t, 물 550㎖, 종초(술 양의 10~30%, 성공 포인트는 30%), 발효통 4ℓ를 준비한다.
❷ 만드는 과정은 돌나물식초 만들기와 동일하나, 명품식초인 만큼 술 발효 기간이 약간 길어진다는 점을 기억하자.

민들레식초

　겨울이 지나고 봄이 되면 우리 집 근처나 들판에 어김없이 찾아와 우리의 눈을 즐겁게 해주는 꽃이 바로 민들레다. 샛노랗게 피는 것이 어쩌면 그렇게 예쁘게 피는지 보고 또 보고 다시 보게 되는 들꽃이다.

　봄이 시작될 무렵 집에서 가까운 시흥시 목감동에 푸성귀나 심어 먹으려고 작은 텃밭을 만들어둔 곳에 나가 보았다. 농장 옆 포도밭 바닥에 노랗게 군데군데 올라와 있는 꽃들이 눈에 들어왔다. 멀리서 보이는 그 꽃의 무리가 하도 예뻐서 아내와 나는 나와 입을 다물 수가 없었다. 바람이 불자 꽃대에 달린 꽃이 흔들려 마치 노란 병아리들이 앉아 움직이는 듯도 하고, 하늘 높이 떠 있는 해 같기도 했다. 그렇게 환상의 세계에 잠시 취해 있다가 옆 농장 오리들의 꽥꽥거리는 소리에 놀라 현실의 세계로 돌아오니 뜨끈하게 타오르는 태양 볕 아래서 방풍이며 상추, 고추들이 우리에게 어서 오라고 애타게 손짓을 하고 있었다. 우리 부부는 시원한 물을 흠뻑 뿌려주고 밭고랑에 바짝 붙어 있는 잡풀도 뽑았다. 일을 마치고 돌아오는 길에 민들레 한 소쿠리를 캐서 가져왔다.

　한동안 민들레를 미친 듯이 캐러 다닌 적이 있었다. 간경화로 먼저 세상을 떠나신 셋째 형, 위암으로 위를 절제한 큰누나, 심근경색으로 시골집 화장실에서 급사하듯 나의 곁을 떠나신 어머니, 그 무서운 유전인자 가족력이 나에게도 있기 때문에 약으로 쓸 요량으로 열심히 캐러 다녔다. 30대가 시작될 무렵 위가 아파 김치를 먹지 못했고 손발이 심하게 저려 나들이 하기가 겁이 났고 간에 지방이 끼고 있어 먹는 음식이 두려웠다. 부모로부터 무서운 유전인자를 받아 지니고 있기에 그것들을 치료하고 예방하기 위해 양배추, 양파, 느릅나무 등과 같이 많이 먹었던 것이 바로 민들레.

민들레의 효능

간 기능 향상, 숙취해소, 당뇨, 고혈압, 위통, 위염, 소화불량과 설사, 변비에 좋으며 소염, 노화방지, 신경통 예방, 숙면에 좋다. 또한 이뇨 작용이 있어 천연 발효식초를 만들어 두면 좋은 상비약이 된다.

민들레는 성질이 쓰고 달며 차가운 들꽃이다. 우리의 들판에 있는 민들레는 노랗게 피는 꽃이 주를 이루고 있다. 요즘엔 농가에서 우리 전통의 하얀 민들레를 많이 재배하고 있다.

현미민들레식초 만드는 법

재료 및 준비물

현미 500g, 민들레 즙 500㎖, 누룩 250g, 엿기름 100g, 효모(이스트) 0.25t, 물 900㎖, 종초(술 양의 10~30%, 성공 포인트는 30%), 발효통 4ℓ, 소독한 함지박, 천, 고무줄, 일회용 비닐장갑, 국사

❶ 준비하기

사용할 도구들은 미리 소독을 해두고, 현미는 고슬고슬한 고두밥 대신 성공 확률이 높은 진밥으로 짓는다.

tip 누룩은 이화곡이나 밀누룩을 사용하는데, 전통적인 옛맛과 효능을 내고 산미도 좋은 밀누룩을 만들어 사용할 것을 권한다.

❷ 손질하기

민들레는 수분이 88.2%이다. 수분이 적어 즙이 잘 나오지 않을 경우엔 물을 13% 섞어 짜도 된다. 땅과 가까이 크는 식물이라 흙 등이 묻어 있으면 오염의 원인이 될 수 있으니 깨끗하게 씻어야 한다. 씻은 민들레는 물기를 최대한 털어낸 다음 분쇄기로 갈아 즙을 짠다. 보통은 생즙과 물을 그대로 사용하나 민들레 즙과 물을 혼합한 것을 끓여서 사용하면 오염이 되어 생길 수 있는 실패를 줄일 수 있고 감칠맛 나는 식초를 얻을 수 있다.

현미밥은 25℃ 정도로 식혀서 사용한다.

tip 설탕을 넣지 않고 현미와 민들레를 섞어 식초를 만들 때 건더기가 들어가면 발효에 어려움이 있지만, 민들레즙을 짜서 사용하면 발효가 잘되어 알코올 형성도 빨라지므로 실패 없이 질 좋은 민들레식초를 만들 수 있다.

❸ 혼합하기

함지박에 현미밥, 민들레 즙, 누룩, 엿기름, 효모를 넣고 10분 동안 으깨듯이 치댄 뒤 물을 전부 넣고 섞어준다. 물은 상온에 반나절 정도 받아놓아 찬 기를 없앤 것을 사용하거나 25℃의 물을 사용한다.

tip 현미의 쌀알을 으깨듯이 치댈 때 믹서나 도깨비 방망이 등을 사용할 경우 식초가 탁해지고 잡맛이 생기므로 번거롭더라도 반드시 직접 손으로 해야 한다.

❹ 술 안치고 알코올발효하기(용기 안의 적정 온도 23~28℃)

식초를 담그기 위한 전단계로 현미와 민들레로 전통술을 만드는 과정이다. 준비한 통에 혼합물을 넣고 용기 입구를 천으로 덮고 묶어둔다. 술은 산소를 싫어하는 혐기성 발효를 하므로 공기 차단을 위해 뚜껑을 천 위에 살짝 올려놓는다. 다음 날부터 뽀글뽀글 소리를 내면서 방울이 올라오고 발효를 시작한다. 3일 동안 매일 한두 번씩 저어주고 4일째 되는 날 랩으로 씌워 묶는다. 견출지에 식초 이름과 날짜를 써서 랩 가운데에 붙이고, 바늘로 초파리가 들어가지 못할 정도의 크기로 구멍을 한 개만 뚫어 에어 락을 만들어준다. 술 발효를 시작하면 3일째까지는 발효가 활발하게 이루어져 온도가 상승하므로 될 수 있으면 집을 비우지 않도록 한다.

tip 1. 술 발효 시 용기 안의 온도가 23℃ 이하로 내려가면 알코올발효가 제대로 되지 않으며 28℃ 이상 올라가면 잡균이 번식을 하여 실패의 원인이 되니 온도 조절에 신경을 써야 한다. 기온이 낮은 날에는 전기장판이나 이불, 보온 기구를 사용하여 온도를 맞춰준다.

2. 저어줄 때 밑까지 골고루 저어 가라앉은 앙금도 당화가 되도록 해준다. 민들레식초는 술 발효 시 잡균이 잘 생기므로 신경 써서 저어주어야 한다. 통을 흔드는 것은 오염의 원인이 될 수 있으니 저어주는 방법으로 한다. 발효가 되면서 곰팡이 같은 것이 하얗게 생기는 경우가 있으나 몸에 해로운 물질은 아니고 계속 저어주면 없어진다. 저어줘도 계속 생기면 설탕(민들레 즙과 물을 합한 양의 15%)을 넣고 저어주면 며칠 후 사라지며 발효는 계속 진행된다.

❺ 술 거르기(7~10일 정도)

당화 과정이 끝날 때쯤 현미 껍질이 떠오르기 시작하여 상층에 꽉 차게 떠오른다. 점차 뽀글뽀글 소리가 줄어들면서 현미 껍질이 다시 가라앉으면 발효가 다 끝난 것이니 거르기를 하면 된다. 민들레식초 담금용 술을 완성하기 위해 거름망에 넣고 주물러 짠다.

tip 술을 거르는 시점은 당도, 민들레즙, 현미, 누룩, 엿기름, 효모, 물 등 재료의 양과 온도 그리고 계절에 따라 달라진다. 보통은 7~10일 발효 뒤에 거르기를 한다.

❻ 식초 안치고 초산발효하기(용기 안의 적정 온도 27~30℃)

가수는 하지 않는다. 종초를 넣으면 실패율이 낮아지며, 전체 술 양의 10~30%의 종초를 넣으면 된다. 식초는 많은 양의 산소를 필요로 하는 호기성 발효를 하므로 뚜껑은 덮지 않고 천 또는 한지로 덮어 묶고 그 위에 옛날 십 원짜리 동전을 올려둔다. 발효 기간은 3개월 정도이며 온도는 27~30℃를 유지하는 것이 중요하다. 발효되는 동안 일주일에 한두 번씩 저어준다. 초산발효는 25~34℃에서도 가능하다.

tip 초산균은 알코올 6~8도의 환경을 좋아하며 산도를 조절하기 위해 물을 섞는 가수를 한다. 저자의 식초는 처음부터 가수를 하여 담는 방법이므로 추가로 물을 넣을 필요가 없다. 초산균이 살아 있는 씨앗식초인 종초를 많이 넣으면 식초 성공률이 높아진다.

❼ 산도체크하기

초막이 생기고 십 원짜리 동전에 초록색 녹이 슬면 식초가 만들어지고 있는 것이다. 초막은 식초가 완성되면 자연스럽게 줄어든다.

tip 시중에서 판매되는 일반 식초는 산도 4.0 이상이며 감식초는 2.6 이상이다. 초막은 알코올 도수와 당도, 종초의 양, 온도와 환경에 따라 5일에서 2개월 정도 걸리며 생기지 않는 경우도 있다. 담금 시 물을 적게 넣으면 초막이 늦게 생기며 산도가 조금 낮은 식초가 만들어질 수 있으나 버리지 않고 샐러드나 식초음료로 활용하면 된다.

❽ 숙성하기(6~9개월, 민들레 흑초 만들기)

3개월 뒤에 앙금과 맑은 식초 상초를 분리한다. 6~9개월 더 숙성을 하면 맛은 부드럽고 색은 황갈색으로 변하면서 약성 좋고 향이 은은한 민

들레 흑초가 만들어진다. 숙성된 식초는 실온에서는 초막이 다시 생기지 않으나 공기와의 접촉을 피할 수 있게 밀봉하여 보관한다.

tip 상층에 뜨는 맑은 식초는 분리하여 바로 먹어도 된다. 하초 앙금을 종초로 사용할 수 있으며 생막걸리를 부어 막걸리식초를 만들 수 있다. 앙금을 종초로 사용할 경우 생막걸리 양의 30%를 넣으면 된다.

❾ 현미민들레천연식초의 음용

식초와 물을 1:10(민들레식초 20㎖, 물 200㎖)로 희석하여 하루 1~3회 먹는다. 위가 약한 사람은 식후에 바로 먹는다.

tip 현미민들레천연식초 효소음료 만들기
민들레식초, 민들레효소, 물을 1:1:6(민들레식초 20㎖, 민들레효소 20㎖, 물 120㎖)으로 희석해 얼음 몇 조각을 넣어 먹는다. 민들레효소가 없으면 매실효소 등 다른 효소를 넣어도 된다.

도전! 명품 식초 만들기

현미민들레딸기식초 만들기

딸기즙을 넣어 위장병 예방과 피로회복, 혈액순환 개선 효능을 높인 식초를 만들어보자. 딸기는 수분이 89.7%로 비교적 즙이 넉넉하지만 물을 10%정도 넣고 짜도 된다. 초막이 늦게 생기고 식초 만들어지는 기간이 민들레만 넣었을 때보다 길다. 이 식초 속에는 누룩, 엿기름, 민들레, 딸기, 현미 등의 약성이 포함되어 있어 식이요법으로 하루에 1~3회 약처럼 마시면 좋다. 위가 좋지 않다면 식후 바로 마실 것을 권한다.

❶ 현미 500g, 민들레즙 500㎖, 딸기즙 500㎖, 누룩 250g, 엿기름 50g, 효모(이스트) 0.25t, 물 500㎖, 종초(술 양의 10~30%, 성공 포인트는 30%), 발효통 4ℓ를 준비한다.
❷ 만드는 과정은 민들레식초 만들기와 동일하다. 명품 식초인 만큼 술 발효 기간이 약간 길어진다는 점을 기억하자.

쑥식초

  몸을 따뜻하게 만들어주고 위를 편안하게 해주는 쑥은 듣기만 해도 보기만 해도 입이 벌어질 정도로 기분이 좋아질 뿐 아니라 건강해지는 느낌이 든다. 나는 아버지가 그러셨던 것처럼 위가 좋지 않아 소화력이 떨어지고, 어머니에게 받은 혈액순환 장애가 있어 손발이 항상 차갑고 저렸다. 성장기 때는 가족력을 느끼지 못해 부실한 몸인 줄 몰랐는데, 예쁘고 이해심 많은 아내를 만나 결혼을 한 지 얼마 되지 않아 몸속에 숨어 있던 가족력들이 한꺼번에 들고 일어나 힘든 신혼 초를 보냈다. 아내는 집안의 가장이 힘들어 하니 자신 또한 편치 않아 즐거움과 행복이란 게 없던 시기였다.

  아내는 속이 좋지 않고 손발이 찬 나를 위해 온갖 좋은 음식들을 다 해줬다. 특히 봄이 되면 쑥을 캐러 나와 같이 들판으로 다녔고 시장을 볼 때도 쑥은 꼭 장바구니에 담아 왔다. 그렇게 항상 가까이에 두고 쑥을 볶아 차로 우려먹고 된장을 풀어 봄 냄새 물씬 풍기는 쑥국을 끓여 먹었으며, 쑥버무리에 쑥식초 등을 만들어 즐겨 먹었다.

  쑥은 성인병을 예방해 주는 3대 식물 중 하나이다. 쑥을 보면 예로부터 전해 내려오는 우리의 속담 하나가 생각난다. "가장 흔한 것이 가장 귀한 것"이라는 말이다. 이 속에 담긴 뜻이 꼭 쑥을 두고 말한 것 같다. 봄이 되면 흙이 있는 곳이면 어디서든 볼 수 있는 풀이 쑥이다. 지천으로 깔려 있어 자칫 아무 쓸데없는 잡풀에 불과한 것처럼 보일 정도다. 봄을 상징하고 4월을 대표하는 쑥은 음식과 약용으로 인기가 좋다.

  봄이 시작되면서 새싹을 틔우고 4월 말쯤에 접어들면 음식으로 활용하기에 딱 좋은 쑥이 된다. 그 시기에 채취를 하여 쑥국, 쑥떡, 쑥버무리 등을 해 먹으면 봄을 잘 보낼 수 있는 건강밥상이 된다. 또한 약용으로 사용할 쑥은 약이 많이 올라 있는 7월 전후에 채취한 것들을 사용하면 더 좋다.

쑥의 효능

7년 된 병을 3년 된 쑥으로 고쳤다는 속담이 있다. 쑥은 마늘, 당근과 함께 성인병을 다스릴 수 있는 3대 식품으로 손꼽히고 있을 정도로 유효한 성분이 많이 들어 있다. 피가 맑아지는 혈액순환 효과, 고혈압, 동맥경화, 면역기능, 해독기능, 간기능 개선, 노화방지, 손발 저림 및 경련이 있을 때, 만성위장병, 소화촉진 작용, 소염, 진통, 지사제, 강장제, 코피가 자주 날 때, 자궁출혈, 월경불순, 월경통, 냉증 등 각종 부인병에 효과가 있다고 알려져 있다.

현미쑥식초 만드는 법

재료 및 준비물

현미 500g, 쑥즙 500㎖, 누룩 250g, 엿기름 100g, 효모(이스트) 0.25t, 물 900㎖, 종초(술 양의 10~30%, 성공 포인트는 30%), 발효통 4ℓ, 함지박, 천, 고무줄, 일회용 비닐장갑, 국자

❶ 준비하기

사용할 도구들은 미리 소독을 해두고, 현미는 고슬고슬한 고두밥 대신 성공 확률이 높은 진밥으로 짓는다.

tip 누룩은 이화곡이나 밀누룩을 사용하는데, 전통적인 옛맛과 효능을 내고 산미도 좋은 밀누룩을 만들어 사용하는 것을 권한다.

❷ 재료 손질하기

쑥은 수분이 71.9%이다. 수분이 적어 즙이 잘 나오지 않으니 물 30%를 섞어 짜도 된다. 땅속에서 크는 식물이라 흙이 묻으면 오염의 원인이 될 수 있으니 깨끗하게 씻어야 한다. 씻은 쑥은 물기를 최대한 털어낸 다음 분쇄기로 갈아 즙을 짠다. 보통은 생즙과 물을 그대로 사용하나 쑥즙과 물을 혼합한 것을 끓여서 사용하면 오염이 되어 생길 수 있는 실패를 줄일 수 있고 감칠맛 나는 식초를 얻을 수 있다. 현미밥은 25℃ 정도로 식

혀서 사용한다.

tip 설탕을 넣지 않고 현미와 쑥을 섞어 식초를 만들 때 건더기가 들어가면 발효에 어려움이 있지만, 쑥즙을 짜서 사용하면 발효가 잘되어 알코올 형성도 빨라지므로 실패 없이 질 좋은 쑥식초를 만들 수 있다. 현미밥은 25℃ 정도로 식혀서 사용한다.

❸ 혼합하기

함지박에 현미밥, 쑥즙, 누룩, 엿기름, 효모를 넣고 10분 동안 으깨듯이 치댄 뒤 물을 전부 넣고 섞어준다. 물은 상온에 반나절 정도 받아놓아 찬기를 없앤 것을 사용하거나 25℃의 물을 사용한다.

tip 현미밥의 쌀알을 으깨듯이 치댈 때 믹서나 도깨비 방망이 등을 사용할 경우 식초가 탁해지고 잡맛이 생기므로 번거롭더라도 반드시 직접 손으로 해야 한다.

❹ 술 안치고 알코올발효하기(용기 안의 적정 온도 23∼28℃)

식초를 담그기 위한 전단계로 현미와 쑥으로 전통술을 만드는 과정이다. 준비한 통에 혼합물을 넣고 용기 입구를 천으로 넘고 묶어둔다. 술은 산소를 싫어하는 혐기성 발효를 하므로 공기 차단을 위해 뚜껑을 천 위에 살짝 올려놓는다. 다음 날부터 뽀글뽀글 소리를 내면서 방울이 올라오고 발효를 시작한다. 3일 동안 매일 한두 번씩 저어주고 4일째 되는 날 랩으로 씌워 묶는다. 견출지에 식초 이름과 날짜를 써서 랩 가운데 붙이고, 바늘로 초파리가 들어가지 않을 정도의 크기로 구멍을 한 개만 뚫어 에어 락을 만들어준다. 술 발효를 시작하면 3일째까지는 발효가 활발하게 이루어져 온도가 상승하므로 될 수 있으면 집을 비우지 않도록 한다.

tip 1. 술 발효 시 용기 안의 온도가 23℃ 이하로 내려가면 알코올발효가 제대로 되지 않으며 28℃ 이상 올라가면 잡균이 번식을 하여 실패의 원인이 되니 온도 조절에 신경을 써야 한다. 기온이 낮은 날에는 전기장판이나 이불, 보온 기구를 사용하여 온도를 맞춰준다.

2. 저어줄 때 밑까지 골고루 저어 가라앉은 앙금도 당화가 되도록 해준다. 쑥식초는 술 발효 시 잡균이 잘 생기므로 신경 써서 저어주어야 한다. 통을 흔드는 것은 오염의 원인이 될 수 있으니 저어주는 방법으로 한다. 발효가 되면서 곰팡이 같은 것이 하얗게 생기는 경우가 있으나 몸에 해로운 물질은 아니고 계속 저어주면 없어진다. 저어줘도 계속 생기면 설탕(쑥즙과 물을 합한 양의 15%)을 넣고 저어주면 며칠 후 사라지며 발효는 계속 진행된다.

❺ 술 거르기(7~10일 정도)

당화 과정이 끝날 때쯤 현미 껍질이 떠오르기 시작하여 상층에 꽉 차게 떠오른다. 점차 뽀글뽀글 소리가 줄어들면서 현미 껍질이 다시 가라앉으면 발효가 다 끝난 것이니 거르기를 하면 된다. 쑥식초 담금용 술을 완성하기 위해 거름망에 넣고 주물러 짠다.

tip 술을 거르는 시점은 당도, 쑥즙, 현미, 누룩, 엿기름, 효모, 물 등 재료의 양과 온도 그리고 계절에 따라 달라진다. 보통은 7~10일 발효 뒤에 거르기를 한다.

❻ 식초 안치고 초산발효하기(용기 안의 적정 온도 27~30℃)

가수는 하지 않는다. 종초를 넣으면 실패율이 적어지며 전체 술 양의 10~30%의 종초를 넣으면 된다. 식초는 많은 양의 산소를 필요로 하는 호기성 발효를 하므로 뚜껑은 덮지 않고 천 또는 한지로 덮어 묶고 그 위에 옛날 십 원짜리 동전을 올려둔다. 발효 기간은 3개월 정도이며 온도는 27~30℃를 유지하는 것이 중요하다. 발효되는 동안 일주일에 한두 번씩 저어준다. 초산발효는 25~34℃에서도 가능하다.

tip 초산균은 알코올 6~8도의 환경을 좋아하며 산도를 조절하기기 위해 물을 섞는 가수를 한다. 저자의 식초는 처음부터 가수를 하여 담는 방법이므로 추가로 물을 넣을 필요가 없다. 초산균이 살아 있는 씨앗식초인 종초를 많이 넣으면 식초 성공률이 높아진다.

❼ 산도 체크하기

초막이 생기고 십 원짜리 동전에 초록색 녹이 슬면 식초가 만들어지고 있는 것이다. 초막은 식초가 완성되면 자연스럽게 줄어든다.

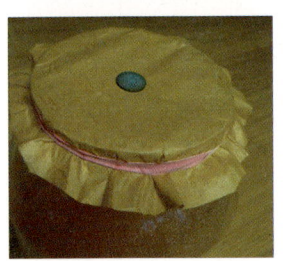

tip 시중에서 판매되는 일반 식초는 산도 4.0 이상이며 감식초는 2.6 이상이다. 초막은 알코올 도수와 당도, 종초의 양, 온도와 환경에 따라 5일에서 2개월 정도 걸리며 생기지 않는 경우도 있다. 담금 시 물을 적게 넣으면 초막이 늦게 생기며 산도가 조금 낮은 식초가 만들어질 수 있으나 버리지 않고 샐러드나 식초음료로 활용하면 된다.

❽ 숙성하기(6~9개월, 쑥 흑초 만들기)

3개월 뒤에 앙금과 맑은 식초 상초를 분리한다. 6~9개월 더 숙성을 하면 맛은 부드럽고 색은 황갈색으로 변하면서 약성 좋고 향이 은은한 쑥

흑초가 만들어진다. 숙성된 식초는 실온에서는 초막이 다시 생기지 않으나 공기와의 접촉을 피할 수 있게 밀봉하여 보관한다.

tip 상층에 뜨는 맑은 식초는 분리하여 바로 먹어도 된다. 하초 앙금을 종초로 사용할 수 있으며 생막걸리를 부어 막걸리식초를 만들 수 있다. 앙금을 종초로 사용할 경우 생막걸리 양의 30%를 넣으면 된다.

❾ 현미쑥천연식초의 음용

식초와 물을 1:10(쑥식초 20㎖, 물 200㎖)로 희석하여 하루 1~3회 먹는다. 위가 약한 사람은 식후에 바로 먹는다.

tip 현미 쑥천연식초 효소음료 만들기
쑥식초, 쑥효소, 물을 1:1:6(쑥식초 20㎖, 쑥효소 20㎖, 물 120㎖)으로 희석해 얼음 몇 조각을 넣어 먹는다. 쑥효소가 없으면 매실효소 등 다른 효소를 넣어도 된다.

도전! 명품 식초 만들기

현미쑥사과식초 만들기

사과즙을 넣어 몸을 따뜻하게 해주고 장 기능을 개선하는 효능을 높인 식초를 만들어보자. 사과즙은 수분이 87.1%로 비교적 즙이 넉넉하나 물 13%를 넣고 짜도 된다. 초막이 늦게 생기고 식초가 완성되는 데 걸리는 시간이 길어진다. 이 식초 속에는 누룩, 엿기름, 쑥, 포도, 현미 등의 약성이 포함되어 있어 식이요법으로 하루에 1~3회 약처럼 마시면 좋다. 위가 좋지 않다면 식후 바로 마실 것을 권한다.

❶ 현미 500g, 쑥즙 500㎖, 사과즙 500㎖, 누룩 250g, 엿기름 50g, 효모(이스트) 0.25t, 물 500㎖, 종초(술 양의 10~30%, 성공 포인트는 30%), 발효통 4ℓ 를 준비한다.
❷ 만드는 과정은 쑥식초 만들기와 동일하다. 명품 식초인 만큼 술 발효 기간이 약간 길어진다는 점을 기억하자.

양파식초

　mbn 방송의 〈천기누설〉에 손발 저림과 혈액순환에 좋은 발효식품 재료로 소개한 것이 양파다. 몇 년 전부터 양파는 흔하고 흔한 채소가 되어버렸다. 가격이 폭락하여 농민들은 출하를 하지 못하고 양파를 밭에서 갈아엎기까지 했다. 시골 저온창고에는 양파가 가득히 쌓여 썩어가고 있을 정도라고 한다. 그런 뉴스를 접하고 농사짓는 분들의 사연을 전해들을 때면 양파를 직접 재배하고 있는 농민은 아니지만 내 일처럼 마음이 아프다. 조금의 나눔이겠지만 양파 농가의 슬픔을 달래기 위해 양파볶음, 양파김치, 양파장아찌, 양파물김치, 양파차, 양파즙 내려먹기 등 먹을 수 있는 방법을 최대한 찾아 양파를 사먹고 있다.

　여행을 좋아해 자주 다니는 편인데, 여행 중 잠시라도 쉬는 틈이 생기면 농민을 만나 이야기를 나누고 그분들과 막걸리 한 잔 기울이면서 같이 하는 시간도 꽤 많이 있었다. 그렇게 같이 밥을 먹고 그분들과 똑 같은 일을 하면서 즐거움도 알고 어려움도 들을 수 있었다.

　7월이 막 시작 되었을 때로 기억된다. 전남 무안으로 내려가 해안 길을 따라 고향집 군산까지 여행한 적이 있었다. 그 길에서 나의 눈은 놀라고 말았다. 어마어마하게 심겨진 양파밭에 놀라 차를 세우고는 한참 구경을 했다. '어쩌지, 저 많은 양파들을 다 팔 수는 있을까?' 걱정이 절로 나오며 농민의 고민거리를 느낄 수 있었다.

　양파는 예전과는 다르게 우리나라 전 지역에서 재배가 되고 있어 폭락할 때마다 슬픔이 커지는 것 같다. 우리는 여행의 마무리로 시골집을 찾아 아버님과 함께 하룻밤을 지냈다. 아침 일찍 일어나 아버님의 생일잔치를 하고는 짐을 꾸려 나서려는데 아버지께서 양파즙 한 박스를 주시며 "건강하거라." 하신다. 초등학교 선생님을 하시다가 퇴직하시고 익산에서 농사를 지으시는 큰 매형께서도 보라색 양파와 흰 양파를 두 자루나 보내줘 우리 집에 양파 풍년이 들었다. 내친김에 양파효소도 담그고 양파로 천연식초도 만들게 되었다.

양파의 효능

양파는 미국의 초대 대통령 워싱턴이 즐겨 먹었다는 채소로도 유명하다. 예로부터 기름진 음식을 즐겨 먹지만 양파를 많이 먹는 중국인들은 고혈압과 동맥경화 등 성인병에 잘 걸리지 않는다고 알려져 있다. 양파가 혈액 속의 과다한 양분 섭취를 막아주고 혈액을 깨끗하게 해주는 역할을 하기 때문이다. 혈액순환 개선, 손발 저림 완화, 항산화, 함암, 해독작용, 숙취해소, 피로회복, 고혈압 예방, 청혈작용 등의 효능이 있다. 양파의 글루타치온 성분은 시력 향상과 간 기능 향상에 기여하고, 매운맛의 알리신은 몸과 손발을 따뜻하게 하며 비타민 B1의 흡수를 도와 피로할 때나 감기에 걸렸을 때 먹으면 좋은 효과를 볼 수 있다.

현미양파식초 만드는 법

재료 및 준비물

현미 500g, 양파즙 500㎖, 누룩 250g, 엿기름 100g, 효모(이스트) 0.25t, 물 900㎖, 종초(술 양의 10~30%, 성공 포인트는 30%), 발효통 4ℓ, 함지박, 천, 고무줄, 일회용 비닐장갑, 국자

❶ 준비하기

사용할 도구들은 미리 소독을 해두고, 현미는 고슬고슬한 고두밥 대신 성공 확률이 높은 진밥으로 짓는다.

tip 누룩은 이화곡이나 밀누룩을 사용하는데, 전통적인 옛맛과 효능을 내고 산미도 좋은 밀누룩을 만들어 사용할 것을 권한다.

❷ 재료 손질하기

양파는 수분이 90.1%이며 7% 정도의 물을 섞어 즙을 짜도 된다. 땅속에서 자라는 식물이라 오염의 원인이 될 수 있으므로 깨끗하게 씻어야 한다. 씻은 양파는 물기를 최대한 털어낸 다음 분쇄기로 갈아 즙을 짠다.

양파 엑기스를 사용하거나 양파의 겉껍질이 깨끗하면 물과 함께 끓여서 사용해도 된다. 현미밥은 25℃ 정도로 식혀서 사용한다.

tip 설탕을 넣지 않고 현미와 양파를 섞어 식초를 만들 때 건더기가 들어가면 발효에 어려움이 있지만, 양파즙을 짜서 사용하면 발효가 잘되어 알코올 형성도 빨라지므로 실패 없이 질 좋은 양파식초를 만들 수 있다.

 ❸ 혼합하기

함지박에 현미밥, 양파즙, 누룩, 엿기름, 효모를 넣고 10분 동안 으깨듯이 치댄 뒤 물을 전부 넣고 섞어준다. 물은 상온에 반나절 정도 받아놓아 찬기를 없앤 것을 사용하거나 25℃의 물을 사용한다.

tip 현미밥의 쌀알을 으깨듯이 치댈 때 믹서나 도깨비 방망이 등을 사용할 경우 식초가 탁해지고 잡맛이 생기므로 번거롭더라도 반드시 직접 손으로 해야 한다.

❹ 술 안치고 알코올발효하기(용기 안의 적정 온도 23~28℃)

식초를 담그기 위한 전단계로 현미와 양파로 전통술을 만드는 과정이다. 준비한 통에 혼합물을 넣고 용기 입구를 천으로 덮고 묶어둔다. 술은 산소를 싫어하는 혐기성 발효를 하므로 공기 차단을 위해 뚜껑을 천 위에 살짝 올려놓는다. 다음 날부터 뽀글뽀글 소리를 내면서 방울이 올라오고 발효를 시작한다. 3일 동안 매일 한두 번씩 저어주고 4일째 되는 날 랩으로 씌워 묶는다. 견출지에 식초 이름과 날짜를 써서 랩 가운데에 붙이고, 바늘로 초파리가 들어가지 못할 정도의 크기로 구멍을 한 개만 뚫어 에어 락을 만들어준다. 술 발효를 시작하면 3일째까지는 발효가 활발하게 이루어져 온도가 상승하므로 될 수 있으면 집을 비우지 않도록 한다.

tip 1. 술 발효 시 용기 안의 온도가 23℃ 이하로 내려가면 알코올발효가 제대로 되지 않으며 28℃ 이상 올라가면 잡균이 번식을 하여 실패의 원인이 되니 온도 조절에 신경을 써야 한다. 기온이 낮은 날에는 전기장판이나 이불, 보온 기구를 사용하여 온도를 맞춰준다.

2. 저어줄 때 밑까지 골고루 저어 가라앉은 앙금도 당화가 되도록 해준다. 양파식초는 술 발효 시 잡균이 잘 생기므로 신경 써서 저어주어야 한다. 통을 흔드는 것은 오염의 원인이 될 수 있으니 저어주는 방법으로 한다. 발효가 되면서 곰팡이 같은 것이 하얗게 생기는 경우가 있으나 몸에 해로운 물질은 아니고 계속 저어주면 없어진다. 저어줘도 계속 생기면 설탕(양파즙과 물을 합한 양의 15%)을 넣고 저어주면 며칠 후 사라지며 발효는 계속 진행된다.

❺ 술 거르기(7~10일 정도)

당화 과정이 끝날 때쯤 현미 껍질이 떠오르기 시작하여 상층에 꽉 차게 떠오른다. 점차 뽀글뽀글 하는 소리가 줄어들면서 현미 껍질이 다시 가라앉으면 발효가 다 끝난 것이니 거르기를 하면 된다. 양파식초 담금용 술을 완성하기 위해 거름망에 넣고 주물러 짠다.

tip 술을 거르는 시점은 당도, 양파즙, 현미, 누룩, 엿기름, 효모, 물 등 재료의 양과 온도 그리고 계절에 따라 달라진다. 보통은 7~10일 발효 뒤에 거르기를 한다.

❻ 식초 안치고 초산발효하기(용기 안의 적정 온도 27~30℃)

가수는 하지 않는다. 종초를 넣으면 실패율이 적어지며 전체 술 양의 10~30%의 종초를 넣으면 된다. 식초는 많은 양의 산소를 필요로 하는 호기성 발효를 하므로 뚜껑은 덮지 않고 천 또는 한지로 덮은 뒤 묶은 뒤 그 위에 옛날 십 원짜리 동전을 올려둔다. 발효 기간은 3개월 정도이며 온도는 27~30℃를 유지하는 것이 중요하다. 발효되는 동안 일주일에 한두 번씩 저어준다. 초산발효는 25~34℃에서도 가능하다.

tip 초산균은 알코올 6~8도의 환경을 좋아하며 산도를 조절하기기 위해 물을 섞는 가수를 한다. 저자의 식초는 처음부터 가수를 하여 담는 방법이므로 추가로 물을 넣을 필요가 없다. 초산균이 살아 있는 씨앗식초인 종초를 많이 넣으면 식초 성공률이 높아진다.

❼ 산도 체크하기

초막이 생기고 십 원짜리 동전에 초록색 녹이 슬면 식초가 만들어지고 있는 것이다. 초막은 식초가 완성되면 자연스럽게 줄어든다.

tip 시중에서 판매되는 일반 식초는 산도 4.0 이상이며 감식초는 2.6 이상이다. 초막은 알코올 도수와 당도, 종초의 양, 온도와 환경에 따라 5일에서 2개월 정도에 걸쳐 생기며 생기지 않는 경우도 있다. 담금 시 물을 적게 넣으면 초막이 늦게 생기며 산도가 조금 낮은 식초가 만들어질 수 있으나 버리지 않고 샐러드나 식초음료로 활용하면 된다.

❽ 숙성하기(6~9개월, 양파 흑초 만들기)

3개월 뒤에 앙금과 맑은 식초(상초)를 분리한다. 6~9개월 더 숙성을 하

면 맛은 부드럽고 색은 황갈색으로 변하면서 약성 좋고 향이 은은한 양파 흑초가 만들어진다. 숙성된 식초는 실온에서는 초막이 다시 생기지 않으나 공기와의 접촉을 피할 수 있게 밀봉하여 보관한다.

tip 상층에 뜨는 맑은 식초는 분리하여 바로 먹어도 된다. 하초인 앙금은 종초로 사용할 수 있으며 생막걸리를 부어 막걸리식초를 만들 수 있다. 앙금을 종초로 사용할 경우 생막걸리 양의 30%를 넣으면 된다.

❾ 현미양파천연식초의 음용

식초와 물을 1:10(양파식초 20㎖, 물 200㎖)로 희석하여 하루 1~3회 먹는다. 위가 약한 사람은 식후에 바로 먹는다.

tip 현미 양파천연식초 효소음료 만들기
양파식초, 양파효소, 물을 1:1:6(양파식초 20㎖, 양파효소 20㎖, 물 120㎖)으로 희석해 얼음 몇 조각을 넣어 먹는다. 양파효소가 없으면 매실효소 등 다른 효소를 넣어도 된다.

도전! 명품 식초 만들기

현미양파포도식초 만들기

포도즙을 넣어 몸을 따뜻하게 해주고 장 기능까지도 개선하는 명품 식초를 만들어보자. 포도는 수분이 84.5%로 비교적 즙이 적게 나오니 필요하다면 물을 15% 정도 넣고 짜도 된다. 초막이 늦게 생기고 식초가 완성되는 데 걸리는 시간이 길어진다. 이 식초 속에는 누룩, 엿기름, 양파, 포도, 현미 등의 약성이 포함되어 있어 식이요법으로 하루에 1~3회 약처럼 마시면 좋다. 위가 좋지 않다면 식후 바로 마실 것을 권한다.

❶ 현미 500g, 양파즙 500㎖, 포도즙 500㎖, 누룩 250g, 엿기름 50g, 효모(이스트) 0.25t, 물 550 ㎖, 종초(술 양의 10~30%, 성공 포인트는 30%), 발효통 4ℓ를 준비한다.
❷ 만드는 과정은 양파식초 만들기와 동일하다. 명품 식초인 만큼 술 발효 기간이 약간 길어진다는 점을 기억하자.

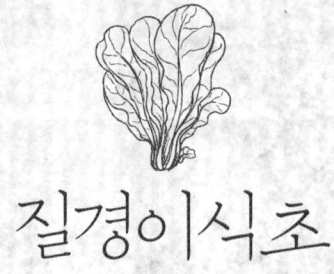

질경이식초

밟히고 밟혀도 다시 살아나는 잡초가 질경이다. 옛 시골길에서 달구지가 굴러가는 바퀴를 피해 싹을 틔우고 사람들이 다니는 발밑에서 끈질기게 자라나는 흔하디 흔한 풀이지만 생명력 하나만큼은 강한 풀이라 차전초(車前草)라고도 불린다. 봄이 시작되면 싹을 틔우고 여름쯤 되어 꽃대가 올라오며 곧 씨앗을 맺는다.

어린 시절을 시골에서 보낸 사람들은 누구나 질경이에 대한 추억 하나쯤은 간직하고 있을 것 같다. 질경이 꽃대를 뽑아 서로 교차되게 엮어서 양쪽에서 잡아당겨 누구 것이 더 강한가 하는 놀이가 있다. 지는 사람은 꿀밤을 맞기도 하고 친구의 책보를 대신 들고 가는 벌칙을 받기도 했다. 하지만 나는 질경이를 보면 우리 할머니와의 기억 때문에 가슴이 찡하고 아리다. 할머니에게는 평생을 달고 사신 지병이 하나 있었다. 천식과 비슷한 해소기침이었는데 환절기와 겨울이 되면 옆에서 지켜보기 힘들 정도로 기침을 심하게 하셨다. 기침이 심해지면 피를 토하기도 하셨는데, 어린아이었던 나는 그때마다 할머니가 돌아가신다며 발을 동동거리고 울어대서 얼굴은 눈물과 콧물로 범벅이 되곤 했다. 할머께서 피를 토하며 기침을 하실 때 어린 나는 할머께서 기침에 좋다며 끓여 놓으신 질경이 물을 떠다 드리는 것밖에는 도와드릴 일이 없어 속상했던 기억도 가슴속 깊이 남아 있다.

내가 열여덟 살이었던 어느 날인가에도 할머니는 기침을 심하게 하셨고 습관처럼 피를 토하셨다. 그 후로 방에 누우셨고 다시는 바깥 출입을 하지 못하셨다. 그렇게 할머께서 돌아가시고, 어느덧 그 어린 손자가 장성하여 할머니를 추억하며 할머께서 평소에 즐겨 드셨던 질경이로 장아찌도 담그고 나물도 해먹고 질경이식초도 만들고 있다.

질경이의 효능

질경이에는 비타민A가 배추보다 140배 많다. 질경이를 먹고 간질환을 극복한 사람도 있다고 한다. 이뇨와 해열에 좋고, 궤양이나 염증을 없애주며 상한 조직을 재생시키는 효능이 있다고 알려져 있다. 질경이의 성분 중에는 플라보노이드, 타닌, 플라타긴 배당체가 함유되어 있다. 플라타긴은 호흡기의 운동에 영향을 주어 기침을 멎게 하는 작용을 한다. 그 외 기관지 점액 및 소화액 분비 촉진, 이뇨작용, 해열작용, 해독작용, 가래를 삭혀주고 기침을 멎게 하는 효능이 있다. 민간에서는 토사곽란, 감기, 천식, 인후염, 축농증, 황달, 어지럼증, 투통, 심장병, 태독, 난산, 출혈, 요혈, 변비, 백일해, 관절통, 부인병, 산후복통, 뇌질환에 좋다고 전해진다.

현미질경이식초 만드는 법

재료 및 준비물

현미 500g, 질경이즙 500㎖, 누룩 250g, 엿기름 100g, 효모(이스트) 0.25t, 물 900㎖, 종초(술 양의 10~30%, 성공 포인트는 30%), 발효통 4ℓ, 함지박, 천, 고무줄, 일회용 비닐장갑, 국자

❶ 준비하기

사용할 도구들은 미리 소독을 해두고, 현미는 고슬고슬한 고두밥 대신 성공 확률이 높은 진밥으로 짓는다.

tip 누룩은 이화곡이나 밀누룩을 사용하는데, 전통적인 옛맛과 효능을 내고 산미도 좋은 밀누룩을 만들어 사용할 것을 권한다.

❷ 재료 손질하기

질경이는 수분이 83.8%이며 10% 정도의 물을 섞어 즙을 짜도 된다. 땅과 가까이 크는 식물이라 흙이 묻으면 오염의 원인이 될 수 있으니 깨끗하게 씻어야 한다. 씻은 질경이는 물기를 최대한 털어낸 다음 분쇄기로

갈아 즙을 짠다. 보통은 생즙과 물을 그대로 사용하나 질경이즙과 물을 혼합해 끓여서 사용하면 오염이 되어 생길 수 있는 실패를 줄일 수 있고 감칠맛 나는 식초를 얻을 수 있다. 현미밥은 25℃ 정도로 식혀서 사용한다.

tip 설탕을 넣지 않고 현미와 질경이를 섞어 식초를 만들 때 건더기가 들어가면 발효에 어려움이 있지만, 질경이즙을 짜서 사용하면 발효가 잘되고 알코올 형성 또한 빨라져 실패 없이 질 좋은 질경이식초를 만들 수 있다.

❸ 혼합하기

함지박에 현미밥, 질경이즙, 누룩, 엿기름, 효모를 넣고 10분 동안 으깨듯이 치댄 뒤 물을 전부 넣고 섞어준다. 물은 상온에 반나절 정도 받아놓아 찬 기를 없앤 것을 사용하거나 25℃의 물을 사용한다.

tip 현미의 쌀알을 으깨듯이 치댈 때 믹서나 도깨비 방망이 등을 사용할 경우 식초가 탁해지고 잡맛이 생기므로 번거롭더라도 반드시 직접 손으로 해야 한다.

❹ 술 안치고 알코올발효하기(용기 안의 적정 온도 23~28℃)

식초를 담그기 위한 전단계로 현미와 질경이로 전통술을 만드는 과정이다. 준비한 통에 혼합물을 넣고 용기 입구를 천으로 덮고 묶어둔다. 술은 산소를 싫어하는 혐기성 발효를 하므로 공기 차단을 위해 뚜껑을 천 위에 살짝 올려놓는다. 다음 날부터 뽀글뽀글 소리를 내면서 방울이 올라오고 발효를 시작한다. 3일 동안 매일 한두 번씩 저어주고 4일째 되는 날 랩으로 씌워 묶는다. 견출지에 식초 이름과 날짜를 써서 랩 가운데에 붙이고, 바늘로 초파리가 들어가지 못할 정도의 크기로 구멍을 한 개만 뚫어 에어락을 만들어준다. 술 발효를 시작하면 3일째까지는 발효가 활발하게 이루어져 온도가 상승하므로 될 수 있으면 집을 비우지 않도록 한다.

tip 1. 술 발효 시 용기 안의 온도가 23℃ 이하로 내려가면 알코올발효가 제대로 되지 않으며 28℃ 이상 올라가면 잡균이 번식을 하여 실패의 원인이 되니 온도 조절에 신경을 써야 한다. 기온이 낮은 날에는 전기장판이나 이불, 보온 기구를 사용하여 온도를 맞춰준다.
2. 저어줄 때 밑까지 골고루 저어 가라앉은 앙금도 당화가 되도록 해준다. 질경이식초는 술 발효 시 잡균이 잘 생기므로 신경 써서 저어주어야 한다. 통을 흔드는 것은 오염의 원인이 될 수 있으니 저어주는 방법으로 한다. 발효가 되면서 곰팡이 같은 것이 하얗게 생기는 경우가 있으나 몸에 해로운 물질은 아니고 계속 저어주면 없어진다. 저어줘도 계속 생기면 설

탕(질경이즙과 물을 합한 양의 15%)을 넣고 저어주면 며칠 후 사라지며 발효는 계속 진행된다.

⑤ 술 거르기(7~10일 정도)

당화 과정이 끝날 때쯤 현미 껍질이 떠오르기 시작하여 상층에 꽉 차게 떠오른다. 점차 뽀글뽀글 소리가 줄어들면서 현미 껍질이 다시 가라앉으면 발효가 다 끝난 것이니 거르기를 하면 된다. 질경이식초 담금용 술을 완성하기 위해 거름망에 넣고 주물러 짠다.

tip 술을 거르는 시점은 당도, 질경이즙, 현미, 누룩, 엿기름, 효모, 물 등 재료의 양과 온도 그리고 계절에 따라 달라진다. 보통은 7~10일 발효 뒤에 거르기를 한다.

⑥ 식초 안치고 초산발효하기(용기 안의 적정 온도 27~30℃)

가수는 하지 않는다. 종초를 넣으면 실패율이 적어지며 전체 술 양의 10~30%의 종초를 넣으면 된다. 식초는 많은 양의 산소를 필요로 하는 호기성 발효를 하므로 뚜껑은 덮지 않고 천 또는 한지로 덮어 묶고 그 위에 옛날 십 원짜리 동전을 올려둔다. 발효 기간은 3개월 정도이며 온도는 27~30℃를 유지하는 것이 중요하다. 발효되는 동안 일주일에 한두 번씩 저어준다. 초산발효는 25~34℃에서도 가능하다.

tip 초산균은 알코올 6~8도의 환경을 좋아하며 산도를 조절하기기 위해 물을 섞는 가수를 한다. 저자의 식초는 처음부터 가수를 하여 담는 방법이므로 추가로 물을 넣을 필요가 없다. 초산균이 살아 있는 씨앗식초인 종초를 많이 넣으면 식초 성공률이 높아진다.

⑦ 산도 체크하기

초막이 생기고 십 원짜리 동전에 초록색 녹이 슬면 식초가 만들어지고 있는 것이다. 초막은 식초가 완성되면 자연스럽게 줄어든다.

tip 시중에서 판매되는 일반 식초는 산도 4.0 이상이며 감식초는 2.6 이상이다. 초막은 알코올 도수와 당도, 종초의 양. 온도와 환경에 따라 5일에서 2개월 정도 걸리며 생기지 않는 경우도 있다. 담금 시 물을 적게 넣으면 초막이 늦게 생기며 산도가 조금 낮은 식초가 만들어질 수 있으나 버리지 않고 샐러드나 식초음료로 활용하면 된다.

❽ 숙성하기(6~9개월, 질경이 흑초 만들기)

3개월 뒤에 앙금과 맑은 식초 상초를 분리한다. 6~9개월 더 숙성을 하면 맛은 부드럽고 색은 황갈색으로 변하면서 약성 좋고 향이 은은한 질경이 흑초가 만들어진다. 숙성된 식초는 실온에서는 초막이 다시 생기지 않으나 공기와의 접촉을 피할 수 있게 밀봉하여 보관한다.

tip 상층에 뜨는 맑은 식초는 분리하여 바로 먹어도 된다. 하초 앙금을 종초로 사용할 수 있으며 생막걸리를 부어 막걸리식초를 만들 수 있다. 앙금을 종초로 사용할 경우 생막걸리 양의 30%를 넣으면 된다.

❾ 현미질경이천연식초의 음용

식초와 물을 1:10(질경이식초 20㎖, 물 200㎖)로 희석하여 하루 1~3회 먹는다. 위가 약한 사람은 식후에 바로 먹는다.

tip 현미 질경이천연식초 효소음료 만들기
질경이식초, 질경이효소, 물을 1:1:6(질경이식초 20㎖, 질경이효소 20㎖, 물 120㎖)으로 희석해 얼음 몇 조각 넣어 먹는다. 질경이효소가 없으면 매실효소 등 다른 효소를 넣어도 된다.

도전! 명품 식초 만들기

현미질경이배식초 만들기

배즙을 넣어 피로회복에 좋고 콜레스테롤 예방에 좋은 명품 식초를 만들어보자. 배는 수분이 88.4%이며 즙이 잘 나온다. 초막이 늦게 생기고 식초가 완성되는 데 걸리는 시간이 길어진다. 이 식초 속에는 누룩, 엿기름, 질경이, 배, 현미 등의 약성이 포함되어 있어 식이요법으로 하루에 1~3회 약처럼 마시면 좋다. 위가 좋지 않다면 식후 바로 마실 것을 권한다.

❶ 현미 500g, 질경이즙 500㎖, 배즙 500㎖, 누룩 250g, 엿기름 50g, 효모(이스트) 0.25t, 물 500㎖, 종초(술 양의 10~30%, 성공 포인트는 30%), 발효통 4ℓ를 준비한다.
❷ 만드는 과정은 질경이식초 만들기와 동일하다. 명품 식초인 만큼 술 발효 기간이 약간 길어진다는 점을 기억하자.

하얗게 생기는 잡균 치료법

식초용 술을 만드는 방법에는 크게 두 가지가 있다. 하나는 식초 담금용 술을 빚을 때 부터 물을 추가하여 알코올 도수를 6도 내외가 되는 술로 만들고, 식초를 안칠 때는 물을 추가하지 않는 방법이다. 또 다른 방법은 술을 빚을 때 물을 50%만 넣고 도수를 12도 내 외의 약주로 만든 다음 식초를 안칠 때 물을 조금 더 넣어서 알코올 도수를 낮추는 방법 이다.

첫 번째 방법으로 술을 빚어 식초를 만들 경우에는 술 발효 시에 온도 조절을 잘 해야 하는데 실패할 경우 잡균이 쉽게 접근한다. 하지만 술이 제대로만 완성되면 식초는 무리 없이 잘 만들어진자는 장점이 있다.

두 번째 방법으로 술을 빚어 식초를 만들 경우에는 술 발효 시 온도에는 조금 둔감하여 약주는 잘 만들어지지만, 식초를 안칠 때 추가로 넣은 물 때문에 발효를 시작하는 초기에 실패할 확률이 높아 식초가 잘 만들어지지 않는다는 단점이 있다.

식초 담금용 술을 안치고 최소한 3일까지는 온도 유지에 최대한 집중해야 하므로 집을 비우지 않아야 하며 수시로 온도를 확인해야 한다. 최소한 온도가 최고로 상승하는 2~3 일 되는 날은 밤낮으로 확인해야 할 정도로 철저하게 온도 관리를 해주어야 한다.

또한 술을 발효하다 보면 저어주지 않거나 온도 조절에 실패하여 하얗게 잡균이 생기 는 경우가 있다. 이럴 때 대부분 실패했다고 여기고 버리곤 하는데 아래의 방법에 따라 치 료를 하면 다시 발효를 시작하므로 당황하지 말고 잘 관리하면 된다.

하얗게 생기는 잡균 치료법

막걸리 발효 과정에서 온도 조절에 실패하거나 관리를 잘못하면 발효를 시작한 지 3~10일이 지나 하얀 잡균이 생긴다. 이런 것들이 생기지 않게 하려면 식초를 안치기 전단계인 막걸리 만드는 과정에서부터 발효 용기와 도구들을 철저히 소독하여 사용해야 한다. 그리고 깨끗한 환경에서 온도 23~28℃를 넘기지 않게 유지해 주어야 잡균 없이 발효를 한다.

재료준비
설탕 15%(식초 담을 때 넣는 물과 첨가되는 재료의 즙을 합한 양의 15%)
소독한 저어주는 도구, 랩, 고무줄, 바늘

치료하기(제거하기)
❶ 식초를 담글 때 넣은 물과 첨가되는 재료의 즙을 합한 양의 15%의 설탕을 잡균이 생긴 발효 용기에 넣는다. 예를 들어 물 900㎖에 칡넝쿨즙 500㎖를 사용했다면 1,400㎖의 15%인 210g을 넣으면 된다.
❷ 용기에 넣은 설탕이 골고루 섞일 수 있도록 밑에 가라앉은 앙금도 고루 저어준다.
❸ 용기 입구를 랩으로 덮고 입구의 크기에 따라서 바늘구멍을 1~10개 정도 뚫어준다. 발효 기간을 3~5일 늘려 진행한다. 이때 저어주지는 않는다.
❹ 실패한 발효 용기에서 거품이 왕성하게 생기면서 다시 발효를 진행하며 하얀 잡균이 서서히 없어지면서 치료가 된다. 이때 잡균이 완전하게 없어지지 않을 경유 약간의 설탕을 더 넣고 저어놓는다.

tip 하얗게 잡균이 생긴 막걸리에 설탕을 넣으면 미생물의 먹이가 되어 다시 발효를 진행하며 잡균이 없어진다.

❺ 일정 기간이 지나면 가라앉았던 현미 껍질이 다시 떠오른다. 현미 껍질과 거품이 반 이상 줄어들면 이때 걸러서 건더기는 버린다.
❻ 걸러서 나온 술과 종초를 혼합하여 식초를 안친다. 한지로 용기를 덮어 묶고 뒤 그 위에 옛날 십 원짜리 동전을 올려둔다. 발효 기간은 3개월 정도이며 온도는 27~30℃를 유지하는 것이 중요하다. 발효되는 동안 일주일에 한두 번씩 저어준다. 초산발효는 25~34℃에서도 가능하다.
❼ 초막이 생기고 십 원짜리 동전에 초록색 녹이 슬면 식초가 잘 만들어지고 있는 것이다. 초막은 식초가 완성되면 자연스럽게 줄어든다.
❽ 다른 식초들과 같은 방법으로 숙성 과정을 거친 후 밀봉하여 보관한다.

여름

SUMMER

가지식초

가지식초는 무더위에 지친 몸의 열을 식혀주는 식초이다. 지구 온난화가 가속화되면서 우리나라 또한 지속적으로 온도가 상승하고 있다. 우리나라 삼복의 여름 무더위는 아열대지방이 연상될 정도로 덥고 습하다.

경주와 울산에서 강의가 있어 혼자서 승용차를 타고 경부고속도로를 따라 내려가던 길이었다. 운전하는 시간 동안 에어컨 바람을 쐬며 가는 것이 싫어 창문을 내리자 순간 훅 하고 들어오는 밖의 열기에 다시 서둘러 차창을 올렸다. 에어컨 없이도 잘 견디며 살았던 시절이 있었는데, 잠깐의 열기도 참지 못하고 눈 깜빡 할 사이에 차창을 올리다니 나 자신이 참으로 한심하다는 생각이 들었다. 잠깐의 더위도 참지 못하는 사람인가 싶어 싫었다. 하지만 어쩌랴. 더운 것보다 시원한 것이 좋고 번거로운 것보다는 편리한 것이 더 좋으니.

현미로 식초 만드는 법을 주제로 오전에는 경주에서 강의를 하고, 오후는 울산에서 강의를 했다. 저녁이 되어가는 7시쯤 강의가 끝났다. 다음 날 수업 때문에 부랴부랴 짐을 챙겨 집으로 돌아오는데 몸은 천근만근이고 발걸음은 떨어지지 않아 몸이 땅바닥에 붙는 것만 같았다. 또한 눈꺼풀은 자동으로 감기면서 졸음까지 밀려왔다. 이대로 가면 졸음운전으로 사고를 낼 수도 있겠구나 싶어 졸음 쉼터에 차를 세우고 한숨 푹 자고 다시 집으로 향했다.

힘든 장거리 강의를 갈 때면 아내는 꼭 도시락과 간식을 챙겨준다. 이번에 싸준 도시락 보따리에는 생 토마토와 가지를 삶아서 무친 가지나물이 들어 있었다. 그리고 예쁘게 쓴 작은 메모지 하나가 붙어 있었다. '여보, 힘들겠네. 토마토는 쉬는 짬짬이 먹고 당신이 좋아하는 가지나물은 더위를 식혀줄 수 있을 것 같아 반찬으로 넣었으니 꼭 다 먹어요'라며 나를 걱정하는 마음이 작은 쪽지 안에 담겨 있었다. 가만히 있어도 지치고 힘든 여름, 장거리 운전에 지쳐 있던 차에 아내의 정성이 담긴 음식과 작은 쪽지로 피로가 한 번에 확 풀리는 느낌이었다. 생각해 보니 곁에서 늘 챙겨주는 고마운 아내를 위해 그동안 크게 해준 것이 없는 것 같았다. 늘 남편 곁에서 수고하는 아내에게 평소에 자주 표현하지 못했던 고맙고 미안한 마음을 전하기 위해 농장에 심어 놓은 가지로 갱년기 건강에 좋은 가지식초를 만들어 보았다.

가지의 효능

가지의 진한 보라색 껍질에는 항산화, 항암 효과가 있는 안토시아닌과 사포닌, 비타민과 무기질 등 식물성 영양소가 다량 들어 있다. 또한 장내 노폐물을 배출시킴으로써 장 질환을 예방하고 콜레스테롤을 낮추어 비만 치료에도 효과가 있다. 또 콜레스테롤 수치를 낮추어 혈압 조절에도 효과가 있다. 하지만 한의학적으로 가지는 성질이 찬 음식이므로 기침을 하는 사람이 가지를 먹으면 기침이 더 심해지므로 피하는 것이 좋지만, 체질이 뜨거운 사람이 꾸준히 먹으면 열을 내리는 효과가 있다. 마른 가지 잎을 갈아서 따뜻한 술이나 소금물에 타서 마시면 빈혈 치료에도 도움이 된다.

현미가지식초 만드는 법

재료 및 준비물

현미 500g, 가지즙 500㎖, 누룩 250g, 엿기름 100g, 효모(이스트) 0.25t, 물 900㎖, 종초(술 양의 10~30%, 성공 포인트는 30%), 발효통 4ℓ, 함지박, 천, 고무줄, 일회용 비닐장갑, 국자

❶ 준비하기

사용할 도구들은 미리 소독을 해두고, 현미는 고슬고슬한 고두밥 대신 성공 확률이 높은 진밥으로 짓는다.

tip 누룩은 이화곡이나 밀누룩을 사용하는데, 전통적인 옛맛과 효능을 내고 산미도 좋은 밀누룩을 만들어 사용하는 것을 권한다.

❷ 재료 손질하기

가지는 수분이 93.3%로 비교적 즙이 많이 나오나 5% 정도의 물을 섞어 짜도 된다. 깨끗하게 씻은 가지는 물기를 최대한 털어낸 다음 분쇄기로 갈아 즙을 짠다. 보통은 생즙과 물을 그대로 사용하나 가지즙과 물을 혼합해 끓여서 사용하면 오염이 되어 생길 수 있는 실패를 줄일 수 있고 감

칠맛 나는 식초를 얻을 수 있다. 현미밥은 25℃ 정도로 식혀서 사용한다.

tip 설탕을 넣지 않고 현미와 가지를 섞어 식초를 만들 때 건더기가 들어가면 발효에 어려움이 있지만, 가지즙을 짜서 사용하면 발효가 잘되고 알코올 형성 또한 빨라져 실패 없이 질 좋은 가지식초를 만들 수 있다.

❸ 혼합하기

함지박에 현미밥, 가지즙, 누룩, 엿기름, 효모를 넣고 10분 동안 으깨듯이 치댄 뒤 물을 전부 넣고 섞어준다. 물은 상온에 반나절 정도 받아놓아 찬 기를 없앤 것을 사용하거나 25℃의 물을 사용한다.

tip 현미의 쌀알을 으깨듯이 치댈 때 믹서나 도깨비 방망이 등을 사용할 경우 식초가 탁해지고 잡맛이 생기므로 번거롭더라도 반드시 직접 손으로 해야 한다.

❹ 술 안치고 알코올발효하기(용기 안의 적정 온도 23~28℃)

식초를 담그기 위한 전단계로 현미와 가지로 전통술을 만드는 과정이다. 준비한 통에 혼합물을 넣고 용기 입구를 천으로 덮고 묶어둔다. 술은 산소를 싫어하는 혐기성 발효를 하므로 공기 차단을 위해 뚜껑을 천 위에 살짝 올려놓는다. 다음 날부터 뽀글뽀글 소리를 내면서 방울이 올라오고 발효를 시작한다. 3일 동안 매일 한두 번씩 저어주고 4일째 되는 날 랩으로 씌워 묶는다. 견출지에 식초 이름과 날짜를 써서 랩 가운데에 붙이고,

바늘로 초파리가 들어가지 않을 정도의 크기로 구멍을 한 개만 뚫어 에어 락을 만들어준다. 술 발효를 시작하면 3일째까지는 발효가 활발하게 이루어져 온도가 상승하므로 될 수 있으면 집을 비우지 않도록 한다.

tip 1. 술 발효 시 용기 안의 온도가 23℃ 이하로 내려가면 알코올발효가 제대로 되지 않으며 28℃ 이상 올라가면 잡균이 번식을 하여 실패의 원인이 되니 온도 조절에 신경을 써야 한다. 기온이 낮은 날에는 전기장판이나 이불, 보온 기구를 사용하여 온도를 맞춰준다.

2. 저어줄 때 밑까지 골고루 저어 가라앉은 앙금도 당화가 되도록 해준다. 가지식초는 술 발효 시 잡균이 잘 생기므로 신경 써서 저어주어야 한다. 통을 흔드는 것은 오염의 원인이 될 수 있으니 저어주는 방법으로 한다. 발효가 되면서 곰팡이 같은 것이 하얗게 생기는 경우가 있으나 몸에 해로운 물질은 아니고 계속 저어주면 없어진다. 저어줘도 계속 생기면 설탕(가지즙과 물을 합한 양의 15%)을 넣고 저어주면 며칠 후 사라지며 발효는 계속 진행된다.

❺ 술 거르기(7~10일 정도)

당화 과정이 끝날 때쯤 현미 껍질이 떠오르기 시작하여 상층에 꽉 차게 떠오른다. 점차 뽀글뽀글 소리가 줄어들면서 현미 껍질이 다시 가라앉으면 발효가 다 끝난 것이니 거르기를 하면 된다. 가지식초 담금용 술을 완성하기 위해 거름망에 넣고 주물러 짠다.

tip 술을 거르는 시점은 당도, 가지즙, 현미, 누룩, 엿기름, 효모, 물 등 재료의 양과 온도 그리고 계절에 따라 달라진다. 보통은 7~10일 발효 뒤에 거르기를 한다.

❻ 식초 안치고 초산발효하기(용기 안의 적정 온도 27~30℃)

가수는 하지 않는다. 종초를 넣으면 실패율이 적어지며 전체 술 양의 10~30%의 종초를 넣으면 된다. 식초는 많은 양의 산소를 필요로 하는 호기성 발효를 하므로 뚜껑은 덮지 않고 천 또는 한지로 덮어 묶고 그 위에 옛날 십 원짜리 동전을 올려둔다. 발효 기간은 3개월 정도이며 온도는 27~30℃를 유지하는 것이 중요하다. 발효되는 동안 일주일에 한두 번씩 저어준다. 초산발효는 25~34℃에서도 가능하다.

tip 초산균은 알코올 6~8도의 환경을 좋아하며 산도를 조절하기기 위해 물을 섞는 가수를 한다. 저자의 식초는 처음부터 가수를 하여 담는 방법이므로 추가로 물을 넣을 필요가 없다. 초산균이 살아 있는 씨앗식초인 종초를 많이 넣으면 식초 성공률이 높아진다.

❼ 산도 체크하기

초막이 생기고 십 원짜리 동전에 초록색 녹이 슬면 식초가 만들어지고 있는 것이다. 초막은 식초가 완성되면 자연스럽게 줄어든다.

tip 시중에서 판매되는 일반 식초는 산도 4.0 이상이며 감식초는 2.6 이상이다. 초막은 알코올 도수와 당도, 종초의 양, 온도와 환경에 따라 5일에서 2개월 정도 걸리며 생기지 않는 경우도 있다. 담금 시 물을 적게 넣으면 초막이 늦게 생기며 산도가 조금 낮은 식초가 만들어질 수 있으나 버리지 않고 샐러드나 식초음료로 활용하면 된다.

❽ 숙성하기(6~9개월, 가지 흑초 만들기)

3개월 뒤에 앙금과 맑은 식초 상초를 분리한다. 6~9개월 더 숙성을 하면 맛은 부드럽고 색은 황갈색으로 변하면서 약성 좋고 향이 은은한 가

지 흑초가 만들어진다. 숙성된 식초는 실온에서는 초막이 다시 생기지 않으나 공기와의 접촉을 피할 수 있게 밀봉하여 보관한다.

tip 상층에 뜨는 맑은 식초는 분리하여 바로 먹어도 된다. 하초 앙금을 종초로 사용할 수 있으며 생막걸리를 부어 막걸리식초를 만들 수 있다. 앙금을 종초로 사용할 경우 생막걸리 양의 30%를 넣으면 된다.

❾ 현미가지천연식초의 음용

식초와 물을 1:10(가지식초 20㎖, 물 200㎖)로 희석하여 하루 1~3회 먹는다. 위가 약한 사람은 식후에 바로 먹는다.

tip 현미 가지천연식초 효소음료 만들기
가지식초, 가지효소, 물을 1:1:6(가지식초 20㎖, 가지효소 20㎖, 물 120㎖)으로 희석해 얼음 몇 조각 넣어 먹는다. 가지효소가 없으면 매실효소 등 다른 효소를 넣어도 된다.

도전! 명품 식초 만들기

현미가지사과식초 만들기

사과즙을 넣어 성인병을 예방할 수 있는 효능을 높인 명품 식초를 만들어보자. 사과는 수분이 83.6%로 비교적 즙이 적게 나오니 필요하다면 물을 15% 정도 넣고 짠다. 초막이 늦게 생기고 식초가 완성되는 데 걸리는 시간이 길어진다. 이 식초 속에는 누룩, 엿기름, 가지, 사과, 현미 등의 약성이 포함되어 있어 식이요법으로 하루에 1~3회 약처럼 마시면 좋다. 위가 좋지 않다면 식후 바로 마실 것을 권한다.

❶ 현미 500g, 가지즙 500㎖, 사과즙 500㎖, 누룩 250g, 엿기름 50g, 효모(이스트) 0.25t, 물 500㎖, 종초(술 양의 10~30%, 성공 포인트는 30%), 발효통 4ℓ를 준비한다.
❷ 만드는 과정은 가지식초 만들기와 동일하다. 명품 식초인 만큼 술 발효 기간이 약간 길어진다는 점을 기억하자.

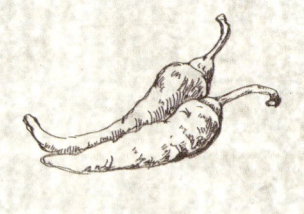

고추식초

　광명, 평택, 상개동 등 세 군데를 돌며 천연식초 만들기에 대한 강의를 한 적이 있다. 평소 하루 한 번만 강의를 해도 몸이 피곤하고 기가 빠지는 느낌인데 하루에 세 곳에서 떠들어대고 쉬지도 못하고 계속 혼자 운전하며 다녀서 그런지 그날따라 온몸에 진이 다 빠져서 녹초가 되어 집에 돌아왔다.

　집에 들어와 옷도 벗지 못하고 거실에 큰 대 자로 누워 그대로 잠이 들었다. 얼마가 지났을까 누군가가 나를 깨우는 소리가 들렸다. 아내가 "여보, 얼른 일어나. 이렇게 찬 곳에서 자면 입이 돌아가고 큰일 나!" 하면서 가져다준 찬물 한 잔을 마시고서야 겨우 정신을 차렸다.

　어린이집 원장인 아내는 하루 종일 힘들게 일을 하고 왔을 텐데도 맛있는 밥상을 차리기 위해 부엌에서 분주하게 움직이고 있었다. 요리를 하면서 오늘 큰 배가 침몰했다며 뉴스를 듣게 텔레비전을 켜보라고 한다. 리모컨을 들고 켜는 순간 놀라지 않을 수 없었다. 세월호가 침몰하고 있었던 것이다.

　텔레비전 소리를 듣고 있던 아내는 안산에 사는 당신 친구 봉배 씨가 고등학생 아들이 있으니 얼른 전화를 해보라 한다. 나는 부랴부랴 전화기를 들고 친구에게 전화를 했다. 받지 않는다. 몇 통을 해도 받지 않았다. 나는 초조해졌다. 어렵게 전화 연결이 되어 친구에게 별일 없이 물으니 그렇다고 한다. 그래도 안심이 되지 않아 다시 물으니 친구가 힘없이 울먹이며 말을 한다. 진도로 가고 있는 중이라고. 서너 시간이 흐른 뒤에야 어렵게 그 친구의 아들이 구출되었다는 소식을 듣게 되었다. 그 순간 온몸에 힘이 쭉 빠졌다. 기쁨인지 슬픔인지 모를 공허함 때문에 밥상머리에서 한참을 정신 나간 사람처럼 앉아 있었다. 그후로 친구의 부부와 그의 아들은 힘든 시간을 보내고 있다. 선뜻 뭐라 위로할 수도 없는 일이라 내가 힘이 될 수 있는 일이 무엇일까 생각하다 입맛이라도 돌아오라고 고추식초를 담가 다음 번 만날 때 주기로 했다.

고추의 효능

신진대사 증진, 지방 분해 효과, 항암 효과, 항균 효과, 다이어트 효과, 스트레스 해소, 각기병 예방 등에 효능이 있다. 고추는 스트레스를 날려주는 대표적인 채소로 오래 살려면 매일 고추를 먹어야 한다고 한다. 고추의 매운맛을 내는 캡사이신은 우리 몸의 신진대사를 촉진시키고 암을 예방하는 데 좋은 효과를 보인다고 알려져 있다. 특히 고추씨와 껍질에 많이 들어 있기 때문에 씨도 함께 먹는 것이 지방 분해와 다이어트에 효과가 좋다.

또한 스트레스를 받거나 우울한 일이 있을 때 고추를 먹으면 뇌 속의 엔도르핀을 분비시켜 기분 좋게 만들어준다고 한다. 그리고 각기병에도 효과를 보이며 특히 비타민C가 많이 들어 있어 고추 한두 개만 먹어도 하루의 권장량을 채울 수 있다.

현미고추식초 만드는 법

재료 및 준비물

현미 500g, 고추즙 500㎖, 누룩 250g, 엿기름 100g, 효모(이스트) 0.25t, 물 900㎖, 종초(술 양의 10~30%, 성공 포인트는 30%), 발효통 4ℓ, 함지박, 천, 고무줄, 일회용 비닐장갑, 국자

❶ 준비하기

사용할 도구들은 미리 소독을 해두고, 현미는 고슬고슬한 고두밥 대신 성공 확률이 높은 진밥으로 짓는다.

tip 누룩은 이화곡이나 밀누룩을 사용하는데, 전통적인 옛맛과 효능을 내고 산미도 좋은 밀누룩을 만들어 사용하는 것을 권한다.

❷ 재료 손질하기

고추는 수분은 84.6% 정도로 수분이 약간 적으므로 즙에 15% 정도의 물을 섞어 사용해도 된다. 깨끗하게 씻은 고추는 물기를 최대한 털어낸 다

음 분쇄기로 갈아 즙을 짠다. 보통은 생즙과 물을 그대로 사용하나 고추 즙과 물을 혼합해 끓여서 사용하면 오염이 되어 생길 수 있는 실패를 줄 일 수 있고 감칠맛 나는 식초를 얻을 수 있다. 현미밥은 25℃ 정도로 식 혀서 사용한다.

tip 설탕을 넣지 않고 현미와 고추를 섞어 식초를 만들 때 건더기가 들어가면 발효에 어려움이 있지만, 고추즙을 짜서 사용하면 발효가 잘되고 알코올 형성 또한 빨라져 실패 없이 질 좋은 고추식초를 만들 수 있다.

❸ 혼합하기

함지박에 현미밥, 고추즙, 누룩, 엿기름, 효모를 넣고 10분 동안 으깨듯이 치댄 뒤 물을 전부 넣고 섞어준다. 물은 상온에 반나절 정도 받아놓아 찬 기를 없앤 것을 사용하거나 25℃의 물을 사용한다.

tip 현미의 쌀알을 으깨듯이 치댈 때 믹서나 도깨비 방망이 등을 사용할 경우 식초가 탁해지고 잡맛이 생기므로 번거롭더라도 반드시 직접 손으로 해야 한다.

❹ 술 안치고 알코올발효하기(용기 안의 적정 온도 23~28℃)

식초를 담그기 위한 전단계로 현미와 고추로 전통술을 만드는 과정이다. 준비한 통에 혼합물을 넣고 용기 입구를 천으로 덮고 묶어둔다. 술은 산 소를 싫어하는 혐기성 발효를 하므로 공기 차단을 위해 뚜껑을 천 위에 살짝 올려놓는다. 다음 날부터 뽀글뽀글 소리를 내면서 방울이 올라오고 발효를 시작한다. 3일 동안 매일 한두 번씩 저어주고 4일째 되는 날 랩으 로 씌워 묶는다. 견출지에 식초 이름과 날짜를 써서 랩 가운데에 붙이고, 바늘로 초파리가 들어가지 못할 정도의 크기로 구멍을 한 개만 뚫어 에 어 락을 만들어준다. 술 발효를 시작하면 3일째까지는 발효가 활발하게 이루어져 온도가 상승하므로 될 수 있으면 집을 비우지 않도록 한다.

tip 1. 술 발효 시 용기 안의 온도가 23℃ 이하로 내려가면 알코올발효가 제대 로 되지 않으며 28℃ 이상 올라가면 잡균이 번식을 하여 실패의 원인이 되니 온도 조절에 신경을 써야 한다. 기온이 낮은 날에는 전기장판이나 이불, 보온 기구를 사용하여 온도를 맞춰준다.

2. 저어줄 때 밑까지 골고루 저어 가라앉은 앙금도 당화가 되도록 해준다. 고추식초는 술 발효 시 잡균이 잘 생기므로 신경 써서 저어주어야 한다. 통을 흔드는 것은 오염의 원인이 될 수 있으니 저어주는 방법으로 한다. 발효가 되면서 곰팡이 같은 것이 하얗게 생기는 경우가 있으나 몸에 해 로운 물질은 아니고 계속 저어주면 없어진다. 저어줘도 계속 생기면 설탕

(고추즙과 물을 합한 양의 15%)을 넣고 저어주면 며칠 후 사라지며 발효는 계속 진행된다.

❺ 술 거르기(7~10일 정도)

당화 과정이 끝날 때쯤 현미 껍질이 떠오르기 시작하여 상층에 꽉 차게 떠오른다. 점차 뽀글뽀글 소리가 줄어들면서 현미 껍질이 다시 가라앉으면 발효가 다 끝난 것이니 거르기를 하면 된다. 고추식초 담금용 술을 완성하기 위해 거름망에 넣고 주물러 짠다.

tip 술을 거르는 시점은 당도, 고추즙, 현미, 누룩, 엿기름, 효모, 물 등 재료의 양과 온도 그리고 계절에 따라 달라진다. 보통은 7~10일 발효 뒤에 거르기를 한다.

❻ 식초 안치고 초산발효하기(용기 안의 적정 온도 27~30℃)

가수는 하지 않는다. 종초를 넣으면 실패율이 적어지며 전체 술 양의 10~30%의 종초를 넣으면 된다. 식초는 많은 양의 산소를 필요로 하는 호기성 발효를 하므로 뚜껑은 덮지 않고 천 또는 한지로 덮어 묶고 그 위에 옛날 십 원짜리 동전을 올려둔다. 발효 기간은 3개월 정도이며 온도는 27~30℃를 유지하는 것이 중요하다. 발효되는 동안 일주일에 한두 번씩 저어준다. 초산발효는 25~34℃에서도 가능하다.

tip 초산균은 알코올 6~8도의 환경을 좋아하며 산도를 조절하기기 위해 물을 섞는 가수를 한다. 저자의 식초는 처음부터 가수를 하여 담는 방법이므로 추가로 물을 넣을 필요가 없다. 초산균이 살아 있는 씨앗식초인 종초를 많이 넣으면 식초 성공률이 높아진다.

❼ 산도 체크하기

초막이 생기고 십 원짜리 동전에 초록색 녹이 슬면 식초가 만들어지고 있는 것이다. 초막은 식초가 완성되면 자연스럽게 줄어든다.

tip 시중에서 판매되는 일반 식초는 산도 4.0 이상이며 감식초는 2.6 이상이다. 초막은 알코올 도수와 당도, 종초의 양, 온도와 환경에 따라 5일에서 2개월 정도 걸리며 생기지 않는 경우도 있다. 담금 시 물을 적게 넣으면 초막이 늦게 생기며 산도가 조금 낮은 식초가 만들어질 수 있으나 버리지 않고 샐러드나 식초음료로 활용하면 된다.

❽ 숙성하기(6~9개월, 고추 흑초 만들기)

3개월 뒤에 앙금과 맑은 식초 상초를 분리한다. 6~9개월 더 숙성을 하면 맛은 부드럽고 색은 황갈색으로 변하면서 약성 좋고 향이 은은한 고추 흑초가 만들어진다. 숙성된 식초는 실온에서는 초막이 다시 생기지 않으나 공기와의 접촉을 피할 수 있게 밀봉하여 보관한다.

tip 상층에 뜨는 맑은 식초는 분리하여 바로 먹어도 된다. 하초 앙금을 종초로 사용할 수 있으며 생막걸리를 부어 막걸리식초를 만들 수 있다. 앙금을 종초로 사용할 경우 생막걸리 양의 30%를 넣으면 된다.

❾ 현미고추천연식초의 음용

식초와 물을 1:10(고추식초 20㎖, 물 200㎖)로 희석하여 하루 1~3회 먹는다. 위가 약한 사람은 식후에 바로 먹는다.

tip 현미 고추천연식초 효소음료 만들기
고추식초, 고추효소, 물을 1:1:6(고추식초 20㎖, 고추효소 20㎖, 물 120㎖)으로 희석해 얼음 몇 조각 넣어 먹는다. 고추효소가 없으면 매실효소 등 다른 효소를 넣어도 된다.

도전! 명품 식초 만들기

현미고추수박식초 만들기

수박즙을 넣어 노폐물 제거와 전립선증을 예방하는 명품 식초를 만들어보자. 수박은 수분이 93.2%로 비교적 즙이 많이 나온다. 수박은 썰어서 물기를 잘 닦은 다음 초록색의 겉껍질만 살짝 벗겨낸 후 분쇄기로 갈아 즙을 짠다. 초막이 늦게 생기고 식초가 완성되는 데 걸리는 시간이 길어진다. 이 식초 속에는 누룩, 엿기름, 고추, 수박, 현미 등의 약성이 포함되어 있어 식이요법으로 하루에 1~3회 약처럼 마시면 좋다. 위가 좋지 않다면 식후 바로 마실 것을 권한다.

❶ 현미 500g, 고추즙 500㎖, 수박즙 500㎖, 누룩 250g, 엿기름 50g, 효모(이스트) 0.25t, 물 500 ㎖, 종초(술 양의 10~30%, 성공 포인트는 30%), 발효통 4ℓ를 준비한다.
❷ 만드는 과정은 고추식초 만들기와 동일하다. 명품 식초인 만큼 술 발효 기간이 약간 길어진다는 점을 기억하자.

깻잎식초

　깻잎으로 식초를 만들 수 있다는 발상에 나 자신도 놀랐다. 깻잎은 우리 밥상에서 빠지지 않고 올라오는 단골손님이다. 우리 어머니는 평소에 깻잎 소금절임, 깻잎 장아찌, 깻잎 찜, 깻잎 김치 등 발효식품을 만들어 자식들에게 나누어주셨다. 어머니의 그 맛을 잊지 못해 집에서도 자주 해먹고는 한다.

　올해는 근교에 밭을 마련해 깻잎 모종을 심었는데 모종이 다 자라기도 전에 벌레가 먹어 전혀 수확할 것이 없게 되었다. 그 모양새를 지켜본 아내는 직접 키운 깻잎으로 소금절임을 하려 했는데 그것 하나 제대로 키우지 못한다며 타박을 엄청 했다.

　그렇게 농사를 망쳐 포기하고 있던 차에 어느 날 대야미역 근처에서 농사를 짓는 지인께서 연락을 해왔다. 우리 밭에 깻잎이 넘쳐나고 있으니 어서 와서 따가라고 하셨다. 사람이 살면서 죽으라는 법은 없나 보다. 전화 통화하는 것을 옆에서 들은 아내가 어서 가서 따오자고 재촉을 했다. 마침 주말이고 해서 내친김에 달려가 흡족할 만큼 많이 따왔다.

　깻잎을 얻은 아내는 천하를 얻은 것처럼 하루 종일 싱글벙글 하며 밤늦게까지 힘들다는 말 한마디 없이 손질을 했다. 우리 부부에게 깻잎 반찬은 향수이고 어머니의 정을 느낄 수 있는 음식이다. 또 중년으로 접어들면서 뼈 건강과 빈혈이 걱정되어 자주 먹고 있는 건강식품이기도 하다. 특히 아내가 갱년기가 시작되면서 무릎과 뼈에 조금씩 이상이 생기고 빈혈이 약간 있다는 검사 결과가 나와 예전보다 신경 써서 챙기고 있다.

　깻잎 때문에 일 년 내내 아내에게 구박을 받을 뻔 했는데 이렇게 쉽게 구할 수 있어 얼마나 기쁜지 모른다. 또 내년에 깻잎 모종을 심어 다시 뜯을 때까지 아내의 눈치 보지 않고 편안하게 지낼 수 있을 것 같다. 그렇게 얻어 온 깻잎으로 나는 깻잎에 현미를 섞어 식초를 만들게 되었다.

깻잎의 효능

깻잎은 대부분 쌈으로 먹고 있어 영양 면에서 과소평가되고 있지만 100g의 깻잎 속에는 사과보다 4배나 많은 비타민C가 들어 있다. 이 물질은 불안정한 화합물이라서 열을 가하는 조리과정에서는 쉽게 파괴되므로 가능하다면 생으로 먹거나 조리가 완성되기 직전에 넣어 먹는 것이 좋다. 식초 등 발효식품으로 만들어도 비타민 손실이 적다. 비타민C는 철의 흡수, 콜라겐 형성, 신경전달물질 합성, 혈관 보호, 항산화제, 면역기능 향상, 상처 회복 등에 도움이 되는 성분이다. 그 외에도 항암작용, 빈혈예방, 어지럼증 예방, 뼈와 치아 튼튼 효과, 주름 예방, 기미예방, 피부보호 효과, 콜레스테롤 저하, 신경통 완화 효과, 살균효과, 각종 성인병 예방 효과가 있는 것으로 알려져 있다.

현미깻잎식초 만드는 법

재료 및 준비물

현미 500g, 깻잎즙 500㎖, 누룩 250g, 엿기름 100g, 효모(이스트) 0.25t, 물 900㎖, 종초(술 양의 10〜30%, 성공 포인트는 30%), 발효통 4ℓ, 함지박, 천, 고무줄, 일회용 비닐장갑, 국자

❶ 준비하기

사용할 도구들은 미리 소독을 해두고, 현미는 고슬고슬한 고두밥 대신 성공 확률이 높은 진밥으로 짓는다.

tip 누룩은 이화곡이나 밀누룩을 사용하는데, 전통적인 옛맛과 효능을 내고 산미도 좋은 밀누룩을 만들어 사용하는 것을 권한다.

❷ 재료 손질하기

깻잎은 수분이 86.2%이라 즙이 적게 나오므로 즙을 짤 때 물을 15% 정도 넣고 짠다. 깻잎의 뒷면에 있는 솜털에 먼지나 흙이 끼어 있으므로 찬물에 잠시 담갔다가 잘 흔들어 털면서 흐르는 물에 씻어야 불순물이 떨

어진다. 잘 씻은 깻잎은 물기를 최대한 털어낸 다음 분쇄기로 갈아 즙을 짠다. 보통은 생즙과 물을 그대로 사용하나 깻잎즙과 물을 혼합해 끓여서 사용하면 오염이 되어 생길 수 있는 실패를 줄일 수 있고 감칠맛 나는 식초를 얻을 수 있다. 현미밥은 25℃ 정도로 식혀서 사용한다.

tip 설탕을 넣지 않고 현미와 깻잎을 섞어 식초를 만들 때 건더기가 들어가면 발효에 어려움이 있지만, 깻잎즙을 짜서 사용하면 발효가 잘되고 알코올 형성 또한 빨라져 실패 없이 질 좋은 깻잎식초를 만들 수 있다.

❸ 혼합하기

함지박에 현미밥, 깻잎즙, 누룩, 엿기름, 효모를 넣고 10분 동안 으깨듯이 치댄 뒤 물을 전부 넣고 섞어준다. 물은 상온에 반나절 정도 받아놓아 찬기를 없앤 것을 사용하거나 25℃의 물을 사용한다.

tip 현미의 쌀알을 으깨듯이 치댈 때 믹서나 도깨비 방망이 등을 사용할 경우 식초가 탁해지고 잡맛이 생기므로 번거롭더라도 반드시 직접 손으로 해야 한다.

❹ 술 안치고 알코올발효하기(용기 안의 적정 온도 23~28℃)

식초를 담그기 위한 전단계로 현미와 깻잎으로 전통술을 만드는 과정이다. 준비한 통에 혼합물을 넣고 용기 입구를 천으로 덮고 묶어둔다. 술은 산소를 싫어하는 혐기성 발효를 하므로 공기 차단을 위해 뚜껑을 천 위에 살짝 올려놓는다. 다음 날부터 뽀글뽀글 소리를 내면서 방울이 올라오고 발효를 시작한다. 3일 동안 매일 한두 번씩 저어주고 4일째 되는 날 랩으로 씌워 묶는다. 견출지에 식초 이름과 날짜를 써서 랩 가운데에 붙이고, 바늘로 초파리가 들어가지 못할 정도의 크기로 구멍을 한 개만 뚫어 에어락을 만들어준다. 술 발효를 시작하면 3일째까지는 발효가 활발하게 이루어져 온도가 상승하므로 될 수 있으면 집을 비우지 않도록 한다.

tip 1. 술 발효 시 용기 안의 온도가 23℃ 이하로 내려가면 알코올발효가 제대로 되지 않으며 28℃ 이상 올라가면 잡균이 번식을 하여 실패의 원인이 되니 온도 조절에 신경을 써야 한다. 기온이 낮은 날에는 전기장판이나 이불, 보온 기구를 사용하여 온도를 맞춰준다.
2. 저어줄 때 밑까지 골고루 저어 가라앉은 앙금도 당화가 되도록 해준다. 깻잎식초는 술 발효 시 잡균이 잘 생기므로 신경 써서 저어주어야 한다. 통을 흔드는 것은 오염의 원인이 될 수 있으니 저어주는 방법으로 한다. 발효가 되면서 곰팡이 같은 것이 하얗게 생기는 경우가 있으나 몸에 해로운 물질은 아니고 계속 저어주면 없어진다. 저어줘도 계속 생기면 설탕(깻잎즙과

물을 합한 양의 15%)을 넣고 저어주면 며칠 후 사라지며 발효는 계속 진행된다.

❺ 술 거르기(7~10일 정도)

당화 과정이 끝날 때쯤 현미 껍질이 떠오르기 시작하여 상층에 꽉 차게 떠오른다. 점차 뽀글뽀글 소리가 줄어들면서 현미 껍질이 다시 가라앉으면 발효가 다 끝난 것이니 거르기를 하면 된다. 깻잎식초 담금용 술을 완성하기 위해 거름망에 넣고 주물러 짠다.

tip 술을 거르는 시점은 당도, 깻잎즙, 현미, 누룩, 엿기름, 효모, 물 등 재료의 양과 온도 그리고 계절에 따라 달라진다. 보통은 7~10일 발효 뒤에 거르기를 한다.

❻ 식초 안치고 초산발효하기(용기 안의 적정 온도 27~30℃)

가수는 하지 않는다. 종초를 넣으면 실패율이 적어지며 전체 술 양의 10~30%의 종초를 넣으면 된다. 식초는 많은 양의 산소를 필요로 하는 호기성 발효를 하므로 뚜껑은 덮지 않고 천 또는 한지로 덮어 묶고 그 위에 옛날 십 원짜리 동전을 올려둔다. 발효 기간은 3개월 정도이며 온도는 27~30℃를 유지하는 것이 중요하다. 발효되는 동안 일주일에 한두 번씩 저어준다. 초산발효는 25~34℃에서도 가능하다.

tip 초산균은 알코올 6~8도의 환경을 좋아하며 산도를 조절하기기 위해 물을 섞는 가수를 한다. 저자의 식초는 처음부터 가수를 하여 담는 방법이므로 추가로 물을 넣을 필요가 없다. 초산균이 살아 있는 씨앗식초인 종초를 많이 넣으면 식초 성공률이 높아진다.

❼ 산도 체크하기

초막이 생기고 십 원짜리 동전에 초록색 녹이 슬면 식초가 만들어지고 있는 것이다. 초막은 식초가 완성되면 자연스럽게 줄어든다.

tip 시중에서 판매되는 일반 식초는 산도 4.0 이상이며 감식초는 2.6 이상이다. 초막은 알코올 도수와 당도, 종초의 양, 온도와 환경에 따라 5일에서 2개월 정도 걸리며 생기지 않는 경우도 있다. 담금 시 물을 적게 넣으면 초막이 늦게 생기며 산도가 조금 낮은 식초가 만들어질 수 있으나 버리지 않고 샐러드나 식초음료로 활용하면 된다.

❽ 숙성하기(6~9개월, 깻잎 흑초 만들기)

3개월 뒤에 앙금과 맑은 식초 상초를 분리한다. 6~9개월 더 숙성을 하면 맛은 부드럽고 색은 황갈색으로 변하면서 약성 좋고 향이 은은한 깻잎 흑초가 만들어진다. 숙성된 식초는 실온에서는 초막이 다시 생기지 않으나 공기와의 접촉을 피할 수 있게 밀봉하여 보관한다.

tip 상층에 뜨는 맑은 식초는 분리하여 바로 먹어도 된다. 하초 앙금을 종초로 사용할 수 있으며 생막걸리를 부어 막걸리식초를 만들 수 있다. 앙금을 종초로 사용할 경우 생막걸리 양의 30%를 넣으면 된다.

❾ 현미깻잎천연식초의 음용

식초와 물을 1:10(깻잎식초 20㎖, 물 200㎖)로 희석하여 하루 1~3회 먹는다. 위가 약한 사람은 식후에 바로 먹는다.

tip 현미 깻잎천연식초 효소음료 만들기
깻잎식초, 깻잎효소, 물을 1:1:6(깻잎식초 20㎖, 깻잎효소 20㎖, 물 120㎖)으로 희석해 얼음 몇 조각 넣어 먹는다. 깻잎효소가 없으면 매실효소 등 다른 효소를 넣어도 된다.

현미깻잎포도식초 만들기

포도즙을 넣어 치매 예방과 원기회복에 좋은 명품 식초를 만들어보자. 포도는 수분이 84.5%로 비교적 즙이 적게 나오므로 필요하다면 물 15%를 넣고 짜도 된다. 포도알 사이사이까지 깨끗이 씻어서 물기를 잘 닦은 다음 껍질과 씨도 함께 분쇄기로 갈아 즙을 짠다. 초막이 늦게 생기고 식초가 완성되는 데 걸리는 시간이 길어진다. 이 식초 속에는 누룩, 엿기름, 깻잎, 포도, 현미 등의 약성이 포함되어 있어 식이요법으로 하루에 1~3회 약처럼 마시면 좋다. 위가 좋지 않다면 식후 바로 마실 것을 권한다.

❶ 현미 500g, 깻잎즙 500㎖, 포도즙 500㎖, 누룩 250g, 엿기름 50g, 효모(이스트) 0.25t, 물 550㎖, 종초(술 양의 10~30%, 성공 포인트는 30%), 발효통 4ℓ를 준비한다.
❷ 만드는 과정은 깻잎식초 만들기와 동일하다. 명품 식초인 만큼 술 발효 기간이 약간 길어진다는 점을 기억하자.

당근식초

옛말에 만병일독(萬病一毒)이라는 말이 있다. 모든 병은 한 가지 원인에서 비롯되어 시작을 한다. 인체에 흐르고 있는 더러운 피 속에 들어 있는 독소가 바로 우리 몸에서 만병의 근원이 될 수 있다. 만약 피가 오염되어 몸 전체에 흐르고 있다면 어떨까. 아마도 부드럽게 순환하지 못하고 정체가 될 것이고 그로 인하여 심각한 질병을 일으키게 될 것이다.

바쁜 생활 속에서 현대인들은 잦은 외식과 인스턴트식품을 먹게 되는데 이런 식습관을 가진 이들일수록 자신의 몸을 자주 돌아볼 필요가 있다. 건강하지 않은 먹을거리로 피가 오염 되면 두통, 귀 울림, 어깨 결림, 가슴 두근거림 등이 자주 나타나고 여성인 경우에는 생리불순이 생기고 남성에게는 발기부전 등이 올 수 있다. 이런 증상이 오면 피의 흐름이 원활하지 않고 오염이 되어 있다는 신호일 수 있으므로 내 몸에 흐르고 있는 피가 오염이 되었는지 아닌지 검사를 해봐야 한다. 대수롭지 않게 여기고 방치하면 자칫 증상이 진행되어 고혈압, 당뇨, 고지혈증이 생길 수 있으며 심하게는 암으로까지 악화될 수 있다.

인체에서 피는 보이지는 않지만 쉽게 오염이 될 수 있는 여건에 놓여 있다. 평소에 먹는 음식 섭취와 호흡 등으로 오염될 수 있고 잘못된 식습관과 생활습관이 원인이 되기도 한다. 따라서 깨끗한 피를 유지할 수 있도록 생활습관을 바꾸고 피 해독에 좋은 음식을 자주 먹어야 한다.

이번에 만든 당근 식초의 주재료인 사과와 당근은 피로를 풀어주고 독소를 제거하는데 탁월한 효과가 있어 외국에서도 효능을 인정받고 있다.

당근의 효능

당근은 장수할 수 있는 대표적인 채소로 알려져 있다. 베타카로틴 성분이 항산화 작용을 하여 암 예방에 좋으며 비타민A와 철분이 조혈 작용을 돕고 혈액순환을 촉진시켜 빈혈을 예방한다. 따뜻한 성질을 가지고 있어 배를 따뜻하게 해주어 설사를 멈추게 하며 식이섬유는 변을 부드럽게 해주어 변비를 예방하는 데 도움이 된다. 그 외 항암작용, 피 해독, 야맹증 개선, 습진 등 피부질환 개선 등에 좋은 효과가 있다.

현미당근식초 만드는 법

재료 및 준비물

현미 500g, 당근즙 500㎖, 누룩 250g, 엿기름 100g, 효모(이스트) 0.25t, 물 900㎖, 종초(술 양의 10~30%, 싱콩 포인트는 30%), 발효통 4ℓ, 힘지빅, 천, 고무줄, 일회용 비닐징깁, 국자

❶ 준비하기

사용할 도구들은 미리 소독을 해두고, 현미는 고슬고슬한 고두밥 대신 성공 확률이 높은 진밥으로 짓는다.

tip 누룩은 이화곡이나 밀누룩을 사용하는데, 전통적인 옛맛과 효능을 내고 산미도 좋은 밀누룩을 만들어 사용하는 것을 권한다.

❷ 재료 손질하기

당근은 수분이 89.5%로이며 유통과정에서 수분 증발이 빨라 즙이 잘 나오지 않으므로 물을 10% 정도 넣어 즙을 짠다. 보통은 생즙과 물을 그대로 사용하나 당근즙과 물을 혼합해 끓여서 사용하면 오염이 되어 생길 수 있는 실패를 줄일 수 있고 감칠맛 나는 식초를 얻을 수 있다. 현미밥은 25℃ 정도로 식혀서 사용한다.

tip 설탕을 넣지 않고 현미와 당근을 섞어 식초를 만들 때 건더기가 들어가면 발효에 어려움이 있지만, 당근즙을 짜서 사용하면 발효가 잘되고 알코올 형성 또한 빨라져 실패 없이 질 좋은 당근식초를 만들 수 있다.

❸ 혼합하기

함지박에 현미밥, 당근즙, 누룩, 엿기름, 효모를 넣고 10분 동안 으깨듯이 치댄 뒤 물을 전부 넣고 섞어준다. 물은 상온에 반나절 정도 받아놓아 찬 기를 없앤 것을 사용하거나 25℃의 물을 사용한다.

tip 현미의 쌀알을 으깨듯이 치댈 때 믹서나 도깨비 방망이 등을 사용할 경우 식초가 탁해지고 잡맛이 생기므로 번거롭더라도 반드시 직접 손으로 해야 한다.

❹ 술 안치고 알코올발효하기(용기 안의 적정 온도 23~28℃)

식초를 담그기 위한 전단계로 현미와 당근으로 전통술을 만드는 과정이 다. 준비한 통에 혼합물을 넣고 용기 입구를 천으로 덮고 묶어둔다. 술 은 산소를 싫어하는 혐기성 발효를 하므로 공기 차단을 위해 뚜껑을 천 위에 살짝 올려놓는다. 다음 날부터 뽀글뽀글 소리를 내면서 방울이 올 라오고 발효를 시작한다. 3일 동안 매일 한두 번씩 저어주고 4일째 되 는 날 랩으로 씌워 묶는다. 견출지에 식초 이름과 날짜를 써서 랩 가운 데에 붙이고, 바늘로 초파리가 들어가지 못할 정도의 크기로 구멍을 한 개만 뚫어 에어 락을 만들어준다. 술 발효를 시작하면 3일째까지는 발 효가 활발하게 이루어져 온도가 상승하므로 될 수 있으면 집을 비우지 않도록 한다.

tip 1. 술 발효 시 용기 안의 온도가 23℃ 이하로 내려가면 알코올발효가 제대 로 되지 않으며 28℃ 이상 올라가면 잡균이 번식을 하여 실패의 원인이 되 니 온도 조절에 신경을 써야 한다. 기온이 낮은 날에는 전기장판이나 이불, 보온 기구를 사용하여 온도를 맞춰준다.
2. 저어줄 때 밑까지 골고루 저어 가라앉은 앙금도 당화가 되도록 해준다. 당근식초는 술 발효 시 잡균이 잘 생기므로 신경 써서 저어주어야 한다. 통 을 흔드는 것은 오염의 원인이 될 수 있으니 저어주는 방법으로 한다. 발효 가 되면서 곰팡이 같은 것이 하얗게 생기는 경우가 있으나 몸에 해로운 물 질은 아니고 계속 저어주면 없어진다. 저어줘도 계속 생기면 설탕(당근즙과 물을 합한 양의 15%)을 넣고 저어주면 며칠 후 사라지며 발효는 계속 진행 된다.

❺ 술 거르기(7∼10일 정도)

당화 과정이 끝날 때쯤 현미 껍질이 떠오르기 시작하여 상층에 꽉 차게 떠오른다. 점차 뽀글뽀글 소리가 줄어들면서 현미 껍질이 다시 가라앉으면 발효가 다 끝난 것이니 거르기를 하면 된다. 당근식초 담금용 술을 완성하기 위해 거름망에 넣고 주물러 짠다.

tip 술을 거르는 시점은 당도, 당근즙, 현미, 누룩, 엿기름, 효모, 물 등 재료의 양과 온도 그리고 계절에 따라 달라진다. 보통은 7∼10일 발효 뒤에 거르기를 한다.

❻ 식초 안치고 초산발효하기(용기 안의 적정 온도 27∼30℃)

가수는 하지 않는다. 종초를 넣으면 실패율이 적어지며 전체 술 양의 10∼30%의 종초를 넣으면 된다. 식초는 많은 양의 산소를 필요로 하는 호기성 발효를 하므로 뚜껑은 덮지 않고 천 또는 한지로 덮어 묶고 그 위에 옛날 십 원짜리 동전을 올려둔다. 발효 기간은 3개월 정도이며 온도는 27∼30℃를 유지하는 것이 중요하다. 발효되는 동안 일주일에 한두 번씩 저어준다. 초산발효는 25∼34℃에서도 가능하다.

tip 초산균은 알코올 6∼8도의 환경을 좋아하며 산도를 조절하기기 위해 물을 섞는 가수를 한다. 저자의 식초는 처음부터 가수를 하여 담는 방법이므로 추가로 물을 넣을 필요가 없다. 초산균이 살아 있는 씨앗식초인 종초를 많이 넣으면 식초 성공률이 높아진다.

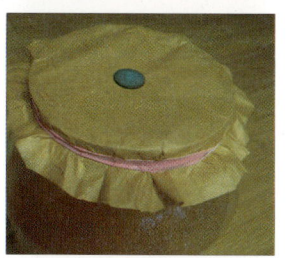

❼ 산도 체크하기

초막이 생기고 십 원짜리 동전에 초록색 녹이 슬면 식초가 만들어지고 있는 것이다. 초막은 식초가 완성되면 자연스럽게 줄어든다.

tip 시중에서 판매되는 일반 식초는 산도 4.0 이상이며 감식초는 2.6 이상이다. 초막은 알코올 도수와 당도, 종초의 양, 온도와 환경에 따라 5일에서 2개월 정도 걸리며 생기지 않는 경우도 있다. 담금 시 물을 적게 넣으면 초막이 늦게 생기며 산도가 조금 낮은 식초가 만들어질 수 있으나 버리지 않고 샐러드나 식초음료로 활용하면 된다.

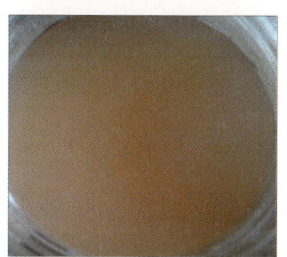

❽ 숙성하기(6∼9개월, 당근 흑초 만들기)

3개월 뒤에 앙금과 맑은 식초 상초를 분리한다. 6∼9개월 더 숙성을 하

면 맛은 부드럽고 색은 황갈색으로 변하면서 약성 좋고 향이 은은한 당근 흑초가 만들어진다. 숙성된 식초는 실온에서는 초막이 다시 생기지 않으나 공기와의 접촉을 피할 수 있게 밀봉하여 보관한다.

tip 상층에 뜨는 맑은 식초는 분리하여 바로 먹어도 된다. 하초 앙금을 종초로 사용할 수 있으며 생막걸리를 부어 막걸리식초를 만들 수 있다. 앙금을 종초로 사용할 경우 생막걸리 양의 30%를 넣으면 된다.

❾ 현미당근천연식초의 음용

식초와 물을 1:10(당근식초 20㎖, 물 200㎖)로 희석하여 하루 1~3회 먹는다. 위가 약한 사람은 식후에 바로 먹는다.

tip 현미 당근천연식초 효소음료 만들기
당근식초, 당근효소, 물을 1:1:6(당근식초 20㎖, 당근효소 20㎖, 물 120㎖)으로 희석해 얼음 몇 조각 넣어 먹는다. 당근효소가 없으면 매실효소 등 다른 효소를 넣어도 된다.

도전! 명품 식초 만들기

현미당근사과식초 만들기

사과즙을 넣어 혈액순환에 좋고 변비를 예방할 수 있는 명품 식초를 만들어보자. 사과는 수분이 83.6%로 비교적 즙이 적게 나오며 필요하다면 물 15%를 넣고 짜도 된다. 사과는 씻어서 물기를 잘 닦은 다음 분쇄기로 갈아 즙을 짠다. 초막이 늦게 생기고 식초가 완성되는 데 걸리는 시간이 길어진다. 이 식초 속에는 누룩, 엿기름, 당근, 사과, 현미 등의 약성이 포함되어 있어 식이요법으로 하루에 1~3회 약처럼 마시면 좋다. 위가 좋지 않다면 식후 바로 마실 것을 권한다.

❶ 현미 500g, 당근즙 500㎖, 사과즙 500㎖, 누룩 250g, 엿기름 50g, 효모(이스트) 0.25t, 물 500㎖, 종초(술 양의 10~30%, 성공 포인트는 30%), 발효통 4ℓ를 준비한다.
❷ 만드는 과정은 당근식초 만들기와 동일하다. 명품 식초인 만큼 술 발효 기간이 약간 길어진다는 점을 기억하자.

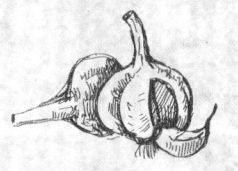

마늘식초

나는 mbn 방송의 〈천기누설〉 프로그램에서 위에 좋은 것과 혈액순환에 좋은 건강한 먹을거리를 주제로 출연한 적이 있다. 그때 소개한 식품 중 하나가 바로 마늘이다. 양파와 함께 가격이 폭락해 재래시장이나 마트에서 과자 한두 개 가격과 깐 마늘 1kg이 비슷할 정도로 싸졌다. 도회지에 사는 사람들은 마늘 가격이 내려갔으니 생활비가 줄어들어 환영할 테지만 장기적으로 본다면 마늘 값이 이렇게 계속 하락하면 농민들은 마늘 농사를 포기할 것이고 그렇게 되면 가계에 부담이 되는 비싼 가격에 농산물을 구입해야 하거나 값싼 중국산 마늘만 먹어야 하는 날이 오게 될 것이다. 집집마다 건강에 좋은 국산 마늘을 밥상에 올리는 일이 많아져 마늘 농가의 어려움을 해소하는 데 도움이 되면 좋겠다.

작년부터 마늘에 관한 강의를 부쩍 많이 하게 되는데, 개인적으로 마늘에 대한 효능을 어려서부터 체험했기 때문에 신뢰하고 소개하게 되는 것 같다. 어렸을 적 아버지가 마늘을 즐겨 드시면서 건강을 챙기시는 모습을 봐왔고 우리 집 밥상에도 늘 마늘 반찬이 빠지지 않고 올라온다. 특히 아버지께서는 꿀 절임마늘을 1년에 4통이나 드셨다. 그리고 평소에 눈을 뜨시면서 밥상 위에서 마늘을 찾아 드셨고, 막걸리를 드실 때도, 입맛이 없어 물에 밥을 말아 드실 때도 마늘장아찌를 함께 드시거나 생마늘을 고추장에 찍어 드셨다. 지금 아버지 연세가 여든 중반인데 여전히 건강한 모습으로 시골에서 혼자 살고 계신다. 아마도 마늘이 곁에서 건강을 지켜주는 보약이 되는 것 같다.

김치, 깍두기, 물김치 등 발효식품이 발효되어 일정 기간이 지나면 초산이 약간 생기는데 마늘장아찌를 비롯해 모든 장아찌도 마찬가지로 초산이 생긴다. 우리는 알게 모르게 그것을 먹으면서 건강한 생활을 유지하는데 다만 매일 습관적으로 먹고 있어서 느끼지 못하는 것 뿐이다. 사소한 것 같지만 하루 세 번 먹는 건강한 밥상이 우리의 건강을 좌우하고 있는 것이다.

마늘의 효능

마늘은 골골거리는 몸에 활력을 줄 수 있는 채소로 '슈퍼 푸드' 가운데 하나이기도 하다. 슈퍼 푸드로 선정된 식품들은 항암 작용이 있는데, 마늘에는 알리신이라는 성분이 들어 있어 종양의 크기를 줄이고 항암 효과를 보인다고 알려져 있다. 여기서 주의할 점은 알리신은 열에 약하므로 생마늘을 먹어야 더 좋은 효과를 볼 수 있다는 점이다. 또 혈중 콜레스테롤을 저하시키고 신경안정 효과가 있어 우울증을 개선하며 활성산소를 억제해 피부에 탄력을 주는 효과가 있다. 소화불량 개선, 스태미나 증진, 항균 작용, 혈관질환 예방, 면역력 증진과 각종 성인병 예방과 기력을 회복하는 데 좋다.

현미마늘식초 만드는 법

재료 및 준비물

현미 500g, 마늘즙 500㎖, 누룩 250g, 엿기름 50g, 효모(이스트) 0.25t, 물 1,050㎖, 종초(술 양의 10~30%, 성공 포인트는 30%), 발효통 4ℓ, 함지박, 천, 고무줄, 일회용 비닐장갑, 국자

❶ 준비하기

사용할 도구들은 미리 소독을 해두고, 현미는 고슬고슬한 고두밥 대신 성공 확률이 높은 진밥으로 짓는다.

tip 누룩은 이화곡이나 밀누룩을 사용하는데, 전통적인 옛맛과 효능을 내고 산미도 좋은 밀누룩을 만들어 사용하는 것을 권한다.

❷ 재료 손질하기

마늘은 수분이 63.1%로 즙이 적게 나오므로 즙을 짤 때 물을 35% 정도 섞어 짜면 잘 나온다. 잘 씻은 마늘은 물기를 최대한 털어낸 다음 분쇄기로 갈아 즙을 짠다. 보통은 생즙과 물을 그대로 사용하나 마늘즙과 물을 혼합해 끓여서 사용하면 오염이 되어 생길 수 있는 실패를 줄일 수 있고

감칠맛 나는 식초를 얻을 수 있다. 현미밥은 25℃ 정도로 식혀 사용한다.

tip 설탕을 넣지 않고 현미와 마늘을 섞어 식초를 만들 때 건더기가 들어가면 발효에 어려움이 있지만, 마늘즙을 짜서 사용하면 발효가 잘되고 알코올 형성 또한 빨라져 실패 없이 질 좋은 마늘식초를 만들 수 있다.

❸ 혼합하기

함지박에 현미밥, 마늘즙, 누룩, 엿기름, 효모를 넣고 10분 동안 으깨듯이 치댄 뒤 물을 전부 넣고 섞어준다. 물은 상온에 반나절 정도 받아놓아 찬 기를 없앤 것을 사용하거나 25℃의 물을 사용한다. 마늘은 당도(평균 40brix)가 매우 높아 물을 더 넣어 발효를 한다.

tip 현미의 쌀알을 으깨듯이 치댈 때 믹서나 도깨비 방망이 등을 사용할 경우 식초가 탁해지고 잡맛이 생기므로 번거롭더라도 반드시 직접 손으로 해야 한다.

❹ 술 안치고 알코올발효하기(용기 안의 적정 온도 23~28℃)

식초를 담그기 위한 전단계로 현미와 마늘로 전통술을 만드는 과정이다. 준비한 통에 혼합물을 넣고 용기 입구를 천으로 덮어 묶어둔다. 술은 산소를 싫어하는 혐기성 발휴를 하므로 곤기 차단을 위해 뚜껑을 친 위에 살짝 올려놓는다. 다음 날부터 뽀글뽀글 소리를 내면서 방울이 올라오고 발효를 시작한다. 3일 동안 매일 한두 번씩 저어주고 4일째 되는 날 랩으로 씌워 묶는다. 견출지에 식초 이름과 날짜를 써서 랩 가운데에 붙이고, 바늘로 초파리가 들어가지 못할 정도의 크기로 구멍을 한 개만 뚫어 에어 락을 만들어준다. 술 발효를 시작하면 3일째까지는 발효가 활발하게 이루어져 온도가 상승하므로 될 수 있으면 집을 비우지 않도록 한다.

tip 1. 술 발효 시 용기 안의 온도가 23℃ 이하로 내려가면 알코올발효가 제대로 되지 않으며 28℃ 이상 올라가면 잡균이 번식을 하여 실패의 원인이 되니 온도 조절에 신경을 써야 한다. 기온이 낮은 날에는 전기장판이나 이불, 보온 기구를 사용하여 온도를 맞춰준다.

2. 저어줄 때 밑까지 골고루 저어 가라앉은 앙금도 당화가 되도록 해준다. 마늘식초는 술 발효 시 잡균이 잘 생기므로 신경 써서 저어주어야 한다. 통을 흔드는 것은 오염의 원인이 될 수 있으니 저어주는 방법으로 한다. 발효가 되면서 곰팡이 같은 것이 하얗게 생기는 경우가 있으나 몸에 해로운 물질은 아니고 계속 저어주면 없어진다. 저어줘도 계속 생기면 설탕(마늘즙과 물을 합한 양의 15%)을 넣고 저어주면 며칠 후 사라지며 발효는 계속 진행된다.

❺ 술 거르기(7~10일 정도)

당화 과정이 끝날 때쯤 현미 껍질이 떠오르기 시작하여 상층에 꽉 차게 떠오른다. 점차 뽀글뽀글 소리가 줄어들면서 현미 껍질이 다시 가라앉으면 발효가 다 끝난 것이니 거르기를 하면 된다. 마늘식초 담금용 술을 완성하기 위해 거름망에 넣고 주물러 짠다.

tip 술을 거르는 시점은 당도, 마늘즙, 현미, 누룩, 엿기름, 효모, 물 등 재료의 양과 온도 그리고 계절에 따라 달라진다. 보통은 7~10일 발효 뒤에 거르기를 한다.

❻ 식초 안치고 초산발효하기(용기 안의 적정 온도 27~30℃)

가수는 하지 않는다. 종초를 넣으면 실패율이 적어지며 전체 술 양의 10~30%의 종초를 넣으면 된다. 식초는 많은 양의 산소를 필요로 하는 호기성 발효를 하므로 뚜껑은 덮지 않고 천 또는 한지로 덮어 묶고 그 위에 옛날 십 원짜리 동전을 올려둔다. 발효 기간은 3개월 정도이며 온도는 27~30℃를 유지하는 것이 중요하다. 발효되는 동안 일주일에 한두 번씩 저어준다. 초산발효는 25~34℃에서도 가능하다.

tip 초산균은 알코올 6~8도의 환경을 좋아하며 산도를 조절하기기 위해 물을 섞는 가수를 한다. 저자의 식초는 처음부터 가수를 하여 담는 방법이므로 추가로 물을 넣을 필요가 없다. 초산균이 살아 있는 씨앗식초인 종초를 많이 넣으면 식초 성공률이 높아진다.

❼ 산도 체크하기

초막이 생기고 십 원짜리 동전에 초록색 녹이 슬면 식초가 만들어지고 있는 것이다. 초막은 식초가 완성되면 자연스럽게 줄어든다.

tip 시중에서 판매되는 일반 식초는 산도 4.0 이상이며 감식초는 2.6 이상이다. 초막은 알코올 도수와 당도, 종초의 양, 온도와 환경에 따라 5일에서 2개월 정도 걸리며 생기지 않는 경우도 있다. 담금 시 물을 적게 넣으면 초막이 늦게 생기며 산도가 조금 낮은 식초가 만들어질 수 있으나 버리지 않고 샐러드나 식초음료로 활용하면 된다.

❽ 숙성하기(6~9개월, 마늘 흑초 만들기)

3개월 뒤에 앙금과 맑은 식초 상초를 분리한다. 6~9개월 더 숙성을 하면 맛은 부드럽고 색은 황갈색으로 변하면서 약성 좋고 향이 은은한 마

늘 흑초가 만들어진다. 숙성된 식초는 실온에서는 초막이 다시 생기지 않으나 공기와의 접촉을 피할 수 있게 밀봉하여 보관한다.

tip 상층에 뜨는 맑은 식초는 분리하여 바로 먹어도 된다. 하초 앙금을 종초로 사용할 수 있으며 생막걸리를 부어 막걸리식초를 만들 수 있다. 앙금을 종초로 사용할 경우 생막걸리 양의 30%를 넣으면 된다.

❾ 현미마늘천연식초의 음용

식초와 물을 1:10(마늘식초 20㎖, 물 200㎖)로 희석하여 하루 1~3회 먹는다. 위가 약한 사람은 식후에 바로 먹는다.

tip 현미 마늘천연식초 효소음료 만들기
마늘식초, 마늘효소, 물을 1:1:6(마늘식초 20㎖, 마늘효소 20㎖, 물 120㎖)으로 희석해 얼음 몇 조각 넣어 먹는다. 마늘효소가 없으면 매실효소 등 다른 효소를 넣어도 된다.

도전! 명품 식초 만들기

현미마늘토마토식초 만들기

토마토즙을 넣어 항암 효과 및 전립선증 예방에 효능이 있는 명품 식초를 만들어보자. 토마토는 수분이 94.6%로 비교적 즙이 많이 나오므로 추가로 물을 더 넣을 필요는 없다. 토마토를 깨끗이 씻어서 물기를 잘 닦은 다음 분쇄기로 갈아 즙을 짠다. 초막이 늦게 생기고 식초가 완성되는 데 걸리는 시간이 길어진다. 이 식초 속에는 누룩, 엿기름, 마늘, 토마토, 현미 등의 약성이 포함되어 있어 식이요법으로 하루에 1~3회 약처럼 마시면 좋다. 위가 좋지 않다면 식후 바로 마실 것을 권한다.

❶ 현미 500g, 마늘즙 500㎖, 토마토즙 500㎖, 누룩 250g, 엿기름 50g, 효모(이스트) 0.25t, 물 600㎖, 종초(술 양의 10~30%, 성공 포인트는 30%), 발효통 4ℓ를 준비한다.
❷ 만드는 과정은 마늘식초 만들기와 동일하다. 명품 식초인 만큼 술 발효 기간이 약간 길어진다는 점을 기억하자.

복분자식초

　기력보강제로 유명한 복분자식초는 남자에게는 힘을 주고 여자에게는 아기를 선물하는 식초다. 〈생로병사의 비밀〉 촬영 때 아침에 마시는 과일과 콩을 섞은 주스에 복분자를 넣어 먹는 것을 촬영하기도 했다.

　3년 전 고창의 동호해수욕장에 간 적이 있다. 모래사장이 10리나 되는 4km에 걸쳐 펼쳐져 있고 경사도 완만하고 모래도 가늘어 아이들이 놀기에 좋은 곳이었다. 바닷물이 빠지면 조개와 꽃게 등의 어패류를 쉽게 볼 수 있으며 붉게 물든 환상적인 서해의 낙조를 감상할 수 있어서 좋았다. 해수욕장 근처의 민박에서 1박을 하고는 다음 여행 장소로 이동하기 위해 아침 일찍 일어나 해장으로 라면을 끓여 먹고 출발을 했다.

　출발한 지 얼마 되지 않아 해리면을 지나다 해풍을 맞으며 자라고 있는 탐스러운 복분자 농가를 발견하고는 가던 길을 멈추고 찾아 갔다. 복분자 열매를 구경하기 위해 밭고랑 사이를 지나는데 까맣다 못해 진한 흑색으로 반짝이는 열매들이 마치 흑진주를 달아놓은 것처럼 고왔다. 그렇게 복분자 열매에 빠져 감상을 하고 있는데 입속에서는 어느새 침이 고이는 것이었다. 따 먹고 싶어 막 손이 가려고 하는데 농장 주인께서 마음껏 따 먹으라고 한다. 주인의 후한 인심 덕에 열매를 한 주먹 따 먹고는 한 아름이나 되는 나무 밑의 평상에 앉아 복분자 주스와 떡까지 얻어 먹었다. 얻어만 먹고 오기에는 미안해서 생과를 조금씩 구입했다.

　복분자 열매는 아내가 이명으로 고생을 할 때 아침과 저녁으로 생과를 먹게 했던 기억이 있다. 아내는 병원도 다녔지만 이명이 쉽사리 치료되지 않아 민간요법을 병행했다. 그때 먹었던 것들이 양파와인과 효소, 복분자 생과였는데 북치는 소리처럼 크게 들렸던 이명이 감쪽같이 없어졌다.

복분자의 효능

복분자는 우리 몸 속 대사과정에서 자연스럽게 생겨나 세포를 공격하고 노화를 촉진하는 활성산소를 분해시키는 항산화 작용을 하는 대표적인 건강 과일이다.《동의보감》에 따르면 복분자는 간을 도우며, 눈을 밝게 해주고 기운을 돋고, 몸을 가뿐하게 하며, 흰머리가 나지 않게 한다고 기록되어 있을 만큼 효능이 우수한 것으로 알려져 있다. 그 외 정력 강화, 노화방지, 여성 갱년기, 혈액순환 개선, 야뇨증, 기억력 향상 등 많은 효능이 있다.

현미복분자식초 만드는 법

재료 및 준비물

현미 500g, 복분자즙 500㎖, 누룩 250g, 엿기름 50g, 효모(이스트) 0.25t, 물 1,000㎖, 종초(술 양의 10~30%, 성공 포인트는 30%), 발효통 4ℓ, 할지박, 천, 고무줄, 일회용 비닐장갑, 국자

❶ 준비하기

사용할 도구들은 미리 소독을 해두고, 현미는 고슬고슬한 고두밥보다는 성공 확률이 높은 진밥으로 짓는다.

tip 누룩은 이화곡이나 밀누룩을 사용하는데, 전통적인 옛맛과 효능을 내고 산미도 좋은 밀누룩을 만들어 사용할 것을 권한다.

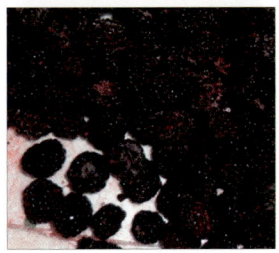

❷ 재료 손질하기

복분자는 수분이 86%로 즙이 적게 나오므로 필요하다면 물 15% 정도를 넣으면 쉽게 즙을 낼 수 있다. 씻는 것은 보관 방법에 따라 달리 해야 하며 분쇄기로 갈아 즙을 짠다. 보통은 생즙과 물을 그대로 사용하나 복분자즙과 물을 혼합해 끓여서 사용하면 오염이 되어 생길 수 있는 실패를 줄일 수 있고 감칠맛 나는 식초를 얻을 수 있다. 현미밥은 25℃ 정도로 식혀서 사용한다.

tip 설탕을 넣지 않고 현미와 복분자를 섞어 식초를 만들 때 건더기가 들어가면 발효에 어려움이 있지만, 복분자즙을 짜서 사용하면 발효가 잘되고 알코올 형성 또한 빨라져 실패 없이 질 좋은 복분자식초를 만들 수 있다.

❸ 혼합하기

함지박에 현미밥, 복분자즙, 누룩, 엿기름, 효모를 넣고 10분 동안 으깨듯이 치댄 뒤 물을 전부 넣고 섞어준다. 물은 상온에 반나절 정도 받아놓아 찬 기를 없앤 것을 사용하거나 25℃의 물을 사용한다. 복분자는 당도(평균 10~13brix, 우기 6brix)가 있으니 물을 조금 더 넣어 발효를 시킨다.

tip 현미의 쌀알을 으깨듯이 치댈 때 믹서나 도깨비 방망이 등을 사용할 경우 식초가 탁해지고 잡맛이 생기므로 번거롭더라도 반드시 직접 손으로 해야 한다.

❹ 술 안치고 알코올발효하기(용기 안의 적정 온도 23~28℃)

식초를 담그기 위한 전단계로 현미와 복분자로 전통술을 만드는 과정이다. 준비한 통에 혼합물을 넣고 용기 입구를 천으로 덮고 묶어둔다. 술은 산소를 싫어하는 혐기성 발효를 하므로 공기 차단을 위해 뚜껑을 천위에 살짝 올려놓는다. 다음 날부터 뽀글뽀글 소리를 내면서 방울이 올라오고 발효를 시작한다. 3일 동안 매일 한두 번씩 저어주고 4일째 되는 날 랩으로 씌워 묶는다. 견출지에 식초 이름과 날짜를 써서 랩 가운데에 붙이고, 바늘로 초파리가 들어가지 못할 정도의 크기로 구멍을 한개만 뚫어 에어 락을 만들어준다. 술 발효를 시작하면 3일째까지는 발효가 활발하게 이루어져 온도가 상승하므로 될 수 있으면 집을 비우지 않도록 한다.

tip 1. 술 발효 시 용기 안의 온도가 23℃ 이하로 내려가면 알코올발효가 제대로 되지 않으며 28℃ 이상 올라가면 잡균이 번식을 하여 실패의 원인이 되니 온도 조절에 신경을 써야 한다. 기온이 낮은 날에는 전기장판이나 이불, 보온 기구를 사용하여 온도를 맞춰준다.

2. 저어줄 때 밑까지 골고루 저어 가라앉은 앙금도 당화가 되도록 해준다. 복분자식초는 술 발효 시 잡균이 잘 생기므로 신경 써서 저어주어야 한다. 통을 흔드는 것은 오염의 원인이 될 수 있으니 저어주는 방법으로 한다. 발효가 되면서 곰팡이 같은 것이 하얗게 생기는 경우가 있으나 몸에 해로운 물질은 아니고 계속 저어주면 없어진다. 저어줘도 계속 생기면 설탕(복분자즙과 물을 합한 양의 15%)을 넣고 저어주면 며칠 후 사라지며 발효는 계속 진행된다.

❺ 술 거르기(7~10일 정도)

당화 과정이 끝날 때쯤 현미 껍질이 떠오르기 시작하여 상층에 꽉 차게 떠오른다. 점차 뽀글뽀글 소리가 줄어들면서 현미 껍질이 다시 가라앉으면 발효가 다 끝난 것이니 거르기를 하면 된다. 복분자식초 담금용 술을 완성하기 위해 거름망에 넣고 주물러 짠다.

tip 술을 거르는 시점은 당도, 복분자즙, 현미, 누룩, 엿기름, 효모, 물 등 재료의 양과 온도 그리고 계절에 따라 달라진다. 보통은 7~10일 발효 뒤에 거르기를 한다.

❻ 식초 안치고 초산발효하기(용기 안의 적정 온도 27~30℃)

가수는 하지 않는다. 종초를 넣으면 실패율이 적어지며 전체 술 양의 10~30%의 종초를 넣으면 된다. 식초는 많은 양의 산소를 필요로 하는 호기성 발효를 하므로 뚜껑은 덮지 않고 천 또는 한지로 덮어 묶고 그 위에 옛날 십 원짜리 동전을 올려둔다. 발효 기간은 3개월 정도이며 온도는 27~30℃를 유지하는 것이 중요하다. 발효되는 동안 일주일에 한두 번씩 저어준다. 초산발효는 25~34℃에서도 가능하다.

tip 초산균은 알코올 6~8도의 완성을 좋아하며 산도를 조절하기 위해 물을 섞는 가수를 한다. 저자의 식초는 처음부터 가수를 하여 담는 방법이므로 추가로 물을 넣을 필요가 없다. 초산균이 살아 있는 씨앗식초인 종초를 많이 넣으면 식초 성공률이 높아진다.

❼ 산도 체크하기

초막이 생기고 십 원짜리 동전에 초록색 녹이 슬면 식초가 만들어지고 있는 것이다. 초막은 식초가 완성되면 자연스럽게 줄어든다.

tip 시중에서 판매되는 일반 식초는 산도 4.0 이상이며 감식초는 2.6 이상이다. 초막은 알코올 도수와 당도, 종초의 양, 온도와 환경에 따라 5일에서 2개월 정도 걸리며 생기지 않는 경우도 있다. 담금 시 물을 적게 넣으면 초막이 늦게 생기며 산도가 조금 낮은 식초가 만들어질 수 있으나 버리지 않고 샐러드나 식초음료로 활용하면 된다.

❽ 숙성하기(6~9개월, 복분자 흑초 만들기)

3개월 뒤에 앙금과 맑은 식초 상초를 분리한다. 6~9개월 더 숙성을 하면 맛은 부드럽고 색은 황갈색으로 변하면서 약성 좋고 향이 은은한 복

분자 흑초가 만들어진다. 숙성된 식초는 실온에서는 초막이 다시 생기지 않으나 공기와의 접촉을 피할 수 있게 밀봉하여 보관한다.

tip 상층에 뜨는 맑은 식초는 분리하여 바로 먹어도 된다. 하초 앙금을 종초로 사용할 수 있으며 생막걸리를 부어 막걸리식초를 만들 수 있다. 앙금을 종초로 사용할 경우 생막걸리 양의 30%를 넣으면 된다.

❾ 현미복분자천연식초의 음용

식초와 물을 1:10(복분자식초 20㎖, 물 200㎖)로 희석하여 하루 1~3회 먹는다. 위가 약한 사람은 식후에 바로 먹는다.

tip 현미 복분자천연식초 효소음료 만들기
복분자식초, 복분자효소, 물을 1:1:6(복분자식초 20㎖, 복분자효소 20㎖, 물 120㎖)으로 희석해 얼음 몇 조각 넣어 먹는다. 복분자효소가 없으면 매실효소 등 다른 효소를 넣어도 된다.

도전! 명품 식초 만들기

현미복분자수박식초 만들기

수박즙을 넣어 이뇨 작용과 머리를 맑게 하는 효능이 있는 명품 식초를 만들어보자. 수박은 수분이 93.2%로 비교적 즙이 많이 나온다. 수박은 씻어서 물기를 잘 닦은 다음 초록색의 겉껍질만 살짝 벗겨낸 후 분쇄기로 갈아 즙을 짠다. 초막이 늦게 생기고 식초가 완성되는 데 걸리는 시간이 길어진다. 이 식초 속에는 누룩, 엿기름, 복분자, 수박, 현미 등의 약성이 포함되어 있어 식이요법으로 하루에 1~3회 약처럼 마시면 좋다. 위가 좋지 않다면 식후 바로 마실 것을 권한다.

❶ 현미 500g, 복분자즙 500㎖, 수박즙 500㎖, 누룩 250g, 엿기름 50g, 효모(이스트) 0.25t, 물 600㎖, 종초(술 양의 10~30%, 성공 포인트는 30%), 발효통 4ℓ를 준비한다.
❷ 만드는 과정은 복분자식초 만들기와 동일하다. 명품 식초인 만큼 술 발효 기간이 약간 길어진다는 점을 기억하자.

복숭아식초

　어머니께서는 50이 넘어서면서부터 고혈압, 심근경색, 관절염, 디스크에 좌골신경통까지 참 많은 지병을 달고 20여 년을 고생하시다가 우리들 곁을 떠나셨다. 어머니께서 살아 계시다면 아마도 매년 설탕을 넣지 않고 현미와 복숭아만 넣은 무설탕 천연발효식초인 복숭아식초를 만들어 드렸을 텐데 하는 생각을 해본다.

　행운의 숫자 일흔일곱이 되던 설날이었다. 그날은 한파가 몰아치는 날씨였고 나와 아내는 설날 차례를 지내고 안양 집으로 출발 하여 한밤중에야 도착을 했다. 장시간의 운전으로 몸도 마음도 치친 터라 곧바로 잠자리에 들었다. 얼마나 지났을까. 따르릉 따르릉 전화벨이 울렸다. 잠시 후 아내의 놀라는 목소리와 함께 울음소리가 이어졌다. 그리고 나를 깨우는 소리와 함께 어머니께서 돌아가셨다는 말이 들려왔다.

　잠에서 깨면서 아내에게 말했다. 아니, 어제 어머니를 보고 왔는데 무슨 거짓말을 하느냐며 장난치지 말라고 하고는 다시 잠자리에 누우려고 하는데 아내가 울면서 돌아가셨다는 말을 이어간다. '아니 무슨 이런 일이 다 있어.' 믿기지 않는 마음으로 주섬주섬 옷을 챙겨 입고 서둘러 시골집으로 향했다. 우리 내외가 도착을 했을 때는 어머니께서 이미 이 세상을 떠나 싸늘한 냉동고 안에서 기다리고 계셨다. 평소에 심근경색이 있으시긴 했지만 이렇게 갑작스럽게 돌아가실 거라고는 생각지도 못했다. 자식이 일곱이나 되는데 가시는 길 지켜준 사람 한 명 없이 추운 시골집 화장실에서 쓸쓸히 돌아가셨다. 어머니를 그렇게 보내드리고 5년여가 흘러간 지금도 그때 일을 떠올리면 죄송한 마음에 가족사진 속 어머니의 모습 앞에서 고개를 들지 못할 때가 많다.

복숭아의 효능

복숭아에는 비타민이 듬뿍 들어 있고 아스파라긴산, 글루타민, 구연산 등이 풍부하게 들어 있어서 식욕이 촉진되고 피로도 해소 되어 건강하게 여름을 넘길 수 있다.

복숭아는 동양의 선약으로 알려져 있는데, 맛은 달고 속살은 부드러워 노약자들이 먹기에 좋은 과일이다. 또한 복숭아는 달밤에 먹으면 미인이 되고 잎으로 목욕을 하면 거칠었던 피부가 깨끗해진다는 속설이 있고, 귀신을 쫓는다 하여 제사상에는 올리지 않는다. 그 외 성인병 예방, 혈액순환장애, 심장병, 관상동맥경화, 피부미용, 피부미백, 피부노화방지, 활성산소 배출, 피로회복, 장 건강, 변비 개선, 생리불순, 니코틴 해독, 숙취 해소, 간 해독 작용, 치매예방, 항체생성 촉진, 항산화 작용 등의 효능이 있다.

현미복숭아식초 만드는 법

재료 및 준비물

현미 500g, 복숭아즙 500㎖, 누룩 250g, 엿기름 50g, 효모(이스트) 0.25t, 물 1,000㎖, 종초(술 양의 10~30%, 성공 포인트는 30%), 발효통 4ℓ, 함지박, 천, 고무줄, 일회용 비닐장갑, 국자

❶ 준비하기

사용할 도구들은 미리 소독을 해두고, 현미는 고슬고슬한 고두밥보다는 성공 확률이 높은 진밥으로 짓는다.

tip 누룩은 이화곡이나 밀누룩을 사용하는데, 전통적인 옛맛과 효능을 내고 산미도 좋은 밀누룩을 만들어 사용할 것을 권한다.

❷ 재료 손질하기

복숭아는 수분이 92.2%로 비교적 즙이 잘 나오나 필요하다면 물 10%를 넣고 짜도 된다. 복숭아털에 알레르기가 있는 사람들이 있으니 털을 고

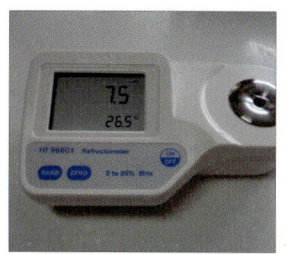

운 솔을 사용하여 잘 닦아서 없앤 후 깨끗이 씻는다. 복숭아의 물기를 닦고 씨를 제거한 후 분쇄기로 갈아 즙을 짠다. 보통은 생즙과 물을 그대로 사용하나 복숭아즙과 물을 혼합해 끓여서 사용하면 오염이 되어 생길 수 있는 실패를 줄일 수 있고 감칠맛 나는 식초를 얻을 수 있다. 현미밥은 25℃ 정도로 식혀서 사용한다.

tip 설탕을 넣지 않고 현미와 복숭아를 섞어 식초를 만들 때 건더기가 들어가면 발효에 어려움이 있지만, 복숭아즙을 짜서 사용하면 발효가 잘되고 알코올 형성 또한 빨라져 실패 없이 질 좋은 복숭아식초를 만들 수 있다.

❸ 혼합하기

함지박에 현미밥, 복숭아즙, 누룩, 엿기름, 효모를 넣고 10분 동안 으깨듯이 치댄 뒤 물을 전부 넣고 섞어준다. 물은 상온에 반나절 정도 받아놓아 찬 기를 없앤 것을 사용하거나 25℃의 물을 사용한다. 복숭아는 당도(평균 7~15brix)가 있으니 물을 조금 더 넣어 발효를 시킨다.

tip 현미의 쌀알을 으깨듯이 치댈 때 믹서나 도깨비 방망이 등을 사용할 경우 식초가 탁해지고 잡맛이 생기므로 번거롭더라도 반드시 직접 손으로 해야 한다.

❹ 술 안치고 알코올발효하기(용기 안의 적정 온도 23~28℃)

식초를 담그기 위한 전단계로 현미와 복숭아로 전통술을 만드는 과정이다. 준비한 통에 혼합물을 넣고 용기 입구를 천으로 덮고 묶어둔다. 술은 산소를 싫어하는 혐기성 발효를 하므로 공기 차단을 위해 뚜껑을 천 위에 살짝 올려놓는다. 다음 날부터 뽀글뽀글 소리를 내면서 방울이 올라오고 발효를 시작한다. 3일 동안 매일 한두 번씩 저어주고 4일째 되는 날 랩으로 씌워 묶는다. 견출지에 식초 이름과 날짜를 써서 랩 가운데에 붙이고, 바늘로 초파리가 들어가지 못할 정도의 크기로 구멍을 한 개만 뚫어 에어락을 만들어준다. 술 발효를 시작하면 3일째까지는 발효가 활발하게 이루어져 온도가 상승하므로 될 수 있으면 집을 비우지 않도록 한다.

tip 1. 술 발효 시 용기 안의 온도가 23℃ 이하로 내려가면 알코올발효가 제대로 되지 않으며 28℃ 이상 올라가면 잡균이 번식을 하여 실패의 원인이 되니 온도 조절에 신경을 써야 한다. 기온이 낮은 날에는 전기장판이나 이불, 보온 기구를 사용하여 온도를 맞춰준다.
2. 저어줄 때 밑까지 골고루 저어 가라앉은 앙금도 당화가 되도록 해준다. 복숭아식초는 술 발효 시 잡균이 잘 생기므로 신경 써서 저어주어야 한다. 통을 흔드는 것은 오염의 원인이 될 수 있으니 저어주는 방법으로 한

다. 발효가 되면서 곰팡이 같은 것이 하얗게 생기는 경우가 있으나 몸에 해로운 물질은 아니고 계속 저어주면 없어진다. 저어줘도 계속 생기면 설탕(복숭아즙과 물을 합한 양의 15%)을 넣고 저어주면 며칠 후 사라지며 발효는 계속 진행된다.

❺ 술 거르기(7~10일 정도)

당화 과정이 끝날 때쯤 현미 껍질이 떠오르기 시작하여 상층에 꽉 차게 떠오른다. 점차 뽀글뽀글 소리가 줄어들면서 현미 껍질이 다시 가라앉으면 발효가 다 끝난 것이니 거르기를 하면 된다. 복숭아식초 담금용 술을 완성하기 위해 거름망에 넣고 주물러 짠다.

tip 술을 거르는 시점은 당도, 복숭아즙, 현미, 누룩, 엿기름, 효모, 물 등 재료의 양과 온도 그리고 계절에 따라 달라진다. 보통은 7~10일 발효 뒤에 거르기를 한다.

❻ 식초 안치고 초산발효하기(용기 안의 적정 온도 27~30℃)

가수는 하지 않는다. 종초를 넣으면 실패율이 적어지며 전체 술 양의 10~30%의 종초를 넣으면 된다. 식초는 많은 양의 산소를 필요로 하는 호기성 발효를 하므로 뚜껑은 덮지 않고 천 또는 한지로 덮어 묶고 그 위에 옛날 십 원짜리 동전을 올려둔다. 발효 기간은 3개월 정도이며 온도는 27~30℃를 유지하는 것이 중요하다. 발효되는 동안 일주일에 한두 번씩 저어준다. 초산발효는 25~34℃에서도 가능하다.

tip 초산균은 알코올 6~8도의 환경을 좋아하며 산도를 조절하기 위해 물을 섞는 가수를 한다. 저자의 식초는 처음부터 가수를 하여 담는 방법이므로 추가로 물을 넣을 필요가 없다. 초산균이 살아 있는 씨앗식초인 종초를 많이 넣으면 식초 성공률이 높아진다.

❼ 산도 체크하기

초막이 생기고 십 원짜리 동전에 초록색 녹이 슬면 식초가 만들어지고 있는 것이다. 초막은 식초가 완성되면 자연스럽게 줄어든다.

tip 시중에서 판매되는 일반 식초는 산도 4.0 이상이며 감식초는 2.6 이상이다. 초막은 알코올 도수와 당도, 종초의 양, 온도와 환경에 따라 5일에서 2개월 정도 걸리며 생기지 않는 경우도 있다. 담금 시 물을 적게 넣으면 초막이 늦게 생기며 산도가 조금 낮은 식초가 만들어질 수 있으나 버리지 않고 샐러드나 식초음료로 활용하면 된다.

❽ 숙성하기(6~9개월, 복숭아 흑초 만들기)

3개월 뒤에 앙금과 맑은 식초 상초를 분리한다. 6~9개월 더 숙성을 하면 맛은 부드럽고 색은 황갈색으로 변하면서 약성 좋고 향이 은은한 복숭아 흑초가 만들어진다. 숙성된 식초는 실온에서는 초막이 다시 생기지 않으나 공기와의 접촉을 피할 수 있게 밀봉하여 보관한다.

tip 상층에 뜨는 맑은 식초는 분리하여 바로 먹어도 된다. 하초 앙금을 종초로 사용할 수 있으며 생막걸리를 부어 막걸리식초를 만들 수 있다. 앙금을 종초로 사용할 경우 생막걸리 양의 30%를 넣으면 된다.

❾ 현미복숭아천연식초의 음용

식초와 물을 1:10(복숭아식초 20㎖, 물 200㎖)로 희석하여 하루 1~3회 먹는다. 위가 약한 사람은 식후에 바로 먹는다.

tip 현미 복숭아천연식초 효소음료 만들기
복숭아식초, 복숭아효소, 물을 1:1:6(복숭아식초 20㎖, 복숭아효소 20㎖, 물 120㎖)으로 희석해 얼음 몇 조각 넣어 먹는다. 복숭아효소가 없으면 매실효소 등 다른 효소를 넣어도 된다.

도전! 명품 식초 만들기

현미복숭아양배추식초 만들기

양배추을 넣어 항암 효과와 위장보호, 대장 활동을 원활하게 해주는 명품 식초를 만들어보자. 양배추는 수분이 93.5%이며 비교적 즙이 잘 나오나 물 5%를 넣고 짜도 된다. 양배추는 씻어서 물기를 잘 닦은 다음 분쇄기로 갈아 즙을 짠다. 초막이 늦게 생기고 식초가 완성되는 데 걸리는 시간이 길어진다. 이 식초 속에는 누룩, 엿기름, 복숭아, 양배추, 현미 등의 약성이 포함되어 있어 식이요법으로 하루에 1~3회 약처럼 마시면 좋다. 위가 좋지 않다면 식후 바로 마실 것을 권한다.

❶ 현미 500g, 복숭아즙 500㎖, 양배추즙 500㎖, 누룩 250g, 엿기름 50g, 효모(이스트) 0.25t, 물 500㎖, 종초(술 양의 10~30%, 성공 포인트는 30%), 발효통 4ℓ를 준비한다.
❷ 만드는 과정은 복숭아식초 만들기와 동일하다. 명품 식초인 만큼 술 발효 기간이 약간 길어진다는 점을 기억하자.

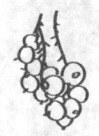

블루베리식초

    식초, 효소, 막걸리 등 발효식품에 대해 책을 쓰고 강의가 늘어나면서 내용들을 정리하여 블로그에 올리는 일도 많아져서 컴퓨터를 예전보다 더 자주 하게 된다. 그렇게 모니터 화면을 자주 들여다보니 요즘은 눈이 가물가물해지면서 시력이 떨어지고 있는 것이 느껴진다. 자연스러운 노화 현상도 있겠지만 생활 속에서 스마트폰, 컴퓨터, 텔레비전 등의 기기들을 사용하는 시간이 늘어나 눈을 혹사하게 되어 생기는 경우가 더 많은 것 같다.

    나 또한 현대 문명에서 벗어나지 못하고 절제를 하지 못하는 보통의 한 사람이다. 오늘은 모기 때문에 새벽 5시에 잠을 깼다. 블루베리식초에 대한 글을 쓰기 위해 컴퓨터 앞에 앉았다. 글을 쓰면서 어느새 모니터 속 글자들이 점점 희미하게 보여 글을 계속 쓰기가 쉽지 않았다. 잠시 쉬고는 눈 건강에 좋다는 블루베리를 냉동실에서 꺼내 우유에 타 마시고 다시 자판을 두드린다. 블루베리를 먹기 전보다는 눈이 조금은 밝아지는 느낌이 들어 몇 알 더 꺼내다 먹고서야 겨우 글을 마무리하게 되었다.

    블루베리는 블로그를 운영하면서 자세히 알게 되었는데, 이번에 식초를 만들면서 더 깊게 알 수 있었다. 나의 블로그에는 다양한 직업을 가진 분들이 하루 5,000명 넘게 방문을 하고 있다. 그분들 중에 서로의 블로그를 오가며 인사를 나누던 분으로부터 어느 날 쪽지 한 통이 도착했다. 블루베리 농장을 운영하는데 가까운 이웃과 정을 나누고 싶어 블루베리를 조금 보내주고 싶으니 주소를 보내달라는 것이었다. 나는 선뜻 주소를 보내지 못했다. 잠시 망설이다가 주소가 담긴 쪽지를 보내드렸고 며칠 뒤에 블루베리가 담긴 택배 상자를 받게 되었다. 상자를 열어보니 작은 메모지에 '효소님, 생과로 먹을 수 있는 것과 효소, 식초를 만들 수 있는 블루베리를 분류해 담아 놓았으니 사용하세요'라고 예쁜 손글씨로 적혀 있었다. 그분의 따뜻한 마음을 읽을 수 있었고 정성스럽게 포장된 상자에서 진심이 느껴졌다. 메모를 보면서 잠시나마 의심한 나 자신이 부끄러웠다. 선물로 받은 블루베리는 생과로도 먹고 효소와 식초를 담갔다. 발효실을 들락거리며 블루베리효소와 블루베리식초 통을 볼 때면 김포해든블루베리의 따뜻함이 전해오는 듯하다.

블루베리의 효능

블루베리는 하루에 먹어야 하는 양이 100g 정도라고 한다. 몸에 좋다고 알려진 블루베리를 는 항산화 성분이 풍부하여 활성산소를 억제하고 노화작용을 억제하여 주며 특히 눈 건강에 좋은 슈퍼 푸드다. 또한 콜레스테롤을 줄여줌으로써 각종 성인병을 예방하는 데 효과가 있다. 그 외 치매 예방, 혈관질환 예방, 대장암 억제, 심장질환, 뇌졸중 등을 예방하는 데 효과가 있다.

현미블루베리식초 만드는 법

재료 및 준비물

현미 500g, 블루베리즙 500㎖, 누룩 250g, 엿기름 50g, 효모(이스트) 0.25t, 물 1,000㎖, 종초(술 양의 10〜30%, 성공 포인트는 30%), 발효통 4ℓ, 함지박, 천, 고무줄, 일회용 비닐장갑, 국자

❶ 준비하기

사용할 도구들은 미리 소독을 해두고, 현미는 고슬고슬한 고두밥보다는 성공 확률이 높은 진밥으로 짓는다.

tip 누룩은 이화곡이나 밀누룩을 사용하는데, 전통적인 옛맛과 효능을 내고 산미도 좋은 밀누룩을 만들어 사용할 것을 권한다.

❷ 재료 손질하기

블루베리는 수분이 84.6%으로 비교적 즙이 적게 나온다. 필요하다면 물 15%를 넣고 짜도 된다. 씻지 않고 티만 털어낸 다음 알맹이를 분쇄기로 갈아 즙을 짠다. 보통은 생즙과 물을 그대로 사용하나 블루베리즙과 물을 혼합해 끓여서 사용하면 오염이 되어 생길 수 있는 실패를 줄일 수 있고 감칠맛 나는 식초를 얻을 수 있다. 현미밥은 25℃ 정도로 식혀서 사용한다.

tip 설탕을 넣지 않고 현미와 블루베리를 섞어 식초를 만들 때 건더기가 들어가면 발효에 어려움이 있지만, 블루베리즙을 짜서 사용하면 발효가 잘되고 알코올 형성 또한 빨라져 실패 없이 질 좋은 블루베리식초를 만들 수 있다.

❸ 혼합하기

함지박에 현미밥, 블루베리즙, 누룩, 엿기름, 효모를 넣고 10분 동안 으깨듯이 치댄 뒤 물을 전부 넣고 섞어준다. 물은 상온에 반나절 정도 받아놓아 찬 기를 없앤 것을 사용하거나 25℃의 물을 사용한다. 블루베리는 당도(평균 8~14brix)가 있으니 물을 조금 더 넣어 발효를 시킨다.

tip 현미의 쌀알을 으깨듯이 치댈 때 믹서나 도깨비 방망이 등을 사용할 경우 식초가 탁해지고 잡맛이 생기므로 번거롭더라도 반드시 직접 손으로 해야 한다.

❹ 술 안치고 알코올발효하기(용기 안의 적정 온도 23~28℃)

식초를 담그기 위한 전단계로 현미와 블루베리로 전통술을 만드는 과정이다. 준비한 통에 혼합물을 넣고 용기 입구를 천으로 덮고 묶어둔다. 술은 산소를 싫어하는 혐기성 발효를 하므로 공기 차단을 위해 뚜껑을 천 위에 살짝 올려놓는다. 다음 날부터 뽀글뽀글 소리를 내면서 방울이 올라오고 발효를 시작한다. 3일 동안 매일 한두 번씩 저어주고 4일째 되는 날 랩으로 씌워 묶는다. 견출지에 식초 이름과 날짜를 써서 랩 가운데에 붙이고, 바늘로 초파리가 들어가지 못할 정도의 크기로 구멍을 한 개만 뚫어 에어 락을 만들어준다. 술 발효를 시작하면 3일째까지는 발효가 활발하게 이루어져 온도가 상승하므로 될 수 있으면 집을 비우지 않도록 한다.

tip 1. 술 발효 시 용기 안의 온도가 23℃ 이하로 내려가면 알코올발효가 제대로 되지 않으며 28℃ 이상 올라가면 잡균이 번식을 하여 실패의 원인이 되니 온도 조절에 신경을 써야 한다. 기온이 낮은 날에는 전기장판이나 이불, 보온 기구를 사용하여 온도를 맞춰준다.
2. 저어줄 때 밑까지 골고루 저어 가라앉은 앙금도 당화가 되도록 해준다. 블루베리식초는 술 발효 시 잡균이 잘 생기므로 신경 써서 저어주어야 한다. 통을 흔드는 것은 오염의 원인이 될 수 있으니 저어주는 방법으로 한다. 발효가 되면서 곰팡이 같은 것이 하얗게 생기는 경우가 있으나 몸에 해로운 물질은 아니고 계속 저어주면 없어진다. 저어줘도 계속 생기면 설탕(블루베리즙과 물을 합한 양의 15%)을 넣고 저어주면 며칠 후 사라지며 발효는 계속 진행된다.

❺ 술 거르기(7~10일 정도)

당화 과정이 끝날 때쯤 현미 껍질이 떠오르기 시작하여 상층에 꽉 차게 떠오른다. 점차 뽀글뽀글 소리가 줄어들면서 현미 껍질이 다시 가라앉으면 발효가 다 끝난 것이니 거르기를 하면 된다. 블루베리식초 담금용 술을 완성하기 위해 거름망에 넣고 주물러 짠다.

tip 술을 거르는 시점은 당도, 블루베리즙, 현미, 누룩, 엿기름, 효모, 물 등 재료의 양과 온도 그리고 계절에 따라 달라진다. 보통은 7~10일 발효 뒤에 거르기를 한다.

❻ 식초 안치고 초산발효하기(용기 안의 적정 온도 27~30℃)

가수는 하지 않는다. 종초를 넣으면 실패율이 적어지며 전체 술 양의 10~30%의 종초를 넣으면 된다. 식초는 많은 양의 산소를 필요로 하는 호기성 발효를 하므로 뚜껑은 덮지 않고 천 또는 한지로 덮어 묶고 그 위에 옛날 십 원짜리 동전을 올려둔다. 발효 기간은 3개월 정도이며 온도는 27~30℃를 유지하는 것이 중요하다. 발효되는 동안 일주일에 한두 번씩 저어준다. 초산발효는 25~34℃에서도 가능하다.

tip 초산균은 알코올 6~8도의 환경을 좋아하며 산도를 조절하기기 위해 물을 섞는 가수를 한다. 저자의 식초는 처음부터 가수를 하여 담는 방법이므로 추가로 물을 넣을 필요가 없다. 초산균이 살아 있는 씨앗식초인 종초를 많이 넣으면 식초 성공률이 높아진다.

❼ 산도 체크하기

초막이 생기고 십 원짜리 동전에 초록색 녹이 슬면 식초가 만들어지고 있는 것이다. 초막은 식초가 완성되면 자연스럽게 줄어든다.

tip 시중에서 판매되는 일반 식초는 산도 4.0 이상이며 감식초는 2.6 이상이다. 초막은 알코올 도수와 당도, 종초의 양, 온도와 환경에 따라 5일에서 2개월 정도 걸리며 생기지 않는 경우도 있다. 담금 시 물을 적게 넣으면 초막이 늦게 생기며 산도가 조금 낮은 식초가 만들어질 수 있으나 버리지 않고 샐러드나 식초음료로 활용하면 된다.

❽ 숙성하기(6~9개월, 블루베리 흑초 만들기)

3개월 뒤에 앙금과 맑은 식초 상초를 분리한다. 6~9개월 더 숙성을 하면 맛은 부드럽고 색은 황갈색으로 변하면서 약성 좋고 향이 은은한 블

루베리 흑초가 만들어진다. 숙성된 식초는 실온에서는 초막이 다시 생기지 않으나 공기와의 접촉을 피할 수 있게 밀봉하여 보관한다.

tip 상층에 뜨는 맑은 식초는 분리하여 바로 먹어도 된다. 하초 앙금을 종초로 사용할 수 있으며 생막걸리를 부어 막걸리식초를 만들 수 있다. 앙금을 종초로 사용할 경우 생막걸리 양의 30%를 넣으면 된다.

❾ 현미블루베리천연식초의 음용

식초와 물을 1:10(블루베리식초 20㎖, 물 200㎖)로 희석하여 하루 1~3회 먹는다. 위가 약한 사람은 식후에 바로 먹는다.

tip 현미 블루베리천연식초 효소음료 만들기
블루베리식초, 블루베리효소, 물을 1:1:6(블루베리식초 20㎖, 블루베리효소 20㎖, 물 120㎖)으로 희석해 얼음 몇 조각 넣어 먹는다. 블루베리효소가 없으면 매실효소 등 다른 효소를 넣어도 된다.

도전! 명품 식초 만들기

현미블루베리토마토식초 만들기

토마토즙을 넣어 항산화 작용과 전립선증 예방에 좋은 효능을 더한 명품 식초를 만들어보자. 토마토는 수분이 94.6%로 비교적 즙이 많이 나온다. 토마토는 씻어서 물기를 잘 닦은 다음 분쇄기로 갈아 즙을 짠다. 초막이 늦게 생기고 식초가 완성되는 데 걸리는 시간이 길어진다. 이 식초 속에는 누룩, 엿기름, 블루베리, 토마토, 현미 등의 약성이 포함되어 있어 식이요법으로 하루에 1~3회 약처럼 마시면 좋다. 위가 좋지 않다면 식후 바로 마실 것을 권한다.

❶ 현미 500g, 블루베리즙 500㎖, 토마토즙 500㎖, 누룩 250g, 엿기름 50g, 효모(이스트) 0.25t, 물 500㎖, 종초(술 양의 10~30%, 성공 포인트는 30%), 발효통 4ℓ를 준비한다.
❷ 만드는 과정은 블루베리식초 만들기와 동일하다. 명품 식초인 만큼 술 발효 기간이 약간 길어진다는 점을 기억하자.

수박식초

8월 첫 주 휴가를 내어 집에서 쉬고 있던 날이었다. 점심을 먹고 집 근처에 마련해 둔 밭에 가보려고 나서려다 작은방 창문 너머로 들이치는 땡볕에 놀라 그만 포기를 했다. '아이고, 무서워라. 저 햇볕을 쬐며 밭에 나가 일을 했다가는 열사병 걸려 죽겠지. 아마 까맣게 그을리고 땀을 뻘뻘 흘리다 죽을지도 몰라.' 도시 농부의 마음 약한 생각은 어쩔 수 없는 것 같다. 밭에 나가는 걸 포기하고 소파에 잠깐 앉는다는 게 그만 그대로 쓰러져 낮잠이 들었다. 저녁 해가 질 무렵쯤이 되어서야 일어나 밭에 나갔다. 그동안 내린 비로 작물들 잎에 생기가 돌면서 하나 둘씩 열매를 맺고 있었다.

고추도 나무에 주렁주렁 달려 있고, 슈퍼가 아니어서 미워했던 여주 덩굴에도 도깨비방망이 같은 열매가 탐스럽게 열렸다. 여주 몇 개는 노랗게 익어 껍질이 터져 빨갛게 익은 속살을 드러내고 있었다. 어릴 적 생각이 나서 빨간 씨앗을 먹어보니 부드러우면서 살짝 단맛도 난다. 추억의 맛이다. 한낮의 땡볕은 피했는지 모르지만 해질 무렵에 찾아드는 모기들의 극성에는 속수무책이었다. 고추와 여주, 호박, 가지 등 먹을거리들을 따다가 모기 밥이 되고 말았다. 극성스런 모기들 때문에 대충대충 따서 챙겨들고 도망치듯이 집으로 돌아왔다.

지하 주차장에 차를 대고 들어오는데 때마침 어린이집에서 일을 마친 아내가 돌아오고 있었다. 나를 본 아내는 무거운 짐이 있어서 그렇지 않아도 부르려고 했다며 반가워했다. 오늘 어린이집에서 잔치를 했는데 아이들이 먹고 남은 과일들이 많아 가져왔다며 참외와 수박 등을 잔뜩 싣고 왔다. 나는 그 과일들을 보고 먹고 싶다는 마음보다는 효소를 담글까 아니면 식초를 담가 먹을까 하는 생각이 먼저 들어 참외 몇 개는 효소를 담고 여름의 대표 보약 수박은 현미밥을 지어 식초로 담갔다.

수박의 효능

수박은 무더운 여름철 땀으로 빠져나간 부족한 수분을 보충해 주어 더위로 인해서 발생되는 열을 제거해준다. 특히 폐의 열을 빼주어 가래를 삭이는 효능이 있다. 그 외 이뇨작용을 해서 몸속 노폐물을 배출시키고, 동맥경화의 예방에도 좋은 과일이다. 젊은 여성들에게는 칼로리가 낮고 지방 함량이 거의 없어 다이어트에 도움이 되고, 몸이 자주 붓는 이들에게는 부기를 빼주는 효과도 있다. 피부에 수분 공급과 함께 수박에 들어 있는 리코펜과 콜라겐 성분이 피부에 탄력을 주고, 비타민C와 라이코펜이 풍부해 여드름 치료에도 효과적이다. 주부들에게 자주 생기는 습진 치료에도 도움이 된다.

현미수박식초 만드는 법

재료 및 준비물

현미 500g, 수박즙 500㎖, 누룩 250g, 엿기름 50g, 효모(이스트) 0.25t, 물 1,000㎖, 종초(술 양의 10~30%, 성공 포인트는 30%), 발효통 4ℓ, 함지박, 천, 고무줄, 일회용 비닐장갑, 국자

❶ 준비하기

사용할 도구들은 미리 소독을 해두고, 현미는 고슬고슬한 고두밥보다는 성공 확률이 높은 진밥으로 짓는다.

tip 누룩은 이화곡이나 밀누룩을 사용하는데, 전통적인 옛맛과 효능을 내고 산미도 좋은 밀누룩을 만들어 사용할 것을 권한다.

❷ 재료 손질하기

수박은 씻어서 물기를 잘 닦은 다음 초록색의 겉껍질만 살짝 벗겨낸 후 분쇄기로 갈아 즙을 짠다. 수박은 수분이 93.2%로 비교적 즙이 많이 나온다. 보통은 생즙과 물을 그대로 사용하나 수박즙과 물을 혼합해 끓여서 사용하면 오염이 되어 생길 수 있는 실패를 줄일 수 있고 감칠맛 나는

식초를 얻을 수 있다. 현미밥은 25℃ 정도로 식혀서 사용한다.

tip 설탕을 넣지 않고 현미와 수박을 섞어 식초를 만들 때 건더기가 들어가면 발효에 어려움이 있지만, 수박즙을 짜서 사용하면 발효가 잘되고 알코올 형성 또한 빨라져 실패 없이 질 좋은 수박식초를 만들 수 있다.

❸ 혼합하기

함지박에 현미밥, 수박즙, 누룩, 엿기름, 효모를 넣고 10분 동안 으깨듯이 치댄 뒤 물을 전부 넣고 섞어준다. 물은 상온에 반나절 정도 받아놓아 찬 기를 없앤 것을 사용하거나 25℃의 물을 사용한다. 수박은 당도(평균 11brix)가 있으니 물을 조금 더 넣어 발효를 한다.

tip 현미의 쌀알을 으깨듯이 치댈 때 믹서나 도깨비 방망이 등을 사용할 경우 식초가 탁해지고 잡맛이 생기므로 번거롭더라도 반드시 직접 손으로 해야 한다.

❹ 술 안치고 알코올발효하기(용기 안의 적정 온도 23~28℃)

식초를 담그기 위한 전단계로 현미와 수박으로 전통술을 만드는 과정이다. 준비한 통에 혼합물을 넣고 용기 입구를 천으로 덮고 묶어둔다. 술은 산소를 싫어하는 혐기성 발효를 하므로 공기 차단을 위해 뚜껑을 천 위에 살짝 올려놓는다. 다음 날부터 뽀글뽀글 소리를 내면서 방울이 올라오고 발효를 시작한다. 3일 동안 매일 한두 번씩 저어주고 4일째 되는 날 랩으로 씌워 묶는다. 견출지에 식초 이름과 날짜를 써서 랩 가운데에 붙이고, 바늘로 초파리가 들어가지 못할 정도의 크기로 구멍을 한 개만 뚫어 에어락을 만들어준다. 술 발효를 시작하면 3일째까지는 발효가 활발하게 이루어져 온도가 상승하므로 될 수 있으면 집을 비우지 않도록 한다.

tip 1. 술 발효 시 용기 안의 온도가 23℃ 이하로 내려가면 알코올발효가 제대로 되지 않으며 28℃ 이상 올라가면 잡균이 번식을 하여 실패의 원인이 되니 온도 조절에 신경을 써야 한다. 기온이 낮은 날에는 전기장판이나 이불, 보온 기구를 사용하여 온도를 맞춰준다.
2. 저어줄 때 밑까지 골고루 저어 가라앉은 앙금도 당화가 되도록 해준다. 수박식초는 술 발효 시 잡균이 잘 생기므로 신경 써서 저어주어야 한다. 통을 흔드는 것은 오염의 원인이 될 수 있으니 저어주는 방법으로 한다. 발효가 되면서 곰팡이 같은 것이 하얗게 생기는 경우가 있으나 몸에 해로운 물질은 아니고 계속 저어주면 없어진다. 저어줘도 계속 생기면 설탕(수박즙과 물을 합한 양의 15%)을 넣고 저어주면 며칠 후 사라지며 발효는 계속 진행된다.

111

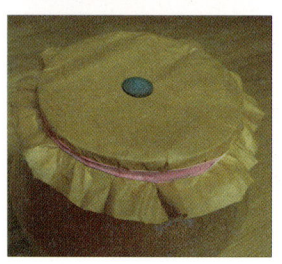

❺ 술 거르기(7~10일 정도)

당화 과정이 끝날 때쯤 현미 껍질이 떠오르기 시작하여 상층에 꽉 차게 떠오른다. 점차 뽀글뽀글 소리가 줄어들면서 현미 껍질이 다시 가라앉으면 발효가 다 끝난 것이니 거르기를 하면 된다. 수박식초 담금용 술을 완성하기 위해 거름망에 넣고 주물러 짠다.

tip 술을 거르는 시점은 당도, 수박즙, 현미, 누룩, 엿기름, 효모, 물 등 재료의 양과 온도 그리고 계절에 따라 달라진다. 보통은 7~10일 발효 뒤에 거르기를 한다.

❻ 식초 안치고 초산발효하기(용기 안의 적정 온도 27~30℃)

가수는 하지 않는다. 종초를 넣으면 실패율이 적어지며 전체 술 양의 10~30%의 종초를 넣으면 된다. 식초는 많은 양의 산소를 필요로 하는 호기성 발효를 하므로 뚜껑은 덮지 않고 천 또는 한지로 덮어 묶고 그 위에 옛날 십 원짜리 동전을 올려둔다. 발효 기간은 3개월 정도이며 온도는 27~30℃를 유지하는 것이 중요하다. 발효되는 동안 일주일에 한두 번씩 저어준다. 초산발효는 25~34℃에서도 가능하다.

tip 초산균은 알코올 6~8도의 환경을 좋아하며 산도를 조절하기기 위해 물을 섞는 가수를 한다. 저자의 식초는 처음부터 가수를 하여 담는 방법이므로 추가로 물을 넣을 필요가 없다. 초산균이 살아 있는 씨앗식초인 종초를 많이 넣으면 식초 성공률이 높아진다.

❼ 산도 체크하기

초막이 생기고 십 원짜리 동전에 초록색 녹이 슬면 식초가 만들어지고 있는 것이다. 초막은 식초가 완성되면 자연스럽게 줄어든다.

tip 시중에서 판매되는 일반 식초는 산도 4.0 이상이며 감식초는 2.6 이상이다. 초막은 알코올 도수와 당도, 종초의 양, 온도와 환경에 따라 5일에서 2개월 정도 걸리며 생기지 않는 경우도 있다. 담금 시 물을 적게 넣으면 초막이 늦게 생기며 산도가 조금 낮은 식초가 만들어질 수 있으나 버리지 않고 샐러드나 식초음료로 활용하면 된다.

❽ 숙성하기(6~9개월, 수박 흑초 만들기)

3개월 뒤에 앙금과 맑은 식초 상초를 분리한다. 6~9개월 더 숙성을 하면 맛은 부드럽고 색은 황갈색으로 변하면서 약성 좋고 향이 은은한 수

박 흑초가 만들어진다. 숙성된 식초는 실온에서는 초막이 다시 생기지 않으나 공기와의 접촉을 피할 수 있게 밀봉하여 보관한다.

tip 상층에 뜨는 맑은 식초는 분리하여 바로 먹어도 된다. 하초 앙금을 종초로 사용할 수 있으며 생막걸리를 부어 막걸리식초를 만들 수 있다. 앙금을 종초로 사용할 경우 생막걸리 양의 30%를 넣으면 된다.

❾ 현미수박천연식초의 음용

식초와 물을 1:10(수박식초 20㎖, 물 200㎖)로 희석하여 하루 1~3회 먹는다. 위가 약한 사람은 식후에 바로 먹는다.

tip 현미 수박천연식초 효소음료 만들기
수박식초, 수박효소, 물을 1:1:6(수박식초 20㎖, 수박효소 20㎖, 물 120㎖)으로 희석해 얼음 몇 조각 넣어 먹는다. 수박효소가 없으면 매실효소 등 다른 효소를 넣어도 된다.

도전! 명품 식초 만들기

현미수박토마토식초 만들기

토마토즙을 넣어 항산화 작용을 더해 여름 피로를 푸는 데 좋은 명품 식초를 만들어보자. 토마토는 수분이 94.6%로 비교적 즙이 많이 나온다. 토마토는 씻어서 물기를 잘 닦은 다음 분쇄기로 갈아 즙을 짠다. 초막이 늦게 생기고 식초가 완성되는 데 걸리는 시간이 길어진다. 이 식초 속에는 누룩, 엿기름, 수박, 토마토, 현미 등의 약성이 포함되어 있어 식이요법으로 하루에 1~3회 약처럼 마시면 좋다. 위가 좋지 않다면 식후 바로 마실 것을 권한다.

❶ 현미 500g, 수박즙 500㎖, 토마토즙 500㎖, 누룩 250g, 엿기름 50g, 효모(이스트) 0.25t, 물 500 ㎖, 종초(술 양의 10~30%, 성공 포인트는 30%), 발효통 4ℓ를 준비한다.
❷ 만드는 과정은 수박식초 만들기와 동일하다. 명품 식초인 만큼 술 발효 기간이 약간 길어진다는 점을 기억하자.

수세미식초

수세미식초는 환절기에 자주 걸리는 감기와 기관지 염증에 좋은 발효식품이다. 아내와 함께 안양에서 140km 정도 거리에 있는 태안으로 간 적이 있다. 광복절 연휴라 도로가 막힐 것 같아 일찍 서둘러 출발했더니 태안 천리포수목원에 10시쯤 도착했다. 한여름이라 핀 꽃이 없어 구경거리가 없지 않을까 생각을 했는데 기대 밖으로 볼 것이 많았다. 그 중에서도 수목원 연못에 곱게 핀 수련이 예뻐서 땡볕도 아랑곳하지 않고 한참을 머물러 바라보았다.

수목원은 2,000여 평으로 그리 큰 규모는 아니지만 오밀조밀하게 잘 꾸며져 있었다. 설립자이자 우리나라로 귀화한 미국인 민병걸 님의 마음과 정성을 읽을 수 있었다. 숲으로 우거진 산책길에 바람까지 살랑살랑 불어줘 꼭 가을 같은 느낌이었다.

점심때가 다 되어서 수목원을 빠져나와 만리포해수욕장에 있는 식당에서 비빔밥을 먹었다. 메뉴가 다양해서 맛은 그저 그러려니 했는데 짐작과 달리 여느 맛집보다도 맛이 좋고 정갈해 먹는 즐거움을 흠뻑 느꼈다. 여행 중에서 반은 먹는 재미라는 말이 있는데 맞는 말인 것 같다.

원래 이번 여행에는 프란치스코 교황 방문길을 따라 솔뫼성지 등을 먼저 돌아볼 계획이었는데, 갑자기 떠오른 천리포수목원에 먼저 가고 일부 계획을 수정하여 교황의 마지막 방문지인 해미읍성을 맨 마지막에 들렀다가 돌아왔다.

여행길에 태안 시내를 지나게 되었는데 농민들이 나와 농산물을 팔고 있었다. 그곳에 잠시 들러 서산의 유명한 육종마늘과 수세미 몇 개를 샀다. 수세미는 나의 20년 삶의 동반자이며 비염과 축농증을 치료해 준 일등공신이라 반가운 마음에 본 김에 구매했다. 수세미는 어린 것은 나물로 먹고, 잎·줄기·열매는 효소나 식초를 담그고, 말려서 차로 만들어 먹으면 좋다. 수확 끝 무렵에는 수액을 채취하여 김치 냉장고에 넣어두면 겨울까지 먹을 수 있는 채소이다. 소소한 먹을거리들을 집 가까운 밭에서 직접 키워 먹기도 하지만 이렇게 여행을 다니다 보면 제철의 산지 채소를 구입할 기회가 있고, 그럴 때면 넉넉하게 구입해 먹기도 하고 효소와 식초를 담그기도 한다.

수세미의 효능

수세미는 예로부터 기관지에 좋은 식품으로 알려져 있다. 수분이 풍부하고 식이섬유소가 많아 먹으면 포만감을 주기 때문에 다이어트식으로 좋다. 특히 섬유질은 대장을 활성화시켜 변비를 예방하고 콜레스테롤을 감소시키는 데 도움이 되어 청혈 주스로 마셔도 좋은 채소다.

감기 콧물을 멈추게 하는 데도 효과가 있으며 비염, 기관지염, 신경통, 복통, 요통, 가려움증, 부종, 피부보호 등 다양한 효능이 있다. 갱년기 여성이 섭취하면 얼굴이 화끈거리는 현상이 줄어든다고 한다.

현미수세미식초 만드는 법

재료 및 준비물

현미 500g, 수세미즙 500㎖, 누룩 250g, 엿기름 100g, 효모(이스트) 0.25t, 물 900㎖, 종초(술 양의 10~30%, 성공 포인트는 30%), 발효통 4ℓ, 함지박, 천, 고무줄, 일회용 비닐장갑, 국자

❶ 준비하기

사용할 도구들은 미리 소독을 해두고, 현미는 고슬고슬한 고두밥보다는 성공 확률이 높은 진밥으로 짓는다.

tip 누룩은 이화곡이나 밀누룩을 사용하는데, 전통적인 옛맛과 효능을 내고 산미도 좋은 밀누룩을 만들어 사용할 것을 권한다.

❷ 재료 손질하기

수세미는 수분 함량이 98%로 높아 즙이 많이 나온다. 깨끗하게 씻은 수세미는 물기를 최대한 없앤 다음 분쇄기로 갈아 즙을 짠다. 보통은 생즙과 물을 그대로 사용하나 수세미즙과 물을 혼합해 끓여서 사용하면 오염이 되어 생길 수 있는 실패를 줄일 수 있고 감칠맛 나는 식초를 얻을 수 있다. 현미밥은 25℃ 정도로 식혀서 사용한다.

tip 설탕을 넣지 않고 현미와 수세미를 섞어 식초를 만들 때 건더기가 들어가면 발효에 어려움이 있지만, 수세미즙을 짜서 사용하면 발효가 잘되고 알코올 형성 또한 빨라져 실패 없이 질 좋은 수세미식초를 만들 수 있다.

❸ 혼합하기

함지박에 현미밥, 수세미즙, 누룩, 엿기름, 효모를 넣고 10분 동안 으깨듯이 치댄 뒤 물을 전부 넣고 섞어준다. 물은 상온에 반나절 정도 받아놓아 찬 기를 없앤 것을 사용하거나 25℃의 물을 사용한다.

tip 현미의 쌀알을 으깨듯이 치댈 때 믹서나 도깨비 방망이 등을 사용할 경우 식초가 탁해지고 잡맛이 생기므로 번거롭더라도 반드시 직접 손으로 해야 한다.

❹ 술 안치고 알코올발효하기(용기 안의 적정 온도 23~28℃)

식초를 담그기 위한 전단계로 현미와 수세미로 전통술을 만드는 과정이다. 준비한 통에 혼합물을 넣고 용기 입구를 천으로 덮고 묶어둔다. 술은 산소를 싫어하는 혐기성 발효를 하므로 공기 차단을 위해 뚜껑을 천 위에 살짝 올려놓는다. 다음 날부터 뽀글뽀글 소리를 내면서 방울이 올라오고 발효를 시작한다. 3일 동안 매일 한두 번씩 저어주고 4일째 되는 날 랩으로 씌워 묶는다. 견출지에 식초 이름과 날짜를 써서 랩 가운데에 붙이고, 바늘로 초파리가 들어가지 못할 정도의 크기로 구멍을 한 개만 뚫어 에어 락을 만들어준다. 술 발효를 시작하면 3일째까지는 발효가 활발하게 이루어져 온도가 상승하므로 될 수 있으면 집을 비우지 않도록 한다.

tip 1. 술 발효 시 용기 안의 온도가 23℃ 이하로 내려가면 알코올발효가 제대로 되지 않으며 28℃ 이상 올라가면 잡균이 번식을 하여 실패의 원인이 되니 온도 조절에 신경을 써야 한다. 기온이 낮은 날에는 전기장판이나 이불, 보온 기구를 사용하여 온도를 맞춰준다.
2. 저어줄 때 밑까지 골고루 저어 가라앉은 앙금도 당화가 되도록 해준다. 수세미식초는 술 발효 시 잡균이 잘 생기므로 신경 써서 저어주어야 한다. 통을 흔드는 것은 오염의 원인이 될 수 있으니 저어주는 방법으로 한다. 발효가 되면서 곰팡이 같은 것이 하얗게 생기는 경우가 있으나 몸에 해로운 물질은 아니고 계속 저어주면 없어진다. 저어줘도 계속 생기면 설탕(수세미즙과 물을 합한 양의 15%)을 넣고 저어주면 며칠 후 사라지며 발효는 계속 진행된다.

❺ 술 거르기(7~10일 정도)

당화 과정이 끝날 때쯤 현미 껍질이 떠오르기 시작하여 상층에 꽉 차게 떠오른다. 점차 뽀글뽀글 소리가 줄어들면서 현미 껍질이 다시 가라앉으면 발효가 다 끝난 것이니 거르기를 하면 된다. 수세미식초 담금용 술을 완성하기 위해 거름망에 넣고 주물러 짠다.

tip 술을 거르는 시점은 당도, 수세미즙, 현미, 누룩, 엿기름, 효모, 물 등 재료의 양과 온도 그리고 계절에 따라 달라진다. 보통은 7~10일 발효 뒤에 거르기를 한다.

❻ 식초 안치고 초산발효하기(용기 안의 적정 온도 27~30℃)

가수는 하지 않는다. 종초를 넣으면 실패율이 적어지며 전체 술 양의 10~30%의 종초를 넣으면 된다. 식초는 많은 양의 산소를 필요로 하는 호기성 발효를 하므로 뚜껑은 덮지 않고 천 또는 한지로 덮어 묶고 그 위에 옛날 십 원짜리 동전을 올려둔다. 발효 기간은 3개월 정도이며 온도는 27~30℃를 유지하는 것이 중요하다. 발효되는 동안 일주일에 한두 번씩 저어준다. 초산발효는 25~34℃에서도 가능하다.

tip 초산균은 알코올 6~8도의 환경을 좋아하며 산도를 조절하기기 위해 물음 섞는 가수를 한다. 저자의 식초는 처음부터 가수를 하여 담는 방법이므로 추가로 물을 넣을 필요가 없다. 초산균이 살아 있는 씨앗식초인 종초를 많이 넣으면 식초 성공률이 높아진다.

❼ 산도 체크하기

초막이 생기고 십 원짜리 동전에 초록색 녹이 슬면 식초가 만들어지고 있는 것이다. 초막은 식초가 완성되면 자연스럽게 줄어든다.

tip 시중에서 판매되는 일반 식초는 산도 4.0 이상이며 감식초는 2.6 이상이다. 초막은 알코올 도수와 당도, 종초의 양, 온도와 환경에 따라 5일에서 2개월 정도 걸리며 생기지 않는 경우도 있다. 담금 시 물을 적게 넣으면 초막이 늦게 생기며 산도가 조금 낮은 식초가 만들어질 수 있으나 버리지 않고 샐러드나 식초음료로 활용하면 된다.

❽ 숙성하기(6~9개월, 수세미 흑초 만들기)

3개월 뒤에 앙금과 맑은 식초 상초를 분리한다. 6~9개월 더 숙성을 하면 맛은 부드럽고 색은 황갈색으로 변하면서 약성 좋고 향이 은은한 수

세미 흑초가 만들어진다. 숙성된 식초는 실온에서는 초막이 다시 생기지 않으나 공기와의 접촉을 피할 수 있게 밀봉하여 보관한다.

tip 상층에 뜨는 맑은 식초는 분리하여 바로 먹어도 된다. 하초 앙금을 종초로 사용할 수 있으며 생막걸리를 부어 막걸리식초를 만들 수 있다. 앙금을 종초로 사용할 경우 생막걸리 양의 30%를 넣으면 된다.

❾ 현미수세미천연식초의 음용

식초와 물을 1:10(수세미식초 20㎖, 물 200㎖)로 희석하여 하루 1~3회 먹는다. 위가 약한 사람은 식후에 바로 먹는다.

tip 현미 수세미천연식초 효소음료 만들기
수세미식초, 수세미효소, 물을 1:1:6(수세미식초 20㎖, 수세미효소 20㎖, 물 120 ㎖)으로 희석해 얼음 몇 조각 넣어 먹는다. 수세미효소가 없으면 매실효소 등 다른 효소를 넣어도 된다.

도전! 명품 식초 만들기

현미수세미배식초 만들기

배즙을 넣어 항산화 작용을 더해 여름 피로를 푸는 데 좋은 명품 식초를 만들어보자. 배는 수분이 88.4%로 비교적 즙이 많이 나온다. 배는 씻어서 물기를 잘 닦은 다음 분쇄기로 갈아 즙을 짠다. 초막이 늦게 생기고 식초가 완성되는 데 걸리는 시간이 길어진다. 이 식초 속에는 누룩, 엿기름, 수세미, 배, 현미 등의 약성이 포함되어 있어 식이요법으로 하루에 1~3회 약처럼 마시면 좋다. 위가 좋지 않다면 식후 바로 마실 것을 권한다.

❶ 현미 500g, 수세미즙 500㎖, 배즙 500㎖, 누룩 250g, 엿기름 50g, 효모(이스트) 0.25t, 물 500 ㎖, 종초(술 양의 10~30%, 성공 포인트는 30%), 발효통 4ℓ를 준비한다.
❷ 만드는 과정은 수세미식초 만들기와 동일하다. 명품 식초인 만큼 술 발효 기간이 약간 길어진다는 점을 기억하자.

여주식초

집 근처에 있는 작은 밭에 올 여름 당뇨에 좋은 약이 주렁주렁 달렸다. 무슨 뜬금없는 소리
냐고? 바로 당뇨에 좋은 여주를 두고 하는 말이다. 일본에서는 여주를 말려 차로 만든 고야차
를 마시는 마을이 있는데 그 지방에는 장수하는 사람들이 많다고 한다.

당뇨에 좋은 여주는 봄의 중간쯤에 들어서는 4월 말쯤에 모종을 구입해 농장에 심었다. 농
장 근처 할아버지가 운영하는 비닐하우스에서 '슈퍼 여주'라고 소개하기에 믿고 구입했다. 하
지만 웬걸 슈퍼는커녕 올망졸망 어렸을 때 보아왔던 토종 여주만이 열렸다. 크고 많은 양의 수
확을 기대하고 여주를 심었건만 가뭄에 콩 나듯이 드문드문 하나씩 열리는 걸 보고 있자니 참
으로 답답할 지경이었다. 이렇게 처음엔 별로 열리지 않더니 한두 개 달리기 시작하지 이내 제
법 많은 양의 여주를 딸 수 있었다.

얼마 전 한 방송 프로그램에서 여주가 당뇨에 미치는 효능을 보기 위해 실험한 결과를 방영
했다. 참여자들은 쓰디쓴 여주로 주스를 만들어 마시고, 볶아 먹거나, 말려서 차로 끓여 먹기
도 했다. 그리고 여주를 먹은 참가자들의 혈당 수치를 검사했더니 정말 믿기 어려운 결과가 나
왔다. 혈당 수치가 눈에 띄게 낮아진 것이다. 순간 당뇨를 앓고 있는 친구가 떠올랐다. 언젠가
그 친구 집에 갔더니 보리차 비슷한 차를 한 잔 내주었다. 무엇이냐고 물으니 여주차라고 했
다. 친구는 여주차가 당뇨에 좋다며 말린 여주를 차로 끓여 먹고 있었다. 그런데 국산은 가격
이 비싸 엄두를 내지 못하고 비교적 가격이 저렴한 베트남 산 여주를 구입해 먹는다고 했다.
수입산 여주를 구해 먹고 있다는 말에 어쩐지 안스런 마음이 들었다. 그동안 바쁘다는 핑계로
자주 찾지 못해 미안한 마음도 없지 않았다. 이제라도 친구와 자주 만나고 전화 통화도 더 자
주 해야겠다는 생각을 했다. 또 당뇨에 좋은 건강한 먹을거리를 찾고 만들어 마음을 전하고도
싶었다. 그래서 이번에 수확한 여주는 설탕과 버무려 효소로 담그고, 일부는 말려서 분쇄기로
갈아 가루로 만들었다. 그리고 거의 끝 무렵에 딴 여주로는 천연식초를 담가보았다. 이제 친구
를 만나러 갈 날을 설레며 기다리고 있다.

여주의 효능

여주는 당뇨에 효능이 있다고 알려져 있고, 당뇨의 합병증인 망막증, 심근경색, 혈관성질환 예방에도 효과를 보인다고 한다. 여주의 맛 중에서 지독한 쓴맛에는 혈당 강하에 도움이 되는 물질들이 많이 들어 있다. 여주에 포함되어 있는 비타민C는 열에 쉽게 파괴되지 않으며 레몬과 딸기보다 더 풍부하게 들어 있어 피부 미용에도 좋으며 항산화 작용을 한다. 그 외 고지혈증, 콜레스테롤 저하, 원기회복, 심근경색이나 혈관성질환 같은 성인병 예방에 좋다.

현미여주식초 만드는 법

재료 및 준비물

현미 500g, 여주즙 500㎖, 누룩 250g, 엿기름 100g, 효모(이스트) 0.25t, 물 900㎖, 종초(술 양의 10~30%, 성공 포인트는 30%), 발효통 4ℓ, 함지박, 천, 고무줄, 일회용 비닐장갑, 국자

❶ 준비하기

사용할 도구들은 미리 소독을 해두고, 현미는 고슬고슬한 고두밥보다는 성공 확률이 높은 진밥으로 짓는다.

tip 누룩은 이화곡이나 밀누룩을 사용하는데, 전통적인 옛맛과 효능을 내고 산미도 좋은 밀누룩을 만들어 사용할 것을 권한다.

❷ 재료 손질하기

여주는 수분이 96.2%로 즙이 많이 나오지만 5% 정도의 물을 넣고 짜도 된다. 깨끗하게 씻은 여주는 물기를 최대한 없앤 다음 분쇄기로 갈아 즙을 짠다. 보통은 생즙과 물을 그대로 사용하나 여주즙과 물을 혼합해 끓여서 사용하면 오염이 되어 생길 수 있는 실패를 줄일 수 있고 감칠맛 나는 식초를 얻을 수 있다. 현미밥은 25℃ 정도로 식혀서 사용한다.

tip 설탕을 넣지 않고 현미와 여주를 섞어 식초를 만들 때 건더기가 들어가면 발효에 어려움이 있지만, 여주즙을 짜서 사용하면 발효가 잘되고 알코올 형성 또한 빨라져 실패 없이 질 좋은 여주식초를 만들 수 있다.

❸ 혼합하기

함지박에 현미밥, 여주즙, 누룩, 엿기름, 효모를 넣고 10분 동안 으깨듯이 치댄 뒤 물을 전부 넣고 섞어준다. 물은 상온에 반나절 정도 받아놓아 찬 기를 없앤 것을 사용하거나 25℃의 물을 사용한다.

tip 현미의 쌀알을 으깨듯이 치댈 때 믹서나 도깨비 방망이 등을 사용할 경우 식초가 탁해지고 잡맛이 생기므로 번거롭더라도 반드시 직접 손으로 해야 한다.

❹ 술 안치고 알코올발효하기(용기 안의 적정 온도 23~28℃)

식초를 담그기 위한 전단계로 현미와 여주로 전통술을 만드는 과정이다. 준비한 통에 혼합물을 넣고 용기 입구를 천으로 덮고 묶어둔다. 술은 산 소를 싫어하는 혐기성 발효를 하므로 공기 차단을 위해 뚜껑을 천 위에 살짝 올려놓는다. 다음 날부터 뽀글뽀글 소리를 내면서 방울이 올라오고 발효를 시작한다. 3일 동안 매일 한두 번씩 저어주고 4일째 되는 날 랩으 로 씌워 묶는다. 견출지에 식초 이름과 날짜를 써서 랩 가운데에 붙이고, 바늘로 초파리가 들어가지 못할 정도의 크기로 구멍을 한 개만 뚫어 에 어 락을 만들어준다. 술 발효를 시작하면 3일째까지는 발효가 활발하게 이루어져 온도가 상승하므로 될 수 있으면 집을 비우지 않도록 한다.

tip 1. 술 발효 시 용기 안의 온도가 23℃ 이하로 내려가면 알코올발효가 제대 로 되지 않으며 28℃ 이상 올라가면 잡균이 번식을 하여 실패의 원인이 되니 온도 조절에 신경을 써야 한다. 기온이 낮은 날에는 전기장판이나 이불, 보온 기구를 사용하여 온도를 맞춰준다.
    2. 저어줄 때 밑까지 골고루 저어 가라앉은 앙금도 당화가 되도록 해준다. 여주식초는 술 발효 시 잡균이 잘 생기므로 신경 써서 저어주어야 한다. 통을 흔드는 것은 오염의 원인이 될 수 있으니 저어주는 방법으로 한다. 발효가 되면서 곰팡이 같은 것이 하얗게 생기는 경우가 있으나 몸에 해 로운 물질은 아니고 계속 저어주면 없어진다. 저어줘도 계속 생기면 설 탕(여주즙과 물을 합한 양의 15%)을 넣고 저어주면 며칠 후 사라지며 발 효는 계속 진행된다.

❺ 술 거르기(7~10일 정도)

당화 과정이 끝날 때쯤 현미 껍질이 떠오르기 시작하여 상층에 꽉 차게 떠오른다. 점차 뽀글뽀글 소리가 줄어들면서 현미 껍질이 다시 가라앉으면 발효가 다 끝난 것이니 거르기를 하면 된다. 여주식초 담금용 술을 완성하기 위해 거름망에 넣고 주물러 짠다.

tip 술을 거르는 시점은 당도, 여주즙, 현미, 누룩, 엿기름, 효모, 물 등 재료의 양과 온도 그리고 계절에 따라 달라진다. 보통은 7~10일 발효 뒤에 거르기를 한다.

❻ 식초 안치고 초산발효하기(용기 안의 적정 온도 27~30℃)

가수는 하지 않는다. 종초를 넣으면 실패율이 적어지며 전체 술 양의 10~30%의 종초를 넣으면 된다. 식초는 많은 양의 산소를 필요로 하는 호기성 발효를 하므로 뚜껑은 덮지 않고 천 또는 한지로 덮어 묶고 그 위에 옛날 십 원짜리 동전을 올려둔다. 발효 기간은 3개월 정도이며 온도는 27~30℃를 유지하는 것이 중요하다. 발효되는 동안 일주일에 한두 번씩 저어준다. 초산발효는 25~34℃에서도 가능하다.

tip 초산균은 알코올 6~8도의 환경을 좋아하며 산도를 조절하기 위해 물을 섞는 가수를 한다. 저자의 식초는 처음부터 가수를 하여 담는 방법이므로 추가로 물을 넣을 필요가 없다. 초산균이 살아 있는 씨앗식초인 종초를 많이 넣으면 식초 성공률이 높아진다.

❼ 산도 체크하기

초막이 생기고 십 원짜리 동전에 초록색 녹이 슬면 식초가 만들어지고 있는 것이다. 초막은 식초가 완성되면 자연스럽게 줄어든다.

tip 시중에서 판매되는 일반 식초는 산도 4.0 이상이며 감식초는 2.6 이상이다. 초막은 알코올 도수와 당도, 종초의 양, 온도와 환경에 따라 5일에서 2개월 정도 걸리며 생기지 않는 경우도 있다. 담금 시 물을 적게 넣으면 초막이 늦게 생기며 산도가 조금 낮은 식초가 만들어질 수 있으나 버리지 않고 샐러드나 식초음료로 활용하면 된다.

❽ 숙성하기(6~9개월, 여주 흑초 만들기)

3개월 뒤에 앙금과 맑은 식초 상초를 분리한다. 6~9개월 더 숙성을 하면 맛은 부드럽고 색은 황갈색으로 변하면서 약성 좋고 향이 은은한 여

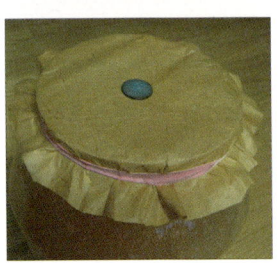

주 흑초가 만들어진다. 숙성된 식초는 실온에서는 초막이 다시 생기지 않으나 공기와의 접촉을 피할 수 있게 밀봉하여 보관한다.

tip 상층에 뜨는 맑은 식초는 분리하여 바로 먹어도 된다. 하초 앙금을 종초로 사용할 수 있으며 생막걸리를 부어 막걸리식초를 만들 수 있다. 앙금을 종초로 사용할 경우 생막걸리 양의 30%를 넣으면 된다.

❾ 현미여주천연식초의 음용

식초와 물을 1:10(여주식초 20㎖, 물 200㎖)로 희석하여 하루 1~3회 먹는다. 위가 약한 사람은 식후에 바로 먹는다.

tip 현미 여주천연식초 효소음료 만들기
여주식초, 여주효소, 물을 1:1:6(여주식초 20㎖, 여주효소 20㎖, 물 120㎖)으로 희석해 얼음 몇 조각 넣어 먹는다. 여주효소가 없으면 매실효소 등 다른 효소를 넣어도 된다.

도전! 명품 식초 만들기

현미여주오디식초 만들기

오디즙을 넣어 당뇨 예방과 항산화 작용의 효능을 높인 명품 식초를 만들어보자. 오디는 수분이 84.2%이며 즙이 적게 나온다. 필요하다면 물 15%를 섞어 짜도 된다. 오디는 씻어서 물기를 잘 닦은 다음 분쇄기로 갈아 즙을 짠다. 초막이 늦게 생기고 식초가 완성되는 데 걸리는 시간이 길어진다. 이 식초 속에는 누룩, 엿기름, 여주, 오디, 현미 등의 약성이 포함되어 있어 식이요법으로 하루에 1~3회 약처럼 마시면 좋다. 위가 좋지 않다면 식후 바로 마실 것을 권한다.

❶ 현미 500g, 여주즙 500㎖, 오디즙 500㎖, 누룩 250g, 엿기름 50g, 효모(이스트) 0.25t, 물 550㎖, 종초(술 양의 10~30%, 성공 포인트는 30%), 발효통 4ℓ를 준비한다.
❷ 만드는 과정은 여주식초 만들기와 동일하다. 명품 식초인 만큼 술 발효 기간이 약간 길어진다는 점을 기억하자.

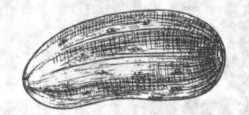

연근식초

　연꽃이 한참 필 무렵인 7월 중순에 시흥시 연성지구에 있는 시흥연꽃테마파크인 관곡지에 다녀왔다. 연꽃은 진흙탕 속에서도 예쁘게 피어나는 고귀한 아름다움을 지닌 식물이다. 조선 시대의 명신이자 농학자이신 강희맹 선생이 명나라로부터 연꽃 씨를 들여와 관곡지에서 꽃을 피우고 널리 보급하면서 알려졌다고 한다. 연꽃은 다른 꽃들과는 달리 수려하고 고결한 풍요 로움을 지닌 아름다움이 있다.

　관곡지는 강희맹 선생과 인연이 깊은 연못이다. 평소에 농학의 발전에 깊은 연구와 관심을 기울였던 선생은 세조 때 명나라에 다녀오게 되었다고 한다. 선생이 중국에서 돌아올 때 남경 에 있는 전당지에서 연꽃 씨를 채취해 귀국을 하여 현재 시흥시 하중도의 작은 연못에 재배 를 시작하였다고 한다. 강희맹 선생이 채취해온 전당연은 다른 연꽃과는 다르게 색이 희며 꽃 잎은 뾰족하고 꽃의 끝부분이 담홍색을 띠는 연꽃이다. 이 품종의 연꽃이 이곳에서 재배에 성 공을 하여 이후 널리 퍼질 수 있는 계기가 되었고 안산군의 별호를 연성이라 부르게 되었다고 한다.

　연은 전초를 요리에 쓰고 있지만 주로 많이 먹고 있는 부분은 뿌리이며 여러 음식에 사용하 고 있다. 우리 집 또한 아내가 연근으로 조림을 자주 해주어 즐겨 먹는 건강음식이다. 아내가 해주는 연근 음식을 먹은 뒤에는 비염기가 줄어들고 불편했던 위장이 편안해지는 느낌을 받 는다.

　어머님께서는 살아생전에 연근을 가마솥에 삶아주셨다. 고구마와 감자처럼 간식으로 먹기 도 했고 배고픔을 달래기 위해 밥 대신으로 먹기도 했던 기억이 있다. 삶은 연근을 한 입 깨물 면 아삭하면서 식감이 좋았고 고소하고 담백한 맛도 있어 좋아했던 간식거리였다. 오늘은 관 곡지 연근전문점에서 구입해 온 연근으로 천연식초를 담가보았다.

연근의 효능

연뿌리를 갈아서 즙을 내어 먹으면 빈혈에 좋고 설사를 멈추게 하며 폐결핵에도 효과가 있다. 위궤양이나 십이지장궤양에 좋고 토혈, 비염, 기침, 심장병, 고혈압을 개선하는 데 도움이 된다. 연근에는 폴리페놀 물질이 다량 함유되어 항산화 효과가 아주 우수하며 주름을 개선하는 효과가 있다. 그 외 해열, 혈액 순환 촉진, 갈증 해소, 폐 건강, 신경안정 효과, 기침, 비염, 토혈, 심장병, 고혈압 개선, 위궤양, 십이지장궤양, 가래, 눈 충혈, 위장염, 동상 등에 도움이 된다.

현미연근식초 만드는 법

재료 및 준비물

현미 500g, 연근즙 500㎖, 누룩 250g, 엿기름 100g, 효모(이스트) 0.25t, 물 900㎖, 종초(술 양의 10~30%, 성공 포인트는 30%), 발효통 4ℓ, 함지박, 천, 고무줄, 일회용 비닐장갑, 국자

❶ 준비하기

사용할 도구들은 미리 소독을 해두고, 현미는 고슬고슬한 고두밥보다는 성공 확률이 높은 진밥으로 짓는다.

tip 누룩은 이화곡이나 밀누룩을 사용하는데, 전통적인 옛맛과 효능을 내고 산미도 좋은 밀누룩을 만들어 사용할 것을 권한다.

❷ 재료 손질하기

연근은 수분이 80.2%로 즙이 잘 나오지 않으므로 20% 정도의 물을 넣고 즙을 짜도 된다. 겉에 묻은 흙을 잘 씻어내고 껍질을 벗겨서 분쇄기로 갈아 즙을 짠다. 보통은 생즙과 물을 그대로 사용하나 연근즙과 물을 혼합해 끓여서 사용하면 오염이 되어 생길 수 있는 실패를 줄일 수 있고 감칠맛 나는 식초를 얻을 수 있다. 현미밥은 25℃ 정도로 식혀서 사용한다.

tip 설탕을 넣지 않고 현미와 연근을 섞어 식초를 만들 때 건더기가 들어가면 발효에 어려움이 있지만, 연근즙을 짜서 사용하면 발효가 잘되고 알코올 형성 또한 빨라져 실패 없이 질 좋은 연근식초를 만들 수 있다.

❸ 혼합하기

함지박에 현미밥, 연근즙, 누룩, 엿기름, 효모를 넣고 10분 동안 으깨듯이 치댄 뒤 물을 전부 넣고 섞어준다. 물은 상온에 반나절 정도 받아놓아 찬 기를 없앤 것을 사용하거나 25℃의 물을 사용한다.

tip 현미의 쌀알을 으깨듯이 치댈 때 믹서나 도깨비 방망이 등을 사용할 경우 식초가 탁해지고 잡맛이 생기므로 번거롭더라도 반드시 직접 손으로 해야 한다.

❹ 술 안치고 알코올발효하기(용기 안의 적정 온도 23~28℃)

식초를 담그기 위한 전단계로 현미와 연근으로 전통술을 만드는 과정이다. 준비한 통에 혼합물을 넣고 용기 입구를 천으로 덮고 묶어둔다. 술은 산소를 싫어하는 혐기성 발효를 하므로 공기 차단을 위해 뚜껑을 천 위에 살짝 올려놓는다. 다음 날부터 뽀글뽀글 소리를 내면서 방울이 올라오고 발효를 시작한다. 3일 동안 매일 한두 번씩 저어주고 4일째 되는 날 랩으로 씌워 묶는다. 견출지에 식초 이름과 날짜를 써서 랩 가운데에 붙이고, 바늘로 초파리가 들어가지 못할 정도의 크기로 구멍을 한 개만 뚫어 에어 락을 만들어준다. 술 발효를 시작하면 3일째까지는 발효가 활발하게 이루어져 온도가 상승하므로 될 수 있으면 집을 비우지 않도록 한다.

tip 1. 술 발효 시 용기 안의 온도가 23℃ 이하로 내려가면 알코올발효가 제대로 되지 않으며 28℃ 이상 올라가면 잡균이 번식을 하여 실패의 원인이 되니 온도 조절에 신경을 써야 한다. 기온이 낮은 날에는 전기장판이나 이불, 보온 기구를 사용하여 온도를 맞춰준다.
2. 저어줄 때 밑까지 골고루 저어 가라앉은 앙금도 당화가 되도록 해준다. 연근식초는 술 발효 시 잡균이 잘 생기므로 신경 써서 저어주어야 한다. 통을 흔드는 것은 오염의 원인이 될 수 있으니 저어주는 방법으로 한다. 발효가 되면서 곰팡이 같은 것이 하얗게 생기는 경우가 있으나 몸에 해로운 물질은 아니고 계속 저어주면 없어진다. 저어줘도 계속 생기면 설탕(연근즙과 물을 합한 양의 15%)을 넣고 저어주면 며칠 후 사라지며 발효는 계속 진행된다.

❺ 술 거르기(7~10일 정도)

당화 과정이 끝날 때쯤 현미 껍질이 떠오르기 시작하여 상층에 꽉 차게 떠오른다. 점차 뽀글뽀글 소리가 줄어들면서 현미 껍질이 다시 가라앉으면 발효가 다 끝난 것이니 거르기를 하면 된다. 연근식초 담금용 술을 완성하기 위해 거름망에 넣고 주물러 짠다.

tip 술을 거르는 시점은 당도, 연근즙, 현미, 누룩, 엿기름, 효모, 물 등 재료의 양과 온도 그리고 계절에 따라 달라진다. 보통은 7~10일 발효 뒤에 거르기를 한다.

❻ 식초 안치고 초산발효하기(용기 안의 적정 온도 27~30℃)

가수는 하지 않는다. 종초를 넣으면 실패율이 적어지며 전체 술 양의 10~30%의 종초를 넣으면 된다. 식초는 많은 양의 산소를 필요로 하는 호기성 발효를 하므로 뚜껑은 덮지 않고 천 또는 한지로 덮어 묶고 그 위에 옛날 십 원짜리 동전을 올려둔다. 발효 기간은 3개월 정도이며 온도는 27~30℃를 유지하는 것이 중요하다. 발효되는 동안 일주일에 한두 번씩 저어준다. 초산발효는 25~34℃에서도 가능하다.

tip 초산균은 알코올 6~8도의 환경을 좋아하며 산도를 조절하기기 위해 물을 섞는 가수를 한다. 저자의 식초는 처음부터 가수를 하여 담는 방법이므로 추가로 물을 넣을 필요가 없다. 초산균이 살아 있는 씨앗식초인 종초를 많이 넣으면 식초 성공률이 높아진다.

❼ 산도 체크하기

초막이 생기고 십 원짜리 동전에 초록색 녹이 슬면 식초가 만들어지고 있는 것이다. 초막은 식초가 완성되면 자연스럽게 줄어든다.

tip 시중에서 판매되는 일반 식초는 산도 4.0 이상이며 감식초는 2.6 이상이다. 초막은 알코올 도수와 당도, 종초의 양, 온도와 환경에 따라 5일에서 2개월 정도 걸리며 생기지 않는 경우도 있다. 담금 시 물을 적게 넣으면 초막이 늦게 생기며 산도가 조금 낮은 식초가 만들어질 수 있으나 버리지 않고 샐러드나 식초음료로 활용하면 된다.

❽ 숙성하기(6~9개월, 연근 흑초 만들기)

3개월 뒤에 앙금과 맑은 식초 상초를 분리한다. 6~9개월 더 숙성을 하면 맛은 부드럽고 색은 황갈색으로 변하면서 약성 좋고 향이 은은한 연

근 흑초가 만들어진다. 숙성된 식초는 실온에서는 초막이 다시 생기지 않으나 공기와의 접촉을 피할 수 있게 밀봉하여 보관한다.

tip 상층에 뜨는 맑은 식초는 분리하여 바로 먹어도 된다. 하초 앙금을 종초로 사용할 수 있으며 생막걸리를 부어 막걸리식초를 만들 수 있다. 앙금을 종초로 사용할 경우 생막걸리 양의 30%를 넣으면 된다.

❾ 현미연근천연식초의 음용

식초와 물을 1:10(연근식초 20㎖, 물 200㎖)로 희석하여 하루 1~3회 먹는다. 위가 약한 사람은 식후에 바로 먹는다.

tip 현미 연근천연식초 효소음료 만들기
연근식초, 연근효소, 물을 1:1:6(연근식초 20㎖, 연근효소 20㎖, 물 120㎖)으로 희석해 얼음 몇 조각 넣어 먹는다. 연근효소가 없으면 매실효소 등 다른 효소를 넣어도 된다.

도전! 명품 식초 만들기

현미연근배식초 만들기

배즙을 넣어 감기 예방 및 피로를 풀어줄 명품 식초를 만들어보자. 배는 수분이 88.4%이며 즙이 잘 나온다. 잘 씻은 배는 껍질을 벗기고 씨를 발라낸 후 분쇄기로 갈아 즙을 짠다. 초막이 늦게 생기고 식초가 완성되는 데 걸리는 시간이 길어진다. 이 식초 속에는 누룩, 엿기름, 연근, 배, 현미 등의 약성이 포함되어 있어 식이요법으로 하루에 1~3회 약처럼 마시면 좋다. 위가 좋지 않다면 식후 바로 마실 것을 권한다.

❶ 현미 500g, 연근즙 500㎖, 배즙 500㎖, 누룩 250g, 엿기름 50g, 효모(이스트) 0.25t, 물 500㎖, 종초(술 양의 10~30%, 성공 포인트는 30%), 발효통 4ℓ.
❷ 만드는 과정은 연근식초 만들기와 동일하다. 명품 식초인 만큼 술 발효 기간이 약간 길어진다는 점을 기억하자.

오미자식초

    빨갛고 동그란 모양새에 매료되어 해마다 오미자가 나는 철이면 효소를 담그고 식초를 담가 음료로 먹고, 말린 오미자는 차로 즐기고 있다. 우리 집을 찾는 손님에게 투명한 유리컵에 오미자로 만든 효소 음료나 차를 담아내면 그 색이나 맛에 모두들 탄성을 지른다. 빛깔만 보고도 건강해지는 느낌이 든다고 말들을 한다.

    지난 여름 안동에 있는 홈플러스에서 현미식초 강의를 한 적이 있다. 천연식초가 좋다고 여러 방송에서 다룬 터라 배우고자 하는 사람들이 많이 모였다. 강의를 끝내고 참가자들과 이야기를 나누던 중에 귀농하여 효소를 만든다는 분을 만나 하소연을 듣게 되었다. 그 분은 이것저것 많은 효소를 담아 그동안 안정적으로 판매를 해왔는데, 최근 '발효액은 설탕물이고 효소는 없다'는 식의 방송이 자꾸 나오면서 판로가 막혔다고 하소연을 하셨다. 그러면서 수십 개의 항아리에 있는 효소를 전부 버려야 할 지경이 되었다며 울분을 토했다.

    이야기를 듣자니 참으로 안타까웠다. 그 분의 남편은 판매 부진으로 인한 경제적 어려움으로 스트레스를 많이 받아 이미 세상을 떠났고, 이제는 부인 혼자서 아이들과 어렵게 살고 있다고 했다. 그러면서 저 많은 효소를 다른 것으로 만들어 팔 수 있는 방법이 없는지 알려달라며 안타깝게 물어왔다.

    내가 권할 수 있는 방법은 한 가지 밖에 없었다. 식초를 만들어 판매를 해보라는 것이었다. 나는 다음 강의 시간 때문에 그 분과 길게는 이야기를 못하고 메일로 만드는 방법을 보내드릴 테니 담가보라는 말만 남기고 아쉽지만 두 번째 강의 장소로 이동을 했다.

    영주에서 마지막 강의를 끝내고 돌아오는 길에 문경에 잠시 들러 산나물 반찬으로 유명한 식당에서 밥을 먹었다. 그리고 오미자로 유명한 지역이라서 말린 오미자 조금을 구입하여 곧장 집으로 돌아왔다. 오미자는 생으로 먹으면 식재료가 되고, 말려 먹으면 아주 귀한 약재가 된다. 말리는 과정에서 부피가 줄어들어 약성을 많이 섭취할 수 있고 성분 변화가 생겨 약효가 매우 좋아진다. 글을 정리하는 지금도 내 옆자리에는 오미자식초 한 잔이 놓여 있다.

오미자의 효능

오미자는 껍질은 신맛, 속살은 단맛, 씨는 매운맛, 쓴맛을 내며 전체로는 단맛이 난다고 하여 오미자라고 한다. 영조는 갈증을 해소하기 위해 오미자차를 즐겨 마셨다고 하며,《동의보감》에는 오미자가 허한 기운에 원기를 보충해 주고 양기를 돋워주며 눈을 밝게 해준다는 기록이 있다.《본초강목》에는 짠맛은 신장에 좋고 매운 맛과 쓴맛은 심장과 폐에 효과가 있으며 단맛은 비장과 위에 좋다고 나온다. 그 외 간기능 향상, 신진대사 촉진, 유방암, 자궁암, 난소암, 전립선암, 골다공증, 폐경기증후군 예방, 호흡기능 보강, 호흡기질환 개선, 기침, 천식, 가래를 개선해 주는 효과가 있으며 담배를 즐기는 사람이 먹으면 니코틴 해독에도 좋다고 한다.

현미오미자식초 만드는 법

재료 및 준비물

현미 500g, 오미자즙 500㎖, 누룩 250g, 엿기름 100g, 효모(이스트) 0.25t, 물 900㎖, 종초(술 양의 10~30%, 성공 포인트는 30%), 발효통 4ℓ, 함지박, 천, 고무줄, 일회용 비닐장갑, 국자

❶ 준비하기

사용할 도구들은 미리 소독을 해두고, 현미는 고슬고슬한 고두밥보다는 성공 확률이 높은 진밥으로 짓는다.

tip 누룩은 이화곡이나 밀누룩을 사용하는데, 전통적인 옛맛과 효능을 내고 산미도 좋은 밀누룩을 만들어 사용할 것을 권한다.

❷ 재료 손질하기

오미자는 수분이 96.2%로 즙이 많이 나오지만 5% 정도의 물을 넣고 짜도 된다. 깨끗하게 씻은 오미자는 물기를 최대한 없앤 다음 분쇄기로 갈아 즙을 짠다. 보통은 생즙과 물을 그대로 사용하나 오미자즙과 물을 혼

합해 끓여서 사용하면 오염이 되어 생길 수 있는 실패를 줄일 수 있고 감칠맛 나는 식초를 얻을 수 있다. 현미밥은 25℃ 정도로 식혀서 사용한다.

tip 설탕을 넣지 않고 현미와 오미자를 섞어 식초를 만들 때 건더기가 들어가면 발효에 어려움이 있지만, 오미자즙을 짜서 사용하면 발효가 잘되고 알코올 형성 또한 빨라져 실패 없이 질 좋은 오미자식초를 만들 수 있다.

❸ 혼합하기

함지박에 현미밥, 오미자즙, 누룩, 엿기름, 효모를 넣고 10분 동안 으깨듯이 치댄 뒤 물을 전부 넣고 섞어준다. 물은 상온에 반나절 정도 받아놓아 찬 기를 없앤 것을 사용하거나 25℃의 물을 사용한다. 당도 5~7brix이다.

tip 현미의 쌀알을 으깨듯이 치댈 때 믹서나 도깨비 방망이 등을 사용할 경우 식초가 탁해지고 잡맛이 생기므로 번거롭더라도 반드시 직접 손으로 해야 한다.

❹ 술 안치고 알코올발효하기(용기 안의 적정 온도 23~28℃)

식초를 담그기 위한 전난계로 현미와 오미자루 전통술을 만드는 과정이다. 준비한 통에 혼합물을 넣고 용기 입구를 천으로 덮고 묶어둔다. 술은 산소를 싫어하는 혐기성 발효를 하므로 공기 차단을 위해 뚜껑을 천 위에 살짝 올려놓는다. 다음 날부터 뽀글뽀글 소리를 내면서 방울이 올라오고 발효를 시작한다. 3일 동안 매일 한두 번씩 저어주고 4일째 되는 날 랩으로 씌워 묶는다. 견출지에 식초 이름과 날짜를 써서 랩 가운데 붙이고, 바늘로 초파리가 들어가지 못할 정도의 크기로 구멍을 한 개만 뚫어 에어락을 만들어준다. 술 발효를 시작하면 3일째까지는 발효가 활발하게 이루어져 온도가 상승하므로 될 수 있으면 집을 비우지 않도록 한다.

tip 1. 술 발효 시 용기 안의 온도가 23℃ 이하로 내려가면 알코올발효가 제대로 되지 않으며 28℃ 이상 올라가면 잡균이 번식을 하여 실패의 원인이 되니 온도 조절에 신경을 써야 한다. 기온이 낮은 날에는 전기장판이나 이불, 보온 기구를 사용하여 온도를 맞춰준다.
2. 저어줄 때 밑까지 골고루 저어 가라앉은 앙금도 당화가 되도록 해준다. 오미자식초는 술 발효 시 잡균이 잘 생기므로 신경 써서 저어주어야 한다. 통을 흔드는 것은 오염의 원인이 될 수 있으니 저어주는 방법으로 한다. 발효가 되면서 곰팡이 같은 것이 하얗게 생기는 경우가 있으나 몸에 해로운 물질은 아니고 계속 저어주면 없어진다. 저어줘도 계속 생기면 설탕(오미자즙과 물을 합한 양의 15%)을 넣고 저어주면 며칠 후 사라지며 발효는 계속 진행된다.

❺ 술 거르기(7~10일 정도)

당화 과정이 끝날 때쯤 현미 껍질이 떠오르기 시작하여 상층에 꽉 차게 떠오른다. 점차 뽀글뽀글 소리가 줄어들면서 현미 껍질이 다시 가라앉으면 발효가 다 끝난 것이니 거르기를 하면 된다. 오미자식초 담금용 술을 완성하기 위해 거름망에 넣고 주물러 짠다.

tip 술을 거르는 시점은 당도, 오미자즙, 현미, 누룩, 엿기름, 효모, 물 등 재료의 양과 온도 그리고 계절에 따라 달라진다. 보통은 7~10일 발효 뒤에 거르기를 한다.

❻ 식초 안치고 초산발효하기(용기 안의 적정 온도 27~30℃)

가수는 하지 않는다. 종초를 넣으면 실패율이 적어지며 전체 술 양의 10~30%의 종초를 넣으면 된다. 식초는 많은 양의 산소를 필요로 하는 호기성 발효를 하므로 뚜껑은 덮지 않고 천 또는 한지로 덮어 묶고 그 위에 옛날 십 원짜리 동전을 올려둔다. 발효 기간은 3개월 정도이며 온도는 27~30℃를 유지하는 것이 중요하다. 발효되는 동안 일주일에 한두 번씩 저어준다. 초산발효는 25~34℃에서도 가능하다.

tip 초산균은 알코올 6~8도의 환경을 좋아하며 산도를 조절하기기 위해 물을 섞는 가수를 한다. 저자의 식초는 처음부터 가수를 하여 담는 방법이므로 추가로 물을 넣을 필요가 없다. 초산균이 살아 있는 씨앗식초인 종초를 많이 넣으면 식초 성공률이 높아진다.

❼ 산도 체크하기

초막이 생기고 십 원짜리 동전에 초록색 녹이 슬면 식초가 만들어지고 있는 것이다. 초막은 식초가 완성되면 자연스럽게 줄어든다.

tip 시중에서 판매되는 일반 식초는 산도 4.0 이상이며 감식초는 2.6 이상이다. 초막은 알코올 도수와 당도, 종초의 양, 온도와 환경에 따라 5일에서 2개월 정도 걸리며 생기지 않는 경우도 있다. 담금 시 물을 적게 넣으면 초막이 늦게 생기며 산도가 조금 낮은 식초가 만들어질 수 있으나 버리지 않고 샐러드나 식초음료로 활용하면 된다.

❽ 숙성하기(6~9개월, 오미자 흑초 만들기)

3개월 뒤에 앙금과 맑은 식초 상초를 분리한다. 6~9개월 더 숙성을 하면 맛은 부드럽고 색은 황갈색으로 변하면서 약성 좋고 향이 은은한 오

미자 흑초가 만들어진다. 숙성된 식초는 실온에서는 초막이 다시 생기지 않으니 공기와의 접촉을 피할 수 있게 밀봉하여 보관한다.

tip 상층에 뜨는 맑은 식초는 분리하여 바로 먹어도 된다. 하초 앙금을 종초로 사용할 수 있으며 생막걸리를 부어 막걸리식초를 만들 수 있다. 앙금을 종초로 사용할 경우 생막걸리 양의 30%를 넣으면 된다.

❾ 현미오미자천연식초의 음용

식초와 물을 1:10(오미자식초 20㎖, 물 200㎖)로 희석하여 하루 1~3회 먹는다. 위가 약한 사람은 식후에 바로 먹는다.

tip 현미 오미자천연식초 효소음료 만들기
오미자식초, 오미자효소, 물을 1:1:6(오미자식초 20㎖, 오미자효소 20㎖, 물 120 ㎖)으로 희석해 얼음 몇 조각 넣어 먹는다. 오미자효소가 없으면 매실효소 등 다른 효소를 넣어도 된다.

도전! 명품 식초 만들기

현미오미자배식초 만들기

배즙을 넣어 목감기와 기관지 보호에 좋은 명품 식초를 만들어보자. 이번에는 말린 오미자를 찬물에 담가 하루 정도 우려낸 물에 배즙을 넣어 식초를 만든다. 초막이 늦게 생기고 식초가 완성되는 데 걸리는 시간이 길어진다. 이 식초 속에는 누룩, 엿기름, 오미자, 배, 현미 등의 약성이 포함되어 있어 식이요법으로 하루에 1~3회 약처럼 마시면 좋다. 위가 좋지 않다면 식후 바로 마실 것을 권한다.

❶ 현미 500g, 오미자 우린 물 1,000㎖, 배즙 500㎖, 누룩 250g, 엿기름 50g, 효모(이스트) 0.25t, 종초(술 양의 10~30%, 성공 포인트는 30%), 발효통 4ℓ.
❷ 만드는 과정은 오미자식초 만들기와 동일하다. 명품 식초인 만큼 술 발효 기간이 약간 길어진다는 점을 기억하자.

자두식초

　자두는 생각만 해도 침이 고인다. 채 익지 않은 자두를 한 입 깨물었다 입 안으로 빨려 들어오는 신맛에 깜짝 놀라 뱉어 버리고 먹지 못했던 기억이 있다. 어릴 적 우리 동네에 자두나무를 키우는 과수원이 있었는데, 주인 아저씨는 평소 폐가 좋지 않아 뱀을 수백 마리도 더 먹었던 걸로 기억된다. 그 집에서 자두 하나 얻어먹으려면 뱀을 한 마리 잡아가지고 가야 했는데, 대문 옆에는 뱀을 담아놓는 항아리가 항상 있었고 뱀을 잡아다가 그 항아리에 넣으면 자두 몇 개씩을 주시곤 하셨다.

　자두가 나오는 계절이면 그 거 몇 개 얻어먹으려고 나와 친구들은 학교 다녀오면 매일 같이 무서운 뱀을 겁도 없이 잡으러 들로 산으로 다녔다. 그렇게 뱀을 잡아다 주고 자두를 얻어먹는 것이 싫어서 어느 날 나와 친구들은 자두 과수원 서리를 하기로 했다. 들키지 않기 위해 달이 뜨지 않는 날을 골라 깜깜한 밤 과수원에 들어가 손에 닿는 자두를 따서 이 주머니 저 주머니에 가득 채우고 빠져나오다가 그만 들키고 말았다. 갑자기 뒷덜미에서 묵직한 것이 잡아당겨 그 자리에서 꼼짝할 수가 없었다. 자두를 모두 빼앗기고 실컷 두들겨 맞고는 밤새 손을 들고 있다가 아저씨가 주는 자두 몇 개씩을 받아들고 집으로 돌아왔다. 각자 뱀 두 마리씩을 항아리에 잡아다 넣으라는 조건이 있었다. 나와 친구들은 다음 날부터 뱀을 잡느라 또다시 들과 산을 헤매고 다녀야 했다.

　얼마 후 그 아저씨가 지병이 악화되어 자리에 누웠다는 소식이 들렸다. 그런데 나와 우리 친구들을 보고 싶어 하신다는 것이었다. 가보니 아저씨는 초췌한 모습으로 누운 채 우리에게 마루에 앉으라고 손짓을 하셨다. 모여 앉으니 주인 아주머니가 자두를 한 바구니 꺼내 놓으시면서 "너희들이 잡아다 준 뱀을 먹고 아저씨가 오랫동안 병을 이기며 살았다." 하시며 고맙다는 말씀을 하셨다. 그날의 기억 때문인지 자두를 볼 때면 어린 시절 과수원, 동무들, 그리고 아저씨 생각이 난다.

　이 이야기를 아내에게 들려주니 웃음이 나면서도 슬퍼지는 추억이라고 한다. 그 때 먹은 자두로 나 역시 조금이나마 비타민을 보충하며 유년기를 보냈던 것은 아닐지.

자두의 효능

자두는 변비 예방과 다이어트에 효과적인 과실이다. 자두에 들어 있는 우르솔산 성분은 암을 예방하고, 칼슘도 있어서 뼈 건강에도 도움을 준다. 한방에서는 신장병, 골다공증, 빈혈, 혈압이 높은 사람들에게 권하는 식품이다. 여름철에 수박과 함께 더운 몸을 식히는 데 자두를 많이 이용한다. 그 외 원기 회복, 야맹증 치료, 면역력 향상, 체질 개선, 항산화 작용, 이뇨 작용, 혈관성 질환, 피부 미용 등에 도움이 된다.

현미자두식초 만드는 법

재료 및 준비물

현미 500g, 자두즙 500㎖, 누룩 250g, 엿기름 50g, 효모(이스트) 0.2t, 물 1,000㎖, 종초(술 양의 10~30%, 성공 포인트는 30%), 발효통 4ℓ, 함지박, 천, 고무줄, 일회용 비닐장갑, 국자

❶ 준비하기

사용할 도구들은 미리 소독을 해두고, 현미는 고슬고슬한 고두밥보다는 성공 확률이 높은 진밥으로 짓는다.

tip 누룩은 이화곡이나 밀누룩을 사용하는데, 전통적인 옛맛과 효능을 내고 산미도 좋은 밀누룩을 만들어 사용할 것을 권한다.

❷ 재료 손질하기

자두는 수분이 93.2%로 비교적 즙이 잘 나오나 필요하다면 물 10%를 넣고 짜도 된다. 깨끗하게 씻은 자두는 물기를 최대한 없앤 다음 씨를 발라내고 분쇄기로 갈아 즙을 짠다. 보통은 생즙과 물을 그대로 사용하나 자두즙과 물을 혼합해 끓여서 사용하면 오염이 되어 생길 수 있는 실패를 줄일 수 있고 감칠맛 나는 식초를 얻을 수 있다. 현미밥은 25℃ 정도로 식혀서 사용한다.

tip 설탕을 넣지 않고 현미와 자두를 섞어 식초를 만들 때 건더기가 들어가면 발효에 어려움이 있지만, 자두즙을 짜서 사용하면 발효가 잘되고 알코올 형성 또한 빨라져 실패 없이 질 좋은 자두식초를 만들 수 있다.

❸ 혼합하기

함지박에 현미밥, 자두즙, 누룩, 엿기름, 효모를 넣고 10분 동안 으깨듯이 치댄 뒤 물을 전부 넣고 섞어준다. 물은 상온에 반나절 정도 받아놓아 찬 기를 없앤 것을 사용하거나 25℃의 물을 사용한다. 자두는 당도(평균 7~10brix)가 있으니 물을 조금 더 넣어 발효를 한다.

tip 현미의 쌀알을 으깨듯이 치댈 때 믹서나 도깨비 방망이 등을 사용할 경우 식초가 탁해지고 잡맛이 생기므로 번거롭더라도 반드시 직접 손으로 해야 한다.

❹ 술 안치고 알코올발효하기(용기 안의 적정 온도 23~28℃)

식초를 담그기 위한 전단계로 현미와 자두로 전통술을 만드는 과정이다. 준비한 통에 혼합물을 넣고 용기 입구를 천으로 덮고 묶어둔다. 술은 산소를 싫어하는 혐기성 발효를 하므로 공기 차단을 위해 뚜껑을 천 위에 살짝 올려놓는다. 다음 날부터 뽀글뽀글 소리를 내면서 방울이 올라오고 발효를 시작한다. 3일 동안 매일 한두 번씩 저어주고 4일째 되는 날 랩으로 씌워 묶는다. 견출지에 식초 이름과 날짜를 써서 랩 가운데에 붙이고, 바늘로 초파리가 들어가지 못할 정도의 크기로 구멍을 한 개만 뚫어 에어 락을 만들어준다. 술 발효를 시작하면 3일째까지는 발효가 활발하게 이루어져 온도가 상승하므로 될 수 있으면 집을 비우지 않도록 한다.

tip 1. 술 발효 시 용기 안의 온도가 23℃ 이하로 내려가면 알코올발효가 제대로 되지 않으며 28℃ 이상 올라가면 잡균이 번식을 하여 실패의 원인이 되니 온도 조절에 신경을 써야 한다. 기온이 낮은 날에는 전기장판이나 이불, 보온 기구를 사용하여 온도를 맞춰준다.
2. 저어줄 때 밑까지 골고루 저어 가라앉은 앙금도 당화가 되도록 해준다. 자두식초는 술 발효 시 잡균이 잘 생기므로 신경 써서 저어주어야 한다. 통을 흔드는 것은 오염의 원인이 될 수 있으니 저어주는 방법으로 한다. 발효가 되면서 곰팡이 같은 것이 하얗게 생기는 경우가 있으나 몸에 해로운 물질은 아니고 계속 저어주면 없어진다. 저어줘도 계속 생기면 설탕(자두즙과 물을 합한 양의 15%)을 넣고 저어주면 며칠 후 사라지며 발효는 계속 진행된다.

❺ 술 거르기(7~10일 정도)

당화 과정이 끝날 때쯤 현미 껍질이 떠오르기 시작하여 상층에 꽉 차게 떠오른다. 점차 뽀글뽀글 소리가 줄어들면서 현미 껍질이 다시 가라앉으면 발효가 다 끝난 것이니 거르기를 하면 된다. 자두식초 담금용 술을 완성하기 위해 거름망에 넣고 주물러 짠다.

tip 술을 거르는 시점은 당도, 자두즙, 현미, 누룩, 엿기름, 효모, 물 등 재료의 양과 온도 그리고 계절에 따라 달라진다. 보통은 7~10일 발효 뒤에 거르기를 한다.

❻ 식초 안치고 초산발효하기(용기 안의 적정 온도 27~30℃)

가수는 하지 않는다. 종초를 넣으면 실패율이 적어지며 전체 술 양의 10~30%의 종초를 넣으면 된다. 식초는 많은 양의 산소를 필요로 하는 호기성 발효를 하므로 뚜껑은 덮지 않고 천 또는 한지로 덮어 묶고 그 위에 옛날 십 원짜리 동전을 올려둔다. 발효 기간은 3개월 정도이며 온도는 27~30℃를 유지하는 것이 중요하다. 발효되는 동안 일주일에 한두 번씩 저어준다. 초산발효는 25~34℃에서도 가능하다.

tip 초산균은 알코올 6~8도의 환경을 좋아하며 산도를 조절하기기 위해 붊을 섞는 가수를 한다. 저자의 식초는 처음부터 가수를 하여 담는 방법이므로 추가로 물을 넣을 필요가 없다. 초산균이 살아 있는 씨앗식초인 종초를 많이 넣으면 식초 성공률이 높아진다.

❼ 산도 체크하기

초막이 생기고 십 원짜리 동전에 초록색 녹이 슬면 식초가 만들어지고 있는 것이다. 초막은 식초가 완성되면 자연스럽게 줄어든다.

tip 시중에서 판매되는 일반 식초는 산도 4.0 이상이며 감식초는 2.6 이상이다. 초막은 알코올 도수와 당도, 종초의 양, 온도와 환경에 따라 5일에서 2개월 정도 걸리며 생기지 않는 경우도 있다. 담금 시 물을 적게 넣으면 초막이 늦게 생기며 산도가 조금 낮은 식초가 만들어질 수 있으나 버리지 않고 샐러드나 식초음료로 활용하면 된다.

❽ 숙성하기(6~9개월, 자두 흑초 만들기)

3개월 뒤에 앙금과 맑은 식초 상초를 분리한다. 6~9개월 더 숙성을 하면 맛은 부드럽고 색은 황갈색으로 변하면서 약성 좋고 향이 은은한 자

두 흑초가 만들어진다. 숙성된 식초는 실온에서는 초막이 다시 생기지 않으나 공기와의 접촉을 피할 수 있게 밀봉하여 보관한다.

tip 상층에 뜨는 맑은 식초는 분리하여 바로 먹어도 된다. 하초 앙금을 종초로 사용할 수 있으며 생막걸리를 부어 막걸리식초를 만들 수 있다. 앙금을 종초로 사용할 경우 생막걸리 양의 30%를 넣으면 된다.

❾ 현미자두천연식초의 음용

식초와 물을 1:10(자두식초 20㎖, 물 200㎖)로 희석하여 하루 1~3회 먹는다. 위가 약한 사람은 식후에 바로 먹는다.

tip 현미 자두천연식초 효소음료 만들기
자두식초, 자두효소, 물을 1:1:6(자두식초 20㎖, 자두효소 20㎖, 물 120㎖)으로 희석해 얼음 몇 조각 넣어 먹는다. 자두효소가 없으면 매실효소 등 다른 효소를 넣어도 된다.

도전! 명품 식초 만들기

현미자두오이식초 만들기

오이를 넣어 열을 식혀주고 피부 미용에 좋은 명품 식초를 만들어보자. 깨끗하게 씻은 오이는 통째로 즙을 짜서 사용한다. 오이는 수분이 96.3%이며 비교적 즙이 잘 나온다. 초막이 늦게 생기고 식초가 완성되는 데 걸리는 시간이 길어진다. 이 식초 속에는 누룩, 엿기름, 자두, 오이, 현미 등의 약성이 포함되어 있어 식이요법으로 하루에 1~3회 약처럼 마시면 좋다. 위가 좋지 않다면 식후 바로 마실 것을 권한다.

❶ 현미 500g, 자두즙 500㎖, 오이즙 500㎖, 누룩 250g, 엿기름 50g, 효모(이스트) 0.25t, 물 500㎖, 종초(술 양의 10~30%, 성공 포인트는 30%), 발효통 4ℓ.
❷ 만드는 과정은 자두식초 만들기와 동일하다. 명품 식초인 만큼 술 발효 기간이 약간 길어진다는 점을 기억하자.

토마토식초

　빨갛게 잘 익은 토마토는 달지 않고 수분이 많아 물 대신 먹어도 갈증을 해소해 주는 채소다. 하루는 동네 지인께서 연락을 해왔다. 토마토 농장을 운영하는 곳에서 밭을 갈아엎을 예정이니 남아 있는 토마토를 따가도 된다는 소식을 전해 왔다.

　마침 강의 시간이 비어 집에 있었던 참이라 이게 웬 떡인가 싶어 바로 가보겠다고 하고는 바구니 등을 주섬주섬 챙기고 있는데 다시 전화가 왔다. 집에서 기다리면 따다가 가져다주겠다며 전화를 끊으셨다. 공으로 토마토를 얻을 기회를 알려주신 것만으로도 감사한데 직접 가져다주신다니 큰 선물을 빈은 느낌이었다. 저녁 무렵 큰 상자로 하나 가득 채 익지 않은 토마토를 담아 오셨다. "감사합니다. 감사합니다." 고개를 몇 번이고 숙여 인사를 드리고 토마토 소금 절임부터 담았다.

　남은 토마토는 상자에 담아 두었더니 며칠 새 빨갛게 익어 아침 대용으로도 먹고 간식으로도 먹으니 속이 든든해서 좋았다. 그리고 강의를 끝내고 이동하는 시간에 물 대신 먹으니 갈증도 해소되고 배도 불러 끼니를 대신할 수 있었다.

　토마토는 한때 전립선 때문에 매일 먹었던 기억이 있다. 아버지께서 전립선이 있는데 나 또한 마흔 살을 막 넘고 있을 때 전립선에 이상이 찾아왔다. 부모로부터 받는 가족력은 피할 수 없는 것 같아 안타깝기도 했지만 지금은 오히려 다행이라고 여긴다. 조금 일찍 알았기에 지금까지 관리를 잘하고 있으며 앞으로도 잘할 것이라는 생각 때문이다. 사람의 몸에 찾아드는 죽을병이든 아니면 스쳐지나가는 가벼운 병이든 알았을 때 바로 적극적으로 대처를 하면 좋은 결과가 있다는 것도 깨우치게 되었다. 앞으로도 내 몸에 붙어 다니는 질환을 극복하기 위해 정기적으로 병원도 다니고 좋은 먹을거리를 찾아 생으로 먹고 발효시켜 먹는 생활도 계속할 것이다.

　하루 중에 토마토는 저녁에 먹으면 살이 찌지 않고 속에 부담이 되지 않아 좋다. 밭에 토마토를 심어두고 여름 동안 따다 먹고 끝 무렵에 모두 따서 끓인 후 밀봉해 두면 오랫동안 먹을 수 있다. 토마토를 곁에 두고 즐겨 먹으면 무병장수하는데 큰 도움이 되고 특히 남자들의 전립선 건강에 도움이 된다.

토마토의 효능

토마토에는 비타민 A와 C가 풍부하게 들어 있으며, 비타민 H와 P도 함유되어 있다. 또한 유기산인 구연산과 사과산, 주석산, 호박산은 위액의 분비를 촉진시켜 소화를 돕는 역할을 한다. 칼륨, 칼슘, 나트륨, 마그네슘 등은 산성화된 혈액을 중화시켜 혈관을 튼튼하게 해주고 혈압을 내려준다. 고기와 생선 등을 먹을 때 같이 먹으면 소화에도 도움이 된다. 그리고 남성의 전립선 치료 및 각종 암을 예방하며 노화방지에 효과가 있어 남녀노소 누구에게나 좋다. 그 외 살균 작용, 항염 작용, 위기능 향상 등의 효능이 있다.

현미토마토식초 만드는 법

재료 및 준비물

현미 500g, 토마토즙 500㎖, 누룩 250g, 엿기름 100g, 효모(이스트) 0.25t, 물 900㎖, 종초(술 양의 10~30%, 성공 포인트는 30%), 발효통 4ℓ, 함지박, 천, 고무줄, 일회용 비닐장갑, 국자

❶ 준비하기

사용할 도구들은 미리 소독을 해두고, 현미는 고슬고슬한 고두밥보다는 성공 확률이 높은 진밥으로 짓는다.

tip 누룩은 이화곡이나 밀누룩을 사용하는데, 전통적인 옛맛과 효능을 내고 산미도 좋은 밀누룩을 만들어 사용할 것을 권한다.

❷ 재료 손질하기

토마토는 수분이 94.6%로 비교적 즙이 많이 나온다. 꼭지를 따고 깨끗하게 씻은 토마토는 물기를 최대한 없앤 다음 분쇄기로 갈아 즙을 짠다. 보통은 생즙과 물을 그대로 사용하나 토마토즙과 물을 혼합해 끓여서 사용하면 오염이 되어 생길 수 있는 실패를 줄일 수 있고 감칠맛 나는 식초를 얻을 수 있다. 현미밥은 25℃ 정도로 식혀서 사용한다.

tip 설탕을 넣지 않고 현미와 토마토를 섞어 식초를 만들 때 건더기가 들어가면 발효에 어려움이 있지만, 토마토즙을 짜서 사용하면 발효가 잘되고 알코올 형성 또한 빨라져 실패 없이 질 좋은 토마토식초를 만들 수 있다.

❸ 혼합하기

함지박에 현미밥, 토마토즙, 누룩, 엿기름, 효모를 넣고 10분 동안 으깨듯이 치댄 뒤 물을 전부 넣고 섞어준다. 물은 상온에 반나절 정도 받아놓아 찬 기를 없앤 것을 사용하거나 25℃의 물을 사용한다.

tip 현미의 쌀알을 으깨듯이 치댈 때 믹서나 도깨비 방망이 등을 사용할 경우 식초가 탁해지고 잡맛이 생기므로 번거롭더라도 반드시 직접 손으로 해야 한다.

❹ 술 안치고 알코올발효하기(용기 안의 적정 온도 23~28℃)

식초를 담그기 위한 전단계로 현미와 토마토로 전통술을 만드는 과정이다. 준비한 통에 혼합물을 넣고 용기 입구를 천으로 덮고 묶어둔다. 술은 산소를 싫어하는 혐기성 발효를 하므로 공기 차단을 위해 뚜껑을 천 위에 살짝 올려놓는다. 다음 날부터 뽀글뽀글 소리를 내면서 방울이 올라오고 발효를 시작한다. 3일 동안 매일 한두 번씩 저어주고 4일째 되는 날 랩으로 씌워 묶는다. 견출지에 식초 이름과 날짜를 써서 랩 가운데에 붙이고, 바늘로 초파리가 들어가지 못할 정도의 크기로 구멍을 한 개만 뚫어 에어 락을 만들어준다. 술 발효를 시작하면 3일째까지는 발효가 활발하게 이루어져 온도가 상승하므로 될 수 있으면 집을 비우지 않도록 한다.

tip 1. 술 발효 시 용기 안의 온도가 23℃ 이하로 내려가면 알코올발효가 제대로 되지 않으며 28℃ 이상 올라가면 잡균이 번식을 하여 실패의 원인이 되니 온도 조절에 신경을 써야 한다. 기온이 낮은 날에는 전기장판이나 이불, 보온 기구를 사용하여 온도를 맞춰준다.
2. 저어줄 때 밑까지 골고루 저어 가라앉은 앙금도 당화가 되도록 해준다. 토마토식초는 술 발효 시 잡균이 잘 생기므로 신경 써서 저어주어야 한다. 통을 흔드는 것은 오염의 원인이 될 수 있으니 저어주는 방법으로 한다. 발효가 되면서 곰팡이 같은 것이 하얗게 생기는 경우가 있으나 몸에 해로운 물질은 아니고 계속 저어주면 없어진다. 저어줘도 계속 생기면 설탕(토마토즙과 물을 합한 양의 15%)을 넣고 저어주면 며칠 후 사라지며 발효는 계속 진행된다.

❺ 술 거르기(7~10일 정도)

당화 과정이 끝날 때쯤 현미 껍질이 떠오르기 시작하여 상층에 꽉 차게 떠오른다. 점차 뽀글뽀글 소리가 줄어들면서 현미 껍질이 다시 가라앉으면 발효가 다 끝난 것이니 거르기를 하면 된다. 토마토식초 담금용 술을 완성하기 위해 거름망에 넣고 주물러 짠다.

tip 술을 거르는 시점은 당도, 토마토즙, 현미, 누룩, 엿기름, 효모, 물 등 재료의 양과 온도 그리고 계절에 따라 달라진다. 보통은 7~10일 발효 뒤에 거르기를 한다.

❻ 식초 안치고 초산발효하기(용기 안의 적정 온도 27~30℃)

가수는 하지 않는다. 종초를 넣으면 실패율이 적어지며 전체 술 양의 10~30%의 종초를 넣으면 된다. 식초는 많은 양의 산소를 필요로 하는 호기성 발효를 하므로 뚜껑은 덮지 않고 천 또는 한지로 덮어 묶고 그 위에 옛날 십 원짜리 동전을 올려둔다. 발효 기간은 3개월 정도이며 온도는 27~30℃를 유지하는 것이 중요하다. 발효되는 동안 일주일에 한두 번씩 저어준다. 초산발효는 25~34℃에서도 가능하다.

tip 초산균은 알코올 6~8도의 환경을 좋아하며 산도를 조절하기기 위해 물을 섞는 가수를 한다. 저자의 식초는 처음부터 가수를 하여 담는 방법이므로 추가로 물을 넣을 필요가 없다. 초산균이 살아 있는 씨앗식초인 종초를 많이 넣으면 식초 성공률이 높아진다.

❼ 산도 체크하기

초막이 생기고 십 원짜리 동전에 초록색 녹이 슬면 식초가 만들어지고 있는 것이다. 초막은 식초가 완성되면 자연스럽게 줄어든다.

tip 시중에서 판매되는 일반 식초는 산도 4.0 이상이며 감식초는 2.6 이상이다. 초막은 알코올 도수와 당도, 종초의 양, 온도와 환경에 따라 5일에서 2개월 정도 걸리며 생기지 않는 경우도 있다. 담금 시 물을 적게 넣으면 초막이 늦게 생기며 산도가 조금 낮은 식초가 만들어질 수 있으나 버리지 않고 샐러드나 식초음료로 활용하면 된다.

❽ 숙성하기(6~9개월, 토마토 흑초 만들기)

3개월 뒤에 앙금과 맑은 식초 상초를 분리한다. 6~9개월 더 숙성을 하면 맛은 부드럽고 색은 황갈색으로 변하면서 약성 좋고 향이 은은한 토

마토 흑초가 만들어진다. 숙성된 식초는 실온에서는 초막이 다시 생기지 않으나 공기와의 접촉을 피할 수 있게 밀봉하여 보관한다.

tip 상층에 뜨는 맑은 식초는 분리하여 바로 먹어도 된다. 하초 앙금을 종초로 사용할 수 있으며 생막걸리를 부어 막걸리식초를 만들 수 있다. 앙금을 종초로 사용할 경우 생막걸리 양의 30%를 넣으면 된다.

❾ 현미토마토천연식초의 음용

식초와 물을 1:10(토마토식초 20㎖, 물 200㎖)로 희석하여 하루 1~3회 먹는다. 위가 약한 사람은 식후에 바로 먹는다.

tip 현미 토마토천연식초 효소음료 만들기
토마토식초, 토마토효소, 물을 1:1:6(토마토식초 20㎖, 토마토효소 20㎖, 물 120 ㎖)으로 희석해 얼음 몇 조각 넣어 먹는다. 토마토효소가 없으면 매실효소 등 다른 효소를 넣어도 된다.

도전! 명품 식초 만들기

현미토마토귤식초 만들기

귤즙(오렌지즙)을 넣어 피로할 때 마시기 좋은 명품 식초를 만들어보자. 잘 씻은 귤은 껍질째 즙을 짠다. 귤은 수분이 89%로 즙은 적으나 비교적 잘 나온다. 초막이 늦게 생기고 식초가 완성되는 데 걸리는 시간이 길어진다. 이 식초 속에는 누룩, 엿기름, 토마토, 귤, 현미 등의 약성이 포함되어 있어 식이요법으로 하루에 1~3회 약처럼 마시면 좋다. 위가 좋지 않다면 식후 바로 마실 것을 권한다.

❶ 현미 500g, 토마토즙 500㎖, 귤즙(오렌지즙) 500㎖, 누룩 250g, 엿기름 50g, 효모(이스트) 0.25t, 물 500㎖, 종초(술 양의 10~30%, 성공 포인트는 30%), 발효통 4ℓ,
❷ 만드는 과정은 토마토식초 만들기와 동일하다. 명품 식초인 만큼 술 발효 기간이 약간 길어진다는 점을 기억하자.

파인애플식초

가까운 작은 마트에 장을 보러 갔다가 입구에서 머리통 만한 파인애플을 한 개에 1,000원에 팔고 있는 걸 보았다. 너무 싸서 혹시 이상한 물건은 아닐까 고민이 되어 살까 말까 망설이다가 결국엔 몇 개를 사들고 왔다. 수입 과일이 싸다고 해도 그렇지 세상에 이렇게 큰 과일을 단돈 1,000원에 팔다니 싸도 너무 싸다는 생각에 혹시 흠이 있는 것은 아닐까 살짝 의심을 했지만, 생각과는 달리 노랗게 잘 익어 즙이 흘러내리고 향도 달달한 게 참 좋았다. 집으로 가져와서 생과로 잘라먹으니 시큼하면서 달기는 또 얼마나 단지 잘 샀다는 생각을 했다. 즙을 내서 얼음 동동 띄워 한 여름에 먹는 파인애플 주스는 열을 식혀주는 것 같아 더 좋았다.

오리전문점에서 친구들과 모임이 있었다. 오리주물럭을 안주 삼아 오랜만에 친구들과 술잔을 주거니 받거니 하며 그 동안의 있었던 이야기를 나누었다. 그렇게 한참을 이야기 하고 있는데 한 젊은 청년이 들어서더니 파인애플 한 조각을 내밀면서 드셔보라고 한다. 그러면서 맛있으면 구입을 하라고 권유하는데 숫기라고는 찾아볼 수 없는 얼굴이었다. 청년은 순하고 착해 보였지만 그래도 전문장사꾼인가 싶어 구입을 하지 않았다. 젊은이는 우리들에게 한 것처럼 똑 같은 방법으로 음식점을 한 바퀴 돌면서 파인애플 조각을 나누어 주고는 구매를 권유했다. 결국에는 한 개도 팔지 못하고 허탈한 모습으로 밖으로 나갔다. 나는 속으로 이런 장사꾼도 있구나 생각했다.

한참을 허겁지겁 오리를 주워 먹다 보니 배도 부르고 술기운에 식당 안이 덥고 답답해 잠시 바람을 쐬러 밖으로 나갔는데 파인애플을 파는 젊은 친구가 있었다. 나는 궁금해서 그에게 몇 살이고 어떻게 이런 장사를 시작하게 되었는지 등을 물었다. 군대 제대하고 스스로 학비를 벌기 위해 시작했다며 이야기를 하는데 좀전의 숫기 없어 보이는 모습과는 달리 진지하게 말을 이어 가는 태도에서 그의 진심을 읽을 수 있었다.

청년과 그렇게 한참을 이야기하고는 동정이 아닌 젊은이의 의지가 좋아 보여 파인애플 몇 개를 사왔다. 20대 젊은이의 삶이 묻어 있는 파인애플로는 전부 식초를 만들었다.

파인애플의 효능

파인애플은 팔방미인 과일이다. 고기를 부드럽게 하여 소화를 도와주는 단백질 분해 효소가 들어 있어 육류를 먹은 후에 후식으로 먹으면 좋다. 섬유질이 풍부하고, 비타민 B1이 들어 있어 피로를 회복하는 데 도움이 된다. 특히 칼륨이 함유되어 있어 나트륨을 몸 밖으로 배출하는 데 도움이 된다. 그 외 피부 보호, 면역력 강화, 혈관질환, 소화장애 개선, 변비 예방, 혈압 조절 등에 좋다.

현미파인애플식초 만드는 법

재료 및 준비물

현미 500g, 파인애플즙 500㎖, 누룩 250g, 엿기름 50g, 효모(이스트) 0.25t, 물 1,000㎖, 종초(술 양의 10~30%, 성공 포인트는 30%), 발효통 4ℓ, 함지박, 천, 고무줄, 일회용 비닐장갑, 국자

❶ 준비하기

사용할 도구들은 미리 소독을 해두고, 현미는 고슬고슬한 고두밥보다는 성공 확률이 높은 진밥으로 짓는다.

tip 누룩은 이화곡이나 밀누룩을 사용하는데, 전통적인 옛맛과 효능을 내고 산미도 좋은 밀누룩을 만들어 사용할 것을 권한다.

❷ 재료 손질하기

파인애플는 수분이 92.9%로 비교적 즙이 많이 나온다. 꼭지를 따고 깨끗하게 씻은 파인애플는 물기를 최대한 없앤 다음 분쇄기로 갈아 즙을 짠다. 보통은 생즙과 물을 그대로 사용하나 파인애플즙과 물을 혼합해 끓여서 사용하면 오염이 되어 생길 수 있는 실패를 줄일 수 있고 감칠맛 나는 식초를 얻을 수 있다. 현미밥은 25℃ 정도로 식혀서 사용한다.

tip 설탕을 넣지 않고 현미와 파인애플을 섞어 식초를 만들 때 건더기가 들어

145

가면 발효에 어려움이 있지만, 파인애플즙을 짜서 사용하면 발효가 잘되고 알코올 형성 또한 빨라져 실패 없이 질 좋은 파인애플식초를 만들 수 있다.

❸ 혼합하기

함지박에 현미밥, 파인애플즙, 누룩, 엿기름, 효모를 넣고 10분 동안 으깨듯이 치댄 뒤 물을 전부 넣고 섞어준다. 물은 상온에 반나절 정도 받아놓아 찬 기를 없앤 것을 사용하거나 25℃의 물을 사용한다. 파인애플은 당도(평균 13brix)가 있으니 물을 조금 더 넣고 발효시킨다.

tip 현미의 쌀알을 으깨듯이 치댈 때 믹서나 도깨비 방망이 등을 사용할 경우 식초가 탁해지고 잡맛이 생기므로 번거롭더라도 반드시 직접 손으로 해야 한다.

❹ 술 안치고 알코올발효하기(용기 안의 적정 온도 23~28℃)

식초를 담그기 위한 전단계로 현미와 파인애플로 전통술을 만드는 과정이다. 준비한 통에 혼합물을 넣고 용기 입구를 천으로 덮고 묶어둔다. 술은 산소를 싫어하는 혐기성 발효를 하므로 공기 차단을 위해 뚜껑을 천위에 살짝 올려놓는다. 다음 날부터 뽀글뽀글 소리를 내면서 방울이 올라오고 발효를 시작한다. 3일 동안 매일 한두 번씩 저어주고 4일째 되는 날 랩으로 씌워 묶는다. 견출지에 식초 이름과 날짜를 써서 랩 가운데에 붙이고, 바늘로 초파리가 들어가지 못할 정도의 크기로 구멍을 한 개만 뚫어 에어 락을 만들어준다. 술 발효를 시작하면 3일째까지는 발효가 활발하게 이루어져 온도가 상승하므로 될 수 있으면 집을 비우지 않도록 한다.

tip 1. 술 발효 시 용기 안의 온도가 23℃ 이하로 내려가면 알코올발효가 제대로 되지 않으며 28℃ 이상 올라가면 잡균이 번식을 하여 실패의 원인이 되니 온도 조절에 신경을 써야 한다. 기온이 낮은 날에는 전기장판이나 이불, 보온 기구를 사용하여 온도를 맞춰준다.
2. 저어줄 때 밑까지 골고루 저어 가라앉은 앙금도 당화가 되도록 해준다. 파인애플초는 술 발효 시 잡균이 잘 생기므로 신경 써서 저어주어야 한다. 통을 흔드는 것은 오염의 원인이 될 수 있으니 저어주는 방법으로 한다. 발효가 되면서 곰팡이 같은 것이 하얗게 생기는 경우가 있으나 몸에 해로운 물질은 아니고 계속 저어주면 없어진다. 저어줘도 계속 생기면 설탕(파인애플즙과 물을 합한 양의 15%)을 넣고 저어주면 며칠 후 사라지며 발효는 계속 진행된다.

❺ 술 거르기(7~10일 정도)

당화 과정이 끝날 때쯤 현미 껍질이 떠오르기 시작하여 상층에 꽉 차게 떠오른다. 점차 뽀글뽀글 소리가 줄어들면서 현미 껍질이 다시 가라앉으면 발효가 다 끝난 것이니 거르기를 하면 된다. 파인애플식초 담금용 술을 완성하기 위해 거름망에 넣고 주물러 짠다.

tip 술을 거르는 시점은 당도, 파인애플즙, 현미, 누룩, 엿기름, 효모, 물 등 재료의 양과 온도 그리고 계절에 따라 달라진다. 보통은 7~10일 발효 뒤에 거르기를 한다.

❻ 식초 안치고 초산발효하기(용기 안의 적정 온도 27~30℃)

가수는 하지 않는다. 종초를 넣으면 실패율이 적어지며 전체 술 양의 10~30%의 종초를 넣으면 된다. 식초는 많은 양의 산소를 필요로 하는 호기성 발효를 하므로 뚜껑은 덮지 않고 천 또는 한지로 덮어 묶고 그 위에 옛날 십 원짜리 동전을 올려둔다. 발효 기간은 3개월 정도이며 온도는 27~30℃를 유지하는 것이 중요하다. 발효되는 동안 일주일에 한두 번씩 저어준다. 초산발효는 25~34℃에서도 가능하다.

tip 초산균은 알코올 6~8도의 환경을 좋아하며 산도를 조절하기기 위해 물을 섞는 가수를 한다. 저자의 식초는 처음부터 가수를 하여 담는 방법이므로 추가로 물을 넣을 필요가 없다. 초산균이 살아 있는 씨앗식초인 종초를 많이 넣으면 식초 성공률이 높아진다.

❼ 산도 체크하기

초막이 생기고 십 원짜리 동전에 초록색 녹이 슬면 식초가 만들어지고 있는 것이다. 초막은 식초가 완성되면 자연스럽게 줄어든다.

tip 시중에서 판매되는 일반 식초는 산도 4.0 이상이며 감식초는 2.6 이상이다. 초막은 알코올 도수와 당도, 종초의 양, 온도와 환경에 따라 5일에서 2개월 정도 걸리며 생기지 않는 경우도 있다. 담금 시 물을 적게 넣으면 초막이 늦게 생기며 산도가 조금 낮은 식초가 만들어질 수 있으나 버리지 않고 샐러드나 식초음료로 활용하면 된다.

❽ 숙성하기(6~9개월, 파인애플 흑초 만들기)

3개월 뒤에 앙금과 맑은 식초 상초를 분리한다. 6~9개월 더 숙성을 하면 맛은 부드럽고 색은 황갈색으로 변하면서 약성 좋고 향이 은은한 파

인애플 흑초가 만들어진다. 숙성된 식초는 실온에서는 초막이 다시 생기지 않으나 공기와의 접촉을 피할 수 있게 밀봉하여 보관한다.

tip 상층에 뜨는 맑은 식초는 분리하여 바로 먹어도 된다. 하초 앙금을 종초로 사용할 수 있으며 생막걸리를 부어 막걸리식초를 만들 수 있다. 앙금을 종초로 사용할 경우 생막걸리 양의 30%를 넣으면 된다.

❾ 현미파인애플천연식초의 음용

식초와 물을 1:10(파인애플식초 20㎖, 물 200㎖)로 희석하여 하루 1~3회 먹는다. 위가 약한 사람은 식후에 바로 먹는다.

tip 현미 파인애플천연식초 효소음료 만들기
파인애플식초, 파인애플효소, 물을 1:1:6(파인애플식초 20㎖, 파인애플효소 20㎖, 물 120㎖)으로 희석해 얼음 몇 조각 넣어 먹는다. 파인애플효소가 없으면 매실효소 등 다른 효소를 넣어도 된다.

도전! 명품 식초 만들기

현미파인애플당근식초 만들기

현미에 파인애플과 당근즙을 넣어 변비를 개선할 수 있는 명품 식초를 만들어보자. 당근은 수분이 89.5%로 즙이 잘 나오지 않으므로 물 20%를 넣고 짠다. 초막이 늦게 생기고 식초가 완성되는 데 걸리는 시간이 길어진다. 이 식초 속에는 누룩, 엿기름, 파인애플, 당근, 현미 등의 약성이 포함되어 있어 식이요법으로 하루에 1~3회 약처럼 마시면 좋다. 위가 좋지 않다면 식후 바로 마실 것을 권한다.

❶ 현미 500g, 파인애플즙 500㎖, 당근즙 500㎖, 누룩 250g, 엿기름 50g, 효모(이스트) 0.25t, 물 500㎖, 종초(술 양의 10~30%, 성공 포인트는 30%), 발효통 4ℓ.
❷ 만드는 과정은 파인애플식초 만들기와 동일하다. 명품 식초인 만큼 술 발효 기간이 약간 길어진다는 점을 기억하자.

포도식초

　세상에 태어나 좋은 일 나쁜 일 온갖 풍파를 겪어가면서 살아가는 것이 인생인가 보다. 내가 만약 50대 초반의 나이까지 살아오면서 고속도로를 달리듯 편히만 왔다면 아마도 이런 말은 할 수도, 할 자격도 없을 것이다. 나는 한창 혈기왕성한 20~30대 때부터 사업이라는 것을 했다. 그때는 경제 흐름을 제대로 읽지 못해 고생도 많이 했고, 관리 미숙으로 어려움을 겪기도 했다. 게다가 부모로부터 물려받은 가족력 때문에 건강 또한 안 좋아 심신이 모두 곤궁했다. 맞은 데 또 맞고, 아팠던 곳에 다시 병이 생기는 고통은 겪어 본 사람만이 안다. 지금 생각해 보면 경제적으로도 어려운데 몸까지 불편했으니 참으로 어떻게 살아왔나 싶기만 하다.

　하지만 지금의 나는 언제 그런 일이 있었나 싶을 정도로 경제적으로 안정되고, 일상의 삶 또한 평화롭다. 그러나 아프고 어려웠던 시절로 다시는 돌아가고 싶지 않기 때문에 잠시도 긴장의 끈을 놓지 않고 있다. 이런 내 모습을 보고 아내는 날더러 정말 지독한 사람이라고, 특히 건강에 관해서는 더하다고 말한다.

　자신의 건강을 위해서는 절대로 옆 사람의 눈치를 봐서는 안 된다. 병이 생겨 깊어지면 배우자도 가족도 나에게서 서서히 멀어질 수밖에 없다. 건강한 몸을 만드는 것은 행복하기 위한 첫 번째 조건이다. 그리고 건강은 스스로 챙겨야 하는 것이다.

　포도는 내가 혈액순환장애로 손발이 저려 제대로 걷기도 힘들었을 때 여러 가지 식품들과 함께 즐기던 과일이다. 아내가 이명으로 힘들어할 때 포도즙, 포도주, 포도효소, 포도양파효소, 생과일 포도, 포도식초 등을 만들어 음료로 먹고 음식에 넣어 약으로 먹었던 과일이기도 하다.

　나는 건강한 먹을거리들을 자연 그대로인 생과일로 즐겨 먹거나 발효를 시켜서 먹고 있다. 그 중에서도 대표적으로 만들었던 것은 포도막걸리, 포도식초, 포도효소이다. 포도 하나만으로도 약간의 이스트와 설탕을 넣어 식초를 만들 수 있지만 현미밥을 넣어 효능이 좋은 현미포도식초로 만들어 먹는 것도 좋은 건강법이다. 현미와 포도를 섞어 식초를 만들면 색깔은 더 곱고 향도 은은하며 더 깊은 맛을 내는 식초가 만들어진다.

포도의 효능

블랙 푸드의 선두 과일인 포도를 넣어 만드는 현미포도식초는 신이 내린 선물이라고 봐야 할 것 같다. 포도는 알카리성 과일로 대표적인 장수 과일이다. 포도 성분 중에 레스베라트롤은 암세포 성장을 억제하고, 탄닌산은 염색체 이상을 예방하는 효능이 있다. 또 혈전 생성을 억제해 혈액의 흐름을 좋게 하여 동맥경화나 심장병을 막아준다고 알려져 있다. 철분과 비타민C와 D가 풍부해 빈혈을 예방해 주고 칼슘 흡수를 원활하게 해준다. 비타민A 등 풍부한 무기질은 신진대사를 촉진시켜 준다. 그리고 포도당과 과당은 운동 에너지원으로 전환되어 피로를 회복하는 데 좋은 효능을 보인다.

현미포도식초 만드는 법

재료 및 준비물

현미 500g, 포도즙 500㎖, 누룩 250g, 엿기름 50g, 효모(이스트) 0.25t, 물 1,050㎖, 종초(술 양의 10~30%, 성공 포인트는 30%), 발효통 4ℓ, 함지박, 천, 고무줄, 일회용 비닐장갑, 국자

❶ 준비하기

사용할 도구들은 미리 소독을 해두고, 현미는 고슬고슬한 고두밥보다는 성공 확률이 높은 진밥으로 짓는다.

tip 누룩은 이화곡이나 밀누룩을 사용하는데, 전통적인 옛맛과 효능을 내고 산미도 좋은 밀누룩을 만들어 사용할 것을 권한다.

❷ 재료 손질하기

포도는 수분이 84.5%지만 비교적 즙이 많이 나온다. 깨끗하게 씻은 포도는 물기를 최대한 없앤 다음 알맹이만 분쇄기로 갈아 즙을 짠다. 보통은 생즙과 물을 그대로 사용하나 포도즙과 물을 혼합해 끓여서 사용하면 오염이 되어 생길 수 있는 실패를 줄일 수 있고 감칠맛 나는 식초를 얻을 수 있다.

현미밥은 25℃ 정도로 식혀서 사용한다.

tip 설탕을 넣지 않고 현미와 포도를 섞어 식초를 만들 때 건더기가 들어가면 발효에 어려움이 있지만, 포도즙을 짜서 사용하면 발효가 잘되고 알코올 형성 또한 빨라져 실패 없이 질 좋은 포도식초를 만들 수 있다.

❸ 혼합하기

함지박에 현미밥, 포도즙, 누룩, 엿기름, 효모를 넣고 10분 동안 으깨듯이 치댄 뒤 물을 전부 넣고 섞어준다. 물은 상온에 반나절 정도 받아놓아 찬 기를 없앤 것을 사용하거나 25℃의 물을 사용한다. 포도는 당도(평균 15brix)가 있으니 물을 조금 더 넣고 발효시킨다.

tip 현미의 쌀알을 으깨듯이 치댈 때 믹서나 도깨비 방망이 등을 사용할 경우 식초가 탁해지고 잡맛이 생기므로 번거롭더라도 반드시 직접 손으로 해야 한다.

❹ 술 안치고 알코올발효하기(용기 안의 적정 온도 23~28℃)

식초를 담그기 위한 진단계로 현미와 포도로 전통술을 만드는 과정이다. 준비한 통에 혼합물을 넣고 용기 입구를 천으로 덮고 묶어둔다. 술은 산소를 싫어하는 혐기성 발효를 하므로 공기 차단을 위해 뚜껑을 천 위에 살짝 올려놓는다. 다음 날부터 뽀글뽀글 소리를 내면서 방울이 올라오고 발효를 시작한다. 3일 동안 매일 한두 번씩 저어주고 4일째 되는 날 랩으로 씌워 묶는다. 견출지에 식초 이름과 날짜를 써서 랩 가운데 붙이고, 바늘로 초파리가 들어가지 못할 정도의 크기로 구멍을 한 개만 뚫어 에어 락을 만들어준다. 술 발효를 시작하면 3일째까지는 발효가 활발하게 이루어져 온도가 상승하므로 될 수 있으면 집을 비우지 않도록 한다.

tip 1. 술 발효 시 용기 안의 온도가 23℃ 이하로 내려가면 알코올발효가 제대로 되지 않으며 28℃ 이상 올라가면 잡균이 번식을 하여 실패의 원인이 되니 온도 조절에 신경을 써야 한다. 기온이 낮은 날에는 전기장판이나 이불, 보온 기구를 사용하여 온도를 맞춰준다.
2. 저어줄 때 밑까지 골고루 저어 가라앉은 앙금도 당화가 되도록 해준다. 포도식초는 술 발효 시 잡균이 잘 생기므로 신경 써서 저어주어야 한다. 통을 흔드는 것은 오염의 원인이 될 수 있으니 저어주는 방법으로 한다. 발효가 되면서 곰팡이 같은 것이 하얗게 생기는 경우가 있으나 몸에 해로운 물질은 아니고 계속 저어주면 없어진다. 저어줘도 계속 생기면 설탕(포도즙과 물을 합한 양의 15%)을 넣고 저어주면 며칠 후 사라지며 발효는 계속 진행된다.

❺ 술 거르기(7~10일 정도)

당화 과정이 끝날 때쯤 현미 껍질이 떠오르기 시작하여 상층에 꽉 차게 떠오른다. 점차 뽀글뽀글 소리가 줄어들면서 현미 껍질이 다시 가라앉으면 발효가 다 끝난 것이니 거르기를 하면 된다. 포도식초 담금용 술을 완성하기 위해 거름망에 넣고 주물러 짠다.

tip 술을 거르는 시점은 당도, 포도즙, 현미, 누룩, 엿기름, 효모, 물 등 재료의 양과 온도 그리고 계절에 따라 달라진다. 보통은 7~10일 발효 뒤에 거르기를 한다.

❻ 식초 안치고 초산발효하기(용기 안의 적정 온도 27~30℃)

가수는 하지 않는다. 종초를 넣으면 실패율이 적어지며 전체 술 양의 10~30%의 종초를 넣으면 된다. 식초는 많은 양의 산소를 필요로 하는 호기성 발효를 하므로 뚜껑은 덮지 않고 천 또는 한지로 덮어 묶고 그 위에 옛날 십 원짜리 동전을 올려둔다. 발효 기간은 3개월 정도이며 온도는 27~30℃를 유지하는 것이 중요하다. 발효되는 동안 일주일에 한두 번씩 저어준다. 초산발효는 25~34℃에서도 가능하다.

tip 초산균은 알코올 6~8도의 환경을 좋아하며 산도를 조절하기 위해 물을 섞는 가수를 한다. 저자의 식초는 처음부터 가수를 하여 담는 방법이므로 추가로 물을 넣을 필요가 없다. 초산균이 살아 있는 씨앗식초인 종초를 많이 넣으면 식초 성공률이 높아진다.

❼ 산도 체크하기

초막이 생기고 십 원짜리 동전에 초록색 녹이 슬면 식초가 만들어지고 있는 것이다. 초막은 식초가 완성되면 자연스럽게 줄어든다.

tip 시중에서 판매되는 일반 식초는 산도 4.0 이상이며 감식초는 2.6 이상이다. 초막은 알코올 도수와 당도, 종초의 양, 온도와 환경에 따라 5일에서 2개월 정도 걸리며 생기지 않는 경우도 있다. 담금 시 물을 적게 넣으면 초막이 늦게 생기며 산도가 조금 낮은 식초가 만들어질 수 있으나 버리지 않고 샐러드나 식초음료로 활용하면 된다.

❽ 숙성하기(6~9개월, 포도 흑초 만들기)

3개월 뒤에 앙금과 맑은 식초 상초를 분리한다. 6~9개월 더 숙성을 하면 맛은 부드럽고 색은 황갈색으로 변하면서 약성 좋고 향이 은은한 포

도 흑초가 만들어진다. 숙성된 식초는 실온에서는 초막이 다시 생기지 않으나 공기와의 접촉을 피할 수 있게 밀봉하여 보관한다.

tip 상층에 뜨는 맑은 식초는 분리하여 바로 먹어도 된다. 하초 앙금을 종초로 사용할 수 있으며 생막걸리를 부어 막걸리식초를 만들 수 있다. 앙금을 종초로 사용할 경우 생막걸리 양의 30%를 넣으면 된다.

❾ 현미포도천연식초의 음용

식초와 물을 1:10(포도식초 20㎖, 물 200㎖)로 희석하여 하루 1~3회 먹는다. 위가 약한 사람은 식후에 바로 먹는다.

tip 현미 포도천연식초 효소음료 만들기
포도식초, 포도효소, 물을 1:1:6(포도식초 20㎖, 포도효소 20㎖, 물 120㎖)으로 희석해 얼음 몇 조각 넣어 먹는다. 포도효소가 없으면 매실효소 등 다른 효소를 넣어도 된다.

현미포도양배추식초 만들기

양배추즙을 넣어 위장을 보호하고 체내 독소를 제거하는 명품 식초를 만들어보자. 양배추는 수분이 93.5%이며 즙이 잘 나오지 않을 경우 물 15%를 넣고 분쇄기로 갈아 짠다. 초막이 늦게 생기고 식초가 완성되는 데 걸리는 시간이 길어진다. 이 식초 속에는 누룩, 엿기름, 포도, 양배추, 현미 등의 약성이 포함되어 있어 식이요법으로 하루에 1~3회 약처럼 마시면 좋다. 위가 좋지 않다면 식후 바로 마실 것을 권한다.

❶ 현미 500g, 포도즙 500㎖, 양배추즙 500㎖, 누룩 250g, 엿기름 50g, 효모(이스트) 0.25t, 물 550 ㎖, 종초(술 양의 10~30%, 성공 포인트는 30%), 발효통 4ℓ,
❷ 만드는 과정은 포도식초 만들기와 동일하다. 명품 식초인 만큼 술 발효 기간이 약간 길어진다는 점을 기억하자.

가을

SPRING

감식초

　고지혈증과 고혈압, 혈액순환장애로 고생을 하셨던 어머니께서 자주 만들어 드셨던 식초가 감식초다. 어린 시절 시골 고향집 앞마당에는 집채 만한 감나무 한 그루가 있었다. 수업을 마치고 집으로 돌아올 때면 멀리서도 잘 보였고, 바람이 불어 가지와 잎이 흔들흔들 할 때면 나에게 손짓을 하며 반기는 것 같았다. 제일 먼저 나를 반겨주는 식구 같은 존재였다. 뒤뜰 장독대 옆에도 감나무 한 그루가 있었는데 방으로 들어가는 나를 반기기라도 하는 듯했다.

　이 두 그루의 감나무에는 우리 형제에게 달콤한 홍시를 만들고 쫀득한 곶감도 만들어 먹을 수 있을 만큼 해마다 많은 양이 감이 열렸다. 한여름에는 마당에 그늘을 만들어주어 잠시 땀을 식힐 수 있었고, 감나무를 기둥삼아 숨바꼭질을 하고 술래잡기 같은 놀이를 할 때면 늘 함께한 친구이자 형, 누나 같은 존재였다.

　사회생활을 시작하고 서울로 올라와 살면서 명절과 부모님 생신이 있는 날에만 겨우 시골집을 찾았는데 그때마다 추억이 담긴 감나무들을 살펴보곤 했다. 그런데 어느 해인가 아버님의 생신날이라 고향집에 내려갔는데 멀리서 나무로 꽉 차 보이던 우리 집이 왠지 허전해 보였다. 이상하다 싶어 서둘러 집 안으로 들어서는데 앞마당에 있어야 할 감나무가 보이지 않는 것이다. 어찌 된 일인가 싶어 부모님께 여쭤보니 마당에 만들어놓은 텃밭에 마늘을 심었는데 감나무 그늘 때문에 잘 크지 않아 잘라냈다고 하셨다. 나는 서운한 마음에 소리를 지르며 부모님께 화를 냈다. 마치 오래된 친구를 잃은 것 같아 생일잔치만 끝내고는 곧장 서울로 돌아왔다. 뒷마당에 있는 감나무도 봄이 되면 새잎을 틔워야 하는데 아무런 기별이 없이 고목나무가 되고 말았다. 그렇게 오랜 세월 동안 고목으로 있다가 몇 년 전부터 신기할 정도로 죽은 생명이 부활을 하듯이 싹을 틔웠고 탐스러운 감이 열리기 시작해 나의 향수를 달래주고 있다. 평소 감식초를 즐겨 담그던 어머니는 한동안 감이 없어 담그지 못하셨다. 그러다가 뒤뜰의 작은 감나무에 감이 다시 열리자 돌아가시기 전까지 감식초를 담가 드셨다.

　그런 어머니가 그리워 오늘도 나는 항아리 가득 감식초를 담고 있다.

감의 효능

고혈압, 뇌졸중, 콜레스테롤, 모세혈관 강화, 감기 예방, 비만 방지, 다이어트, 숙취개선, 피부노화방지, 피부 미용, 면역력 증가, 변비 개선, 안질환 개선, 지혈작용, 류머티즘, 신경통 등에 효과를 보이고 있다. 감식초는 초산, 구연산, 사과산 등 60여 가지의 유기산이 풍부하게 들어 있다. 감식초는 지방의 분해를 촉진해 주는 펩톤이 다량 포함되어 있어 비만을 예방하는 데 도움이 된다.

현미감식초 만드는 법

재료 및 준비물

현미 500g, 감즙 500㎖, 누룩 250g, 엿기름 50g, 효모(이스트) 0.25t, 물 1,000㎖(단감 1,100㎖), 종초(술 양의 10~30%, 성공 포인트는 30%), 발효통 4ℓ, 함지박, 천, 고무줄, 일회용 비닐장갑, 국자

❶ 준비하기

사용할 도구들은 미리 소독을 해두고, 현미는 고슬고슬한 고두밥보다는 성공 확률이 높은 진밥으로 짓는다.

tip 누룩은 이화곡이나 밀누룩을 사용하는데, 전통적인 옛맛과 효능을 내고 산미도 좋은 밀누룩을 만들어 사용할 것을 권한다.

❷ 재료 손질하기

감은 수분이 72.3%로 비교적 즙이 적게 나온다. 필요하다면 물 25%를 넣고 짜도 된다. 깨끗하게 씻은 감는 물기를 최대한 없애고 씨를 발라낸 다음 분쇄기로 갈아 즙을 짠다. 보통은 생즙과 물을 그대로 사용하나 감즙과 물을 혼합해 끓여서 사용하면 오염이 되어 생길 수 있는 실패를 줄일 수 있고 감칠맛 나는 식초를 얻을 수 있다. 현미밥은 25℃ 정도로 식

혀서 사용한다.

tip 설탕을 넣지 않고 현미와 감을 섞어 식초를 만들 때 건더기가 들어가면 발효에 어려움이 있지만, 감즙을 짜서 사용하면 발효가 잘되고 알코올 형성 또한 빨라져 실패 없이 질 좋은 감식초를 만들 수 있다.

❸ 혼합하기

함지박에 현미밥, 감즙, 누룩, 엿기름, 효모를 넣고 10분 동안 으깨듯이 치댄 뒤 물을 전부 넣고 섞어준다. 물은 상온에 반나절 정도 받아놓아 찬 기를 없앤 것을 사용하거나 25℃의 물을 사용한다. 감은 당도(평균 10~19brix)가 있으니 물을 조금 더 넣고 발효시킨다.

tip 현미의 쌀알을 으깨듯이 치댈 때 믹서나 도깨비 방망이 등을 사용할 경우 식초가 탁해지고 잡맛이 생기므로 번거롭더라도 반드시 직접 손으로 해야 한다.

❹ 술 안치고 알코올발효하기(용기 안의 적정 온도 23~28℃)

식초를 담그기 위한 전단계로 현미와 감으로 전통술을 만드는 과정이다. 준비한 통에 혼합물을 넣고 용기 입구를 천으로 덮고 묶어눈다. 술은 신소를 싫어하는 혐기성 발효를 하므로 공기 차단을 위해 뚜껑을 천 위에 살짝 올려놓는다. 다음 날부터 뽀글뽀글 소리를 내면서 방울이 올라오고 발효를 시작한다. 3일 동안 매일 한두 번씩 저어주고 4일째 되는 날 랩으로 씌워 묶는다. 견출지에 식초 이름과 날짜를 써서 랩 가운데에 붙이고, 바늘로 초파리가 들어가지 못할 정도의 크기로 구멍을 한 개만 뚫어 에어 락을 만들어준다. 술 발효를 시작하면 3일째까지는 발효가 활발하게 이루어져 온도가 상승하므로 될 수 있으면 집을 비우지 않도록 한다.

tip 1. 술 발효 시 용기 안의 온도가 23℃ 이하로 내려가면 알코올발효가 제대로 되지 않으며 28℃ 이상 올라가면 잡균이 번식을 하여 실패의 원인이 되니 온도 조절에 신경을 써야 한다. 기온이 낮은 날에는 전기장판이나 이불, 보온 기구를 사용하여 온도를 맞춰준다.
2. 저어줄 때 밑까지 골고루 저어 가라앉은 앙금도 당화가 되도록 해준다. 감식초는 술 발효 시 잡균이 잘 생기므로 신경 써서 저어주어야 한다. 통을 흔드는 것은 오염의 원인이 될 수 있으니 저어주는 방법으로 한다. 발효가 되면서 곰팡이 같은 것이 하얗게 생기는 경우가 있으나 몸에 해로운 물질은 아니고 계속 저어주면 없어진다. 저어줘도 계속 생기면 설탕(감즙과 물을 합한 양의 15%)을 넣고 저어주면 며칠 후 사라지며 발효는 계속 진행된다.

❺ 술 거르기(7~10일 정도)

당화 과정이 끝날 때쯤 현미 껍질이 떠오르기 시작하여 상층에 꽉 차게 떠오른다. 점차 뽀글뽀글 소리가 줄어들면서 현미 껍질이 다시 가라앉으면 발효가 다 끝난 것이니 거르기를 하면 된다. 감식초 담금용 술을 완성하기 위해 거름망에 넣고 주물러 짠다.

tip 술을 거르는 시점은 당도, 감즙, 현미, 누룩, 엿기름, 효모, 물 등 재료의 양과 온도 그리고 계절에 따라 달라진다. 보통은 7~10일 발효 뒤에 거르기를 한다.

❻ 식초 안치고 초산발효하기(용기 안의 적정 온도 27~30℃)

가수는 하지 않는다. 종초를 넣으면 실패율이 적어지며 전체 술 양의 10~30%의 종초를 넣으면 된다. 식초는 많은 양의 산소를 필요로 하는 호기성 발효를 하므로 뚜껑은 덮지 않고 천 또는 한지로 덮어 묶고 그 위에 옛날 십 원짜리 동전을 올려둔다. 발효 기간은 3개월 정도이며 온도는 27~30℃를 유지하는 것이 중요하다. 발효되는 동안 일주일에 한두 번씩 저어준다. 초산발효는 25~34℃에서도 가능하다.

tip 초산균은 알코올 6~8도의 환경을 좋아하며 산도를 조절하기기 위해 물을 섞는 가수를 한다. 저자의 식초는 처음부터 가수를 하여 담는 방법이므로 추가로 물을 넣을 필요가 없다. 초산균이 살아 있는 씨앗식초인 종초를 많이 넣으면 식초 성공률이 높아진다.

❼ 산도 체크하기

초막이 생기고 십 원짜리 동전에 초록색 녹이 슬면 식초가 만들어지고 있는 것이다. 초막은 식초가 완성되면 자연스럽게 줄어든다.

tip 시중에서 판매되는 일반 식초는 산도 4.0 이상이며 감식초는 2.6 이상이다. 초막은 알코올 도수와 당도, 종초의 양, 온도와 환경에 따라 5일에서 2개월 정도 걸리며 생기지 않는 경우도 있다. 담금 시 물을 적게 넣으면 초막이 늦게 생기며 산도가 조금 낮은 식초가 만들어질 수 있으나 버리지 않고 샐러드나 식초음료로 활용하면 된다.

❽ 숙성하기(6~9개월, 감 흑초 만들기)

3개월 뒤에 앙금과 맑은 식초 상초를 분리한다. 6~9개월 더 숙성을 하면 맛은 부드럽고 색은 황갈색으로 변하면서 약성 좋고 향이 은은한 감

흑초가 만들어진다. 숙성된 식초는 실온에서는 초막이 다시 생기지 않으나 공기와의 접촉을 피할 수 있게 밀봉하여 보관한다.

tip 상층에 뜨는 맑은 식초는 분리하여 바로 먹어도 된다. 하초 앙금을 종초로 사용할 수 있으며 생막걸리를 부어 막걸리식초를 만들 수 있다. 앙금을 종초로 사용할 경우 생막걸리 양의 30%를 넣으면 된다.

❾ 현미감천연식초의 음용

식초와 물을 1:10(감식초 20㎖, 물 200㎖)로 희석하여 하루 1~3회 먹는다. 위가 약한 사람은 식후에 바로 먹는다.

tip 현미 감천연식초 효소음료 만들기
감식초, 감효소, 물을 1:1:6(감식초 20㎖, 감효소 20㎖, 물 120㎖)으로 희석해 얼음 몇 조각 넣어 먹는다. 감효소가 없으면 매실효소 등 다른 효소를 넣어도 된다.

도전! 명품 식초 만들기

현미감당근식초 만들기

당근즙을 넣어 원기 회복과 간기능 향상에 좋은 명품 식초를 만들어보자. 당근은 수분이 89.5%이며 비교적 즙이 잘 나오나 10% 정도의 물을 넣고 즙을 짜도 된다. 초막이 늦게 생기고 식초가 완성되는 데 걸리는 시간이 길어진다. 이 식초 속에는 누룩, 엿기름, 감, 당근, 현미 등의 약성이 포함되어 있어 식이요법으로 하루에 1~3회 약처럼 마시면 좋다. 위가 좋지 않다면 식후 바로 마실 것을 권한다.

❶ 현미 500g, 감즙 500㎖, 당근즙 500㎖, 누룩 250g, 엿기름 50g, 효모(이스트) 0.25t, 물 500㎖ (단감은 550㎖), 종초(술 양의 10~30%, 성공 포인트는 30%), 발효통 4ℓ 를 준비한다.
❷ 만드는 과정은 감식초 만들기와 동일하다. 명품 식초인 만큼 술 발효 기간이 약간 길어진다는 점을 기억하자.

도라지식초

　도라지로 만드는 발효식품은 2013년 강의 가운데 가장 인기가 많은 강좌였다. 한번은 sbs의 〈출발모닝와이드〉에 감기에 좋은 발효식품 소개를 위해 출연을 한 적이 있다. 산야초를 캐는 시연을 위해 수리산 병목 안에 직접 들어가 2시간여를 촬영하기도 했다.

　도라지는 내 인생에서 빠질 수 없는 식품이다. 코의 질환과 관련된 가족력으로 20여 년을 넘게 도라지를 먹어오고 있다. 어려서부터 비염과 알레르기로 항상 코가 막히고 머리가 아프고 무거웠다. 결국 18세 되던 해에 축농증 수술을 했는데 10년쯤 지나자 재발을 했다. 어른이 된 지금도 수술하는 것이 무섭고 두려워 불편함을 참을 수 없을 경우에만 억지로 이비인후과에 다니고 평소에는 민간요법으로 도라지를 먹고 있다.

　느릅나무 뿌리와 껍질, 목련꽃 봉우리, 도라지 등 축농증과 비염에 좋다는 것들을 넣고 차처럼 달여서 항상 마셨다. 특히 도라지는 생으로 고추장에 찍어 먹거나 무쳐도 먹고, 나물로 해 먹고 말려서 차로도 끓여 먹는다. 이런 노력으로 지금은 비염이 없어졌다. 이렇게 코에 관한 질병을 스스로 20여 년 동안 관리를 하면서 느끼는 점이 있다. 병원도 중요하고 약도 중요하지만 가족으로부터 받은 유전질환은 음식으로 완화시켜주는 민간요법도 같이 병행해야 더 좋은 효과를 볼 수 있다는 것이다. 병원과 약은 병을 치료하지만 음식과 민간요법 등은 병의 원인을 찾아 약해진 기능을 되살려주는 것 같다.

　이번에 담은 식초의 주재료인 도라지는 진안에서 캐왔다. 나의 고향은 군산, 아내의 고향은 진안이다. 명절 등 행사가 있을 때 내려가면 가까워서 망설이지 않고 처가에 갈 수 있어 좋다. 처가의 시골집 장독대 앞 조그마한 텃밭에는 엄나무와 옻나무, 취나물, 도라지 등 각종 약초가 심어져 있다. 그곳에 갈 때마다 돌아보곤 하는데 그날따라 도라지에서 눈을 뗄 수가 없었다. 한참을 구경하고 있는데 장모님께서 이제 늙어 힘이 없어 더 이상은 풀을 뽑아주기도 힘에 부치니 도라지를 캐 가라는 것이다. 장모님의 도라지는 수년 동안을 캐지 않아 장생도라지가 되어 있었다. 캐는 데 애를 먹었으나 자연산 도라지라서인지 캐는 내내 신이 나서 삽질을 했다.

도라지의 효능

오래된 도라지는 산삼보다도 효능이 좋다는 말이 있다. 감기와 기침, 거담, 편도선 등의 다양한 약재로 널리 쓰이고 있다. 도라지에는 사포닌과 이눌닌 성분이 들어 있다. 소화 촉진과 천식, 진해, 거담 등 호흡기에 좋고 항염, 항궤양, 항암, 혈당 강하 등 각종 성인병 예방에 효과를 보이며 특히 배가 찬 여성들에게 좋고 몸을 따뜻하게 해준다고 알려져 있다.

현미도라지식초 만드는 법

재료 및 준비물

현미 500g, 도라지즙 500㎖, 누룩 250g, 엿기름 100g, 효모(이스트) 0.25t, 물 900㎖, 종초(술 양의 10~30%, 성공 포인트는 30%), 발효통 4ℓ, 한지박, 천, 고무줄, 일회용 비닐장갑, 국자

❶ 준비하기

사용할 도구들은 미리 소독을 해두고, 현미는 고슬고슬한 고두밥보다는 성공 확률이 높은 진밥으로 짓는다.

tip 누룩은 이화곡이나 밀누룩을 사용하는데, 전통적인 옛맛과 효능을 내고 산미도 좋은 밀누룩을 만들어 사용할 것을 권한다.

❷ 재료 손질하기

도라지는 수분이 72.2%로 즙이 잘 나오지 않으므로 물을 25% 정도 섞어 즙을 짜도 된다. 땅속에서 크는 식물이라 흙이 묻으면 오염의 원인이 될 수 있으니 깨끗하게 씻어야 한다. 씻은 도라지는 물기를 최대한 털어낸 다음 분쇄기로 갈아 즙을 짠다. 보통은 생즙과 물을 그대로 사용하나 도라지즙과 물을 혼합해 끓여서 사용하면 오염이 되어 생길 수 있는 실패를 줄일 수 있고 감칠맛 나는 식초를 얻을 수 있다. 현미밥은 25℃ 정도로 식혀서 사용한다.

tip 설탕을 넣지 않고 현미와 도라지를 섞어 식초를 만들 때 건더기가 들어가면 발효에 어려움이 있지만, 도라지즙을 짜서 사용하면 발효가 잘되고 알코올 형성 또한 빨라져 실패 없이 질 좋은 도라지식초를 만들 수 있다.

❸ 혼합하기

함지박에 현미밥, 도라지즙, 누룩, 엿기름, 효모를 넣고 10분 동안 으깨듯이 치댄 뒤 물을 전부 넣고 섞어준다. 물은 상온에 반나절 정도 받아놓아 찬 기를 없앤 것을 사용하거나 25℃의 물을 사용한다.

tip 현미의 쌀알을 으깨듯이 치댈 때 믹서나 도깨비 방망이 등을 사용할 경우 식초가 탁해지고 잡맛이 생기므로 번거롭더라도 반드시 직접 손으로 해야 한다.

❹ 술 안치고 알코올발효하기(용기 안의 적정 온도 23~28℃)

식초를 담그기 위한 전단계로 현미와 도라지로 전통술을 만드는 과정이다. 준비한 통에 혼합물을 넣고 용기 입구를 천으로 덮고 묶어둔다. 술은 산소를 싫어하는 혐기성 발효를 하므로 공기 차단을 위해 뚜껑을 천 위에 살짝 올려놓는다. 다음 날부터 뽀글뽀글 소리를 내면서 방울이 올라오고 발효를 시작한다. 3일 동안 매일 한두 번씩 저어주고 4일째 되는 날 랩으로 씌워 묶는다. 견출지에 식초 이름과 날짜를 써서 랩 가운데에 붙이고, 바늘로 초파리가 들어가지 못할 정도의 크기로 구멍을 한 개만 뚫어 에어 락을 만들어준다. 술 발효를 시작하면 3일째까지는 발효가 활발하게 이루어져 온도가 상승하므로 될 수 있으면 집을 비우지 않도록 한다.

tip 1. 술 발효 시 용기 안의 온도가 23℃ 이하로 내려가면 알코올발효가 제대로 되지 않으며 28℃ 이상 올라가면 잡균이 번식을 하여 실패의 원인이 되니 온도 조절에 신경을 써야 한다. 기온이 낮은 날에는 전기장판이나 이불, 보온 기구를 사용하여 온도를 맞춰준다.
2. 저어줄 때 밑까지 골고루 저어 가라앉은 앙금도 당화가 되도록 해준다. 도라지식초는 술 발효 시 잡균이 잘 생기므로 신경 써서 저어주어야 한다. 통을 흔드는 것은 오염의 원인이 될 수 있으니 저어주는 방법으로 한다. 발효가 되면서 곰팡이 같은 것이 하얗게 생기는 경우가 있으나 몸에 해로운 물질은 아니고 계속 저어주면 없어진다. 저어줘도 계속 생기면 설탕(도라지즙과 물을 합한 양의 15%)을 넣고 저어주면 며칠 후 사라지며 발효는 계속 진행된다.

❺ 술 거르기(7~10일 정도)

당화 과정이 끝날 때쯤 현미 껍질이 떠오르기 시작하여 상층에 꽉 차게 떠오른다. 점차 뽀글뽀글 소리가 줄어들면서 현미 껍질이 다시 가라앉으면 발효가 다 끝난 것이니 거르기를 하면 된다. 도라지식초 담금용 술을 완성하기 위해 거름망에 넣고 주물러 짠다.

tip 술을 거르는 시점은 당도, 도라지즙, 현미, 누룩, 엿기름, 효모, 물 등 재료의 양과 온도 그리고 계절에 따라 달라진다. 보통은 7~10일 발효 뒤에 거르기를 한다.

❻ 식초 안치고 초산발효하기(용기 안의 적정 온도 27~30℃)

가수는 하지 않는다. 종초를 넣으면 실패율이 적어지며 전체 술 양의 10~30%의 종초를 넣으면 된다. 식초는 많은 양의 산소를 필요로 하는 호기성 발효를 하므로 뚜껑은 덮지 않고 천 또는 한지로 덮어 묶고 그 위에 옛날 십 원짜리 동전을 올려둔다. 발효 기간은 3개월 정도이며 온도는 27~30℃를 유지하는 것이 중요하다. 발효되는 동안 일주일에 한두 번씩 저어준다. 초산발효는 25~34℃에서도 가능하다.

tip 초산균은 알코올 6~8도의 환경을 좋아하며 산도를 조절하기기 위해 물을 섞는 가수를 한다. 저자의 식초는 처음부터 가수를 하여 담는 방법이므로 추가로 물을 넣을 필요가 없다. 초산균이 살아 있는 씨앗식초인 종초를 많이 넣으면 식초 성공률이 높아진다.

❼ 산도 체크하기

초막이 생기고 십 원짜리 동전에 초록색 녹이 슬면 식초가 만들어지고 있는 것이다. 초막은 식초가 완성되면 자연스럽게 줄어든다.

tip 시중에서 판매되는 일반 식초는 산도 4.0 이상이며 감식초는 2.6 이상이다. 초막은 알코올 도수와 당도, 종초의 양, 온도와 환경에 따라 5일에서 2개월 정도 걸리며 생기지 않는 경우도 있다. 담금 시 물을 적게 넣으면 초막이 늦게 생기며 산도가 조금 낮은 식초가 만들어질 수 있으나 버리지 않고 샐러드나 식초음료로 활용하면 된다.

❽ 숙성하기(6~9개월, 도라지 흑초 만들기)

3개월 뒤에 앙금과 맑은 식초 상초를 분리한다. 6~9개월 더 숙성을 하면 맛은 부드럽고 색은 황갈색으로 변하면서 약성 좋고 향이 은은한 도

라지 흑초가 만들어진다. 숙성된 식초는 실온에서는 초막이 다시 생기지
않으나 공기와의 접촉을 피할 수 있게 밀봉하여 보관한다.

tip 상층에 뜨는 맑은 식초는 분리하여 바로 먹어도 된다. 하초 앙금을 종초로
사용할 수 있으며 생막걸리를 부어 막걸리식초를 만들 수 있다. 앙금을 종
초로 사용할 경우 생막걸리 양의 30%를 넣으면 된다.

❾ 현미도라지천연식초의 음용

식초와 물을 1:10(도라지식초 20㎖, 물 200㎖)로 희석하여 하루 1~3회
먹는다. 위가 약한 사람은 식후에 바로 먹는다.

tip 현미 도라지천연식초 효소음료 만들기
도라지식초, 도라지효소, 물을 1:1:6(도라지식초 20㎖, 도라지효소 20㎖,
물 120㎖)으로 희석해 얼음 몇 조각 넣어 먹는다. 도라지효소가 없으면
매실효소 등 다른 효소를 넣어도 된다.

도전! 명품 식초 만들기

현미도라지배생강식초 만들기

배즙과 생강즙을 넣어 기침, 가래, 기력회복, 감기예방에 좋은 효능을 높인 명품 식초를 만
들어보자. 배는 수분이 88.4%이며 생강도 수분 함량은 적으나 즙이 잘 나온다. 배는 씨를
발라내고 과육만 분쇄한다. 생강은 껍질을 긁어내고 흐르는 물에 여러 번 씻은 후 물기를
뺀 다음 즙을 짠다. 초막이 늦게 생기고 식초가 완성되는 데 걸리는 시간이 길어진다. 이 식
초 속에는 누룩, 엿기름, 도라지, 배, 생강, 현미 등의 약성이 포함되어 있어 식이요법으로
하루에 1~3회 약처럼 마시면 좋다. 위가 좋지 않다면 식후 바로 마실 것을 권한다.

❶ 현미 500g, 도라지즙 500㎖, 배즙 500㎖, 생강즙 100㎖, 누룩 250g, 엿기름 50g, 효모(이스트)
　0.25t, 물 400㎖, 종초(술 양의 10~30%, 성공 포인트는 30%), 발효통 4ℓ를 준비한다.
❷ 만드는 과정은 도라지식초 만들기와 동일하다. 명품 식초인 만큼 술 발효 기간이 약간 길어진다
　는 점을 기억하자.

배식초

　시골집 뒷마당에는 감나무 말고 배나무도 한 그루 있었다. 기와집을 둘러싸고 있는 대나무 밭을 비집고 나와서는 수년간을 버티고 있었다. 돌배도 아니고 개량배도 아닌데 얼마나 달던지 나는 해마다 서리가 내릴 때만을 기다렸다. 서리가 내릴 때가 되어야 비로소 딱딱한 모래 알갱이 같은 속살이 부드러워지고 맛이 좋아졌다.

　배를 따는 날이면 아버지께서는 행여나 하나라도 깨질까 조심조심 따시고 그렇게 딴 배는 모두 할머니께 드렸다. 그러면 할머니께서는 겨우내 먹기 위해 뒤쪽 광에 있는 항아리에 차곡차곡 넣어 두셨다. 하지만 먹성이 좋던 그 시절의 나는 할머니의 눈을 피해 광에 뻔질나게 드나들면서 하나둘씩 빼다 먹었다. 어른들 놀래 빼 먹는 달달한 배의 맛은 먹어보지 않은 사람은 모를 것이다. 특히 한겨울에 이가 시릴 정도로 시원한 배는 달콤하면서 입에 쩍쩍 붙으니 자꾸만 먹고 싶어지고 그 맛 때문에 도둑고양이가 생선을 찾듯 나의 발길은 자꾸만 광으로 향했다.

　할머니께서는 항아리에 보관하고 있던 배가 상할 것 같으면 절구로 찧어서 시커먼 가마솥에 넣고 몇 시간씩 삶았다. 이어 한겨울 찬바람에 식혀두었다가 살얼음이 동동 뜨는 배 삶은 물을 우리에게 주시곤 하셨다. 손자 손녀들이 콜록콜록 기침을 하며 감기에 걸렸다 싶으면 장독대에 있던 배즙을 한 그릇 뜨끈하게 데워 마시게도 하셨다.

　중년에 들어서자 더러 추억에 잠기곤 하는데, 가장 큰 자리를 차지하는 것은 역시 나고 자란 자기 고향이다. 돌이켜보면 뒷마당에 있던 배나무는 할머니 모습을 닮은 것도 같고 때로는 어머니 품속 같이도 느껴진다. 이제는 그 배나무를 볼 수 없고 세상에 둘도 없는 맛있는 그 배를 먹을 수도 없게 되었다. 몇 해 전에 자기의 주인이신 할머니 곁으로 갔기 때문이다.

　나에게 배는 할머니가 챙겨주던 기침약이었다. 어른이 된 지금도 감기가 오려 하면 아내에게 배숙을 만들어 달라고 하고, 배효소에 배식초를 섞어 마시기도 한다. 오늘도 저녁 늦게 강연을 끝내고 집 앞에 있는 마트에서 배 몇 개를 사들고 왔다. 집에 들어서서 옷도 벗지 않은 채로 탁자에 앉아 아내와 같이 시원하고 달콤한 배를 나눠먹는다.

배의 효능

배에 들어 있는 펙틴이 콜레스테롤 수치를 낮춰주고 변을 부드럽게 해 변비 예방에 도움을 준다. 또한 아스파라긴산은 숙취를 해소시키고, 기관지염, 기침, 가래 등 감기와 관련된 질환이 생겼을 때 먹으면 증상이 완화된다. 그 외 설사, 해열, 호흡기질환 등에 좋고, 소화 작용이 뛰어나 식후에 섭취하면 소화를 돕는다.

현미배식초 만드는 법

재료 및 준비물

현미 500g, 배즙 500㎖, 누룩 250g, 엿기름 50g, 효모(이스트) 0.25t, 물 1,000㎖, 종초(술 양의 10~30%, 성공 포인트는 30%), 발효통 4ℓ, 함지박, 천, 고무줄, 일회용 비닐장갑, 국자

❶ 준비하기

사용할 도구들은 미리 소독을 해두고, 현미는 고슬고슬한 고두밥보다는 성공 확률이 높은 진밥으로 짓는다.

tip 누룩은 이화곡이나 밀누룩을 사용하는데, 전통적인 옛맛과 효능을 내고 산미도 좋은 밀누룩을 만들어 사용할 것을 권한다.

❷ 재료 손질하기

배는 수분이 88.4%로 즙이 잘 나오지 않으면 물을 12% 정도 섞어 즙을 짜도 된다. 씻어 물기를 털어내고 씨앗을 뺀 다음 분쇄기로 갈아 즙을 짠다. 보통은 생즙과 물을 그대로 사용하나 배즙과 물을 혼합해 끓여서 사용하면 오염이 되어 생길 수 있는 실패를 줄일 수 있고 감칠맛 나는 식초를 얻을 수 있다. 현미밥은 25℃ 정도로 식혀서 사용한다.

tip 설탕을 넣지 않고 현미와 배를 섞어 식초를 만들 때 건더기가 들어가면 발효에 어려움이 있지만, 배즙을 짜서 사용하면 발효가 잘되고 알코올 형성 또한 빨라져 실패 없이 질 좋은 배식초를 만들 수 있다.

❸ 혼합하기

함지박에 현미밥, 배즙, 누룩, 엿기름, 효모를 넣고 10분 동안 으깨듯이 치댄 뒤 물을 전부 넣고 섞어준다. 물은 상온에 반나절 정도 받아놓아 찬 기를 없앤 것을 사용하거나 25℃의 물을 사용한다. 배는 당도(평균 10~12brix)가 있으니 물을 조금 더 넣고 발효시킨다.

tip 현미의 쌀알을 으깨듯이 치댈 때 믹서나 도깨비 방망이 등을 사용할 경우 식초가 탁해지고 잡맛이 생기므로 번거롭더라도 반드시 직접 손으로 해야 한다.

❹ 술 안치고 알코올발효하기(용기 안의 적정 온도 23~28℃)

식초를 담그기 위한 전단계로 현미와 배로 전통술을 만드는 과정이다. 준비한 통에 혼합물을 넣고 용기 입구를 천으로 덮고 묶어둔다. 술은 산소를 싫어하는 혐기성 발효를 하므로 공기 차단을 위해 뚜껑을 천 위에 살짝 올려놓는다. 다음 날부터 뽀글뽀글 소리를 내면서 방울이 올라오고 발효를 시작한다. 3일 동안 매일 한두 번씩 저어주고 4일째 되는 날 랩으로 씌워 묶는다. 견출지에 식초 이름과 날짜를 써서 랩 가운데에 붙이고, 바늘로 초파리가 들어가지 못할 정도의 크기로 구멍을 한 개만 뚫어 에어 락을 만들어준다. 술 발효를 시작하면 3일째까지는 발효가 활발하게 이루어져 온도가 상승하므로 될 수 있으면 집을 비우지 않도록 한다.

tip 1. 술 발효 시 용기 안의 온도가 23℃ 이하로 내려가면 알코올발효가 제대로 되지 않으며 28℃ 이상 올라가면 잡균이 번식을 하여 실패의 원인이 되니 온도 조절에 신경을 써야 한다. 기온이 낮은 날에는 전기장판이나 이불, 보온 기구를 사용하여 온도를 맞춰준다.
2. 저어줄 때 밑까지 골고루 저어 가라앉은 앙금도 당화가 되도록 해준다. 배식초는 술 발효 시 잡균이 잘 생기므로 신경 써서 저어주어야 한다. 통을 흔드는 것은 오염의 원인이 될 수 있으니 저어주는 방법으로 한다. 발효가 되면서 곰팡이 같은 것이 하얗게 생기는 경우가 있으나 몸에 해로운 물질은 아니고 계속 저어주면 없어진다. 저어줘도 계속 생기면 설탕(배즙과 물을 합한 양의 15%)을 넣고 저어주면 며칠 후 사라지며 발효는 계속 진행된다.

❺ 술 거르기(7~10일 정도)

당화 과정이 끝날 때쯤 현미 껍질이 떠오르기 시작하여 상층에 꽉 차게 떠오른다. 점차 뽀글뽀글 소리가 줄어들면서 현미 껍질이 다시 가라앉으면 발효가 다 끝난 것이니 거르기를 하면 된다. 배식초 담금용 술을 완성하기 위해 거름망에 넣고 주물러 짠다.

tip 술을 거르는 시점은 당도, 배즙, 현미, 누룩, 엿기름, 효모, 물 등 재료의 양과 온도 그리고 계절에 따라 달라진다. 보통은 7~10일 발효 뒤에 거르기를 한다.

❻ 식초 안치고 초산발효하기(용기 안의 적정 온도 27~30℃)

가수는 하지 않는다. 종초를 넣으면 실패율이 적어지며 전체 술 양의 10~30%의 종초를 넣으면 된다. 식초는 많은 양의 산소를 필요로 하는 호기성 발효를 하므로 뚜껑은 덮지 않고 천 또는 한지로 덮어 묶고 그 위에 옛날 십 원짜리 동전을 올려둔다. 발효 기간은 3개월 정도이며 온도는 27~30℃를 유지하는 것이 중요하다. 발효되는 동안 일주일에 한두 번씩 저어준다. 초산발효는 25~34℃에서도 가능하다.

tip 초산균은 알코올 6~8도의 환경을 좋아하며 산도를 조절하기 위해 물을 섞는 가수를 한다. 저자의 식초는 처음부터 가수를 하여 담는 방법이므로 추가로 물을 넣을 필요가 없다. 초산균이 살아 있는 씨앗식초인 종초를 많이 넣으면 식초 성공률이 높아진다.

❼ 산도 체크하기

초막이 생기고 십 원짜리 동전에 초록색 녹이 슬면 식초가 만들어지고 있는 것이다. 초막은 식초가 완성되면 자연스럽게 줄어든다.

tip 시중에서 판매되는 일반 식초는 산도 4.0 이상이며 감식초는 2.6 이상이다. 초막은 알코올 도수와 당도, 종초의 양, 온도와 환경에 따라 5일에서 2개월 정도 걸리며 생기지 않는 경우도 있다. 담금 시 물을 적게 넣으면 초막이 늦게 생기며 산도가 조금 낮은 식초가 만들어질 수 있으나 버리지 않고 샐러드나 식초음료로 활용하면 된다.

❽ 숙성하기(6~9개월, 배 흑초 만들기)

3개월 뒤에 앙금과 맑은 식초 상초를 분리한다. 6~9개월 더 숙성을 하면 맛은 부드럽고 색은 황갈색으로 변하면서 약성 좋고 향이 은은한 배

흑초가 만들어진다. 숙성된 식초는 실온에서는 초막이 다시 생기지 않으나 공기와의 접촉을 피할 수 있게 밀봉하여 보관한다.

tip 상층에 뜨는 맑은 식초는 분리하여 바로 먹어도 된다. 하초 앙금을 종초로 사용할 수 있으며 생막걸리를 부어 막걸리식초를 만들 수 있다. 앙금을 종초로 사용할 경우 생막걸리 양의 30%를 넣으면 된다.

❾ 현미배천연식초의 음용

식초와 물을 1:10(배식초 20㎖, 물 200㎖)로 희석하여 하루 1~3회 먹는다. 위가 약한 사람은 식후에 바로 먹는다.

tip 현미 배천연식초 효소음료 만들기
배식초, 배효소, 물을 1:1:6(배식초 20㎖, 배효소 20㎖, 물 120㎖)으로 희석해 얼음 몇 조각 넣어 먹는다. 배효소가 없으면 매실효소 등 다른 효소를 넣어도 괜찮다.

도전! 명품 식초 만들기

현미배생강식초 만들기

생강을 넣어 독소 배출과 면역력 강화, 감기예방 등에 좋은 명품 식초를 만들어보자. 생강은 수분이 83.3%이며 비교적 즙이 적게 나온다. 필요하다면 물 17%를 넣고 짜도 된다. 생강은 껍질을 긁어내고 흐르는 물에 여러 번 씻은 후 물기를 뺀 다음 즙을 짠다. 초막이 늦게 생기고 식초가 완성되는 데 걸리는 시간이 길어진다. 이 식초 속에는 누룩, 엿기름, 배, 생강, 현미 등의 약성이 포함되어 있어 식이요법으로 하루에 1~3회 약처럼 마시면 좋다. 위가 좋지 않다면 식후 바로 마실 것을 권한다.

❶ 현미 500g, 배즙 500㎖, 생강즙 500㎖, 누룩 250g, 엿기름 50g, 효모(이스트) 0.25t, 물 500㎖, 종초(술 양의 10~30%, 성공 포인트는 30%), 발효통 4ℓ를 준비한다.
❷ 만드는 과정은 배식초 만들기와 동일하다. 명품 식초인 만큼 술 발효 기간이 약간 길어진다는 점을 기억하자.

브로콜리식초

　어제도 영등포 롯데백화점 문화센터에서 포도와 현미를 이용한 '천연식초 만들기' 초청강의가 있었다. 요즘 백점화이나 마트 등에 개설되고 있는 이런 성인 강좌들은 수강생 모집이 제대로 되지 않아 폐강되는 경우가 많다고 한다. 반면에 아이들을 상대로 기업체에서 개설하는 무료 강좌에는 부모와 함께 찾아오는 아이들로 넘쳐나고 있단다.

　나는 강의 때마다 20여 년 넘게 발효식품들을 만들고 먹어오면서 했던 많은 경험들을 들려주고, 나 자신이 몸으로 느낀 것들을 바탕으로 한 내용을 회원들에게 전달한다. 이런 나의 솔직함이 전달된 것인지 나의 강좌는 경기침체 속에서도 98%의 모집률을 보이고 있다고 한다. 식초를 만드는 과정과 강의 또한 모방하고 흉내를 내는 사람은 흔하다. 하지만 길어야 1년을 버티기 힘들 것이라는 생각이 든다. 긴 세월의 경험이 필요한 식초는 이론으로는 터득이 되어 있어도 만드는 과정을 경험해 보지 않고, 또한 먹어보는 체험 과정을 겪어보지 않으면 절대로 좋은 식초를 만들어낼 수 없다.

　4시에 강의가 끝나고 차가 꽉 밀려 있는 시흥대로를 따라 안양 집으로 돌아오는 길에 다음날 강의에 필요한 약재를 구입하기 위해 재래시장에 잠시 들렀다. 시장 중간쯤에 있는 약재상회에서 국내산 재료들을 구입해 차에 실어놓고는 시장 구경 삼매경을 시작하였다.

　추석 직전이라 그런지 제수 용품과 관련된 도라지, 고사리, 채소 등과 각종 과일이 많이 나와 있었다. 그중에서 눈에 띄는 것은 자그마한 리어카에 차곡차곡 쌓여 있는 브로콜리였다. 식초를 담아볼까 하고 몇 개를 골라 주인 아주머니에게 무게가 어떻게 되느냐고 물으니 모른다며 귀찮다는 듯한 표정이다. 아주머니의 응대에 마음이 상해 돌아서려다 브로콜리가 무슨 죄가 있겠나 싶어 한 바구니를 구입했다.

　실제로 브로콜리는 효능이 좋은 채소다. 50이 넘어가면서 시력이 떨어지고 있어 멜론을 함께 넣고 갈아 주스로 먹고, 물에 살짝 데쳐 초장에 찍어 먹기도 한다. 세계 10대 푸드로서 전혀 손색이 없는 브로콜리로 이번엔 식초도 담가본다.

브로콜리의 효능

브로콜리는 대표적인 장수 식품으로, 브로콜리에 들어 있는 설포라판은 유방 암 세포의 증식을 막고 폐암, 대장암 등의 예방에도 효과가 있다. 또 브로콜리 에는 비타민 A·C·E가 풍부하여 야맹증과 면역력 증강, 노화 억제 등에 효 과가 있으며, 원기 회복에 좋다. 다른 채소에 비해 철분도 많이 들어 있어 빈 혈 예방과 근육 피로 회복에 효과가 있다. 그 외에 위염, 위궤양, 속쓰림 등 소 화기 계통의 질병 예방에 좋다. 뇌질환 예방, 피로회복, 항암효과, 항산화효과, 풍부한 식이섬유, 면역력 향상, 독소배출 등 효능이 우수하다.

현미브로콜리식초 만드는 법

재료 및 준비물

현미 500g, 브로콜리즙 500㎖, 누룩 250g, 엿기름 100g, 효모(이스트) 0.25t, 물 900㎖, 종조(술 양의 10~30%, 성공 포인트는 30%), 발효통 4ℓ, 함지박, 천, 고무줄, 일회용 비닐장갑, 국자

❶ 준비하기

사용할 도구들은 미리 소독을 해두고, 현미는 고슬고슬한 고두밥보다는 성공 확률이 높은 진밥으로 짓는다.

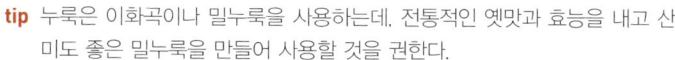 **tip** 누룩은 이화곡이나 밀누룩을 사용하는데, 전통적인 옛맛과 효능을 내고 산 미도 좋은 밀누룩을 만들어 사용할 것을 권한다.

❷ 재료 손질하기

브로콜리는 수분이 88.6%로 비교적 즙이 적게 나오며 필요하다면 물 15%를 넣고 짜도 된다. 브로콜리는 밑동 부분은 잘라내고 흐르는 물에 여러 번 씻는다. 밑동은 거의 무와 같은 식감과 맛이 나는데 생으로 무쳐 럼 먹기에도 좋다. 씻은 브로콜리는 물기를 최대한 털어낸 다음 분쇄기 로 갈아 즙을 짠다. 보통은 생즙과 물을 그대로 사용하나 브로콜리즙과 물을 혼합해 끓여서 사용하면 오염이 되어 생길 수 있는 실패를 줄일 수

있고 감칠맛 나는 식초를 얻을 수 있다. 현미밥은 25℃ 정도로 식혀서 사용한다.

tip 설탕을 넣지 않고 현미와 브로콜리를 섞어 식초를 만들 때 건더기가 들어가면 발효에 어려움이 있지만, 브로콜리즙을 짜서 사용하면 발효가 잘되고 알코올 형성 또한 빨라져 실패 없이 질 좋은 브로콜리식초를 만들 수 있다.

❸ 혼합하기

함지박에 현미밥, 브로콜리즙, 누룩, 엿기름, 효모를 넣고 10분 동안 으깨듯이 치댄 뒤 물을 전부 넣고 섞어준다. 물은 상온에 반나절 정도 받아놓아 찬 기를 없앤 것을 사용하거나 25℃의 물을 사용한다.

tip 현미의 쌀알을 으깨듯이 치댈 때 믹서나 도깨비 방망이 등을 사용할 경우 식초가 탁해지고 잡맛이 생기므로 번거롭더라도 반드시 직접 손으로 해야 한다.

❹ 술 안치고 알코올발효하기(용기 안의 적정 온도 23~28℃)

식초를 담그기 위한 전단계로 현미와 브로콜리로 전통술을 만드는 과정이다. 준비한 통에 혼합물을 넣고 용기 입구를 천으로 덮고 묶어둔다. 술은 산소를 싫어하는 혐기성 발효를 하므로 공기 차단을 위해 뚜껑을 천위에 살짝 올려놓는다. 다음 날부터 뽀글뽀글 소리를 내면서 방울이 올라오고 발효를 시작한다. 3일 동안 매일 한두 번씩 저어주고 4일째 되는 날 랩으로 씌워 묶는다. 견출지에 식초 이름과 날짜를 써서 랩 가운데에 붙이고, 바늘로 초파리가 들어가지 못할 정도의 크기로 구멍을 한 개만 뚫어 에어 락을 만들어준다. 술 발효를 시작하면 3일째까지는 발효가 활발하게 이루어져 온도가 상승하므로 될 수 있으면 집을 비우지 않도록 한다.

tip 1. 술 발효 시 용기 안의 온도가 23℃ 이하로 내려가면 알코올발효가 제대로 되지 않으며 28℃ 이상 올라가면 잡균이 번식을 하여 실패의 원인이 되니 온도 조절에 신경을 써야 한다. 기온이 낮은 날에는 전기장판이나 이불, 보온 기구를 사용하여 온도를 맞춰준다.

　　2. 저어줄 때 밑까지 골고루 저어 가라앉은 앙금도 당화가 되도록 해준다. 브로콜리식초는 술 발효 시 잡균이 잘 생기므로 신경 써서 저어주어야 한다. 통을 흔드는 것은 오염의 원인이 될 수 있으니 저어주는 방법으로 한다. 발효가 되면서 곰팡이 같은 것이 하얗게 생기는 경우가 있으나 몸에 해로운 물질은 아니고 계속 저어주면 없어진다. 저어줘도 계속 생기면 설탕(브로콜리즙과 물을 합한 양의 15%)을 넣고 저어주면 며칠 후 사라지며

발효는 계속 진행된다.

❺ 술 거르기(7～10일 정도)

당화 과정이 끝날 때쯤 현미 껍질이 떠오르기 시작하여 상층에 꽉 차게 떠오른다. 점차 뽀글뽀글 소리가 줄어들면서 현미 껍질이 다시 가라앉으면 발효가 다 끝난 것이니 거르기를 하면 된다. 브로콜리식초 담금용 술을 완성하기 위해 거름망에 넣고 주물러 짠다.

tip 술을 거르는 시점은 당도, 브로콜리즙, 현미, 누룩, 엿기름, 효모, 물 등 재료의 양과 온도 그리고 계절에 따라 달라진다. 보통은 7～10일 발효 뒤에 거르기를 한다.

❻ 식초 안치고 초산발효하기(용기 안의 적정 온도 27～30℃)

가수는 하지 않는다. 종초를 넣으면 실패율이 적어지며 전체 술 양의 10～30%의 종초를 넣으면 된다. 식초는 많은 양의 산소를 필요로 하는 호기성 발효를 하므로 뚜껑은 덮지 않고 천 또는 한지로 덮어 묶고 그 위에 옛날 십 원짜리 동전을 올려둔다. 발효 기간은 3개월 정도이며 온도는 27～30℃를 유지하는 것이 중요하다. 발효되는 동안 일주일에 한두 번씩 저어준다. 초산발효는 25～34℃에서도 가능하나.

tip 초산균은 알코올 6～8도의 환경을 좋아하며 산도를 조절하기기 위해 물을 섞는 가수를 한다. 저자의 식초는 처음부터 가수를 하여 담는 방법이므로 추가로 물을 넣을 필요가 없다. 초산균이 살아 있는 씨앗식초인 종초를 많이 넣으면 식초 성공률이 높아진다.

❼ 산도 체크하기

초막이 생기고 십 원짜리 동전에 초록색 녹이 슬면 식초가 만들어지고 있는 것이다. 초막은 식초가 완성되면 자연스럽게 줄어든다.

tip 시중에서 판매되는 일반 식초는 산도 4.0 이상이며 감식초는 2.6 이상이다. 초막은 알코올 도수와 당도, 종초의 양, 온도와 환경에 따라 5일에서 2개월 정도 걸리며 생기지 않는 경우도 있다. 담금 시 물을 적게 넣으면 초막이 늦게 생기며 산도가 조금 낮은 식초가 만들어질 수 있으나 버리지 않고 샐러드나 식초음료로 활용하면 된다.

❽ 숙성하기(6~9개월, 브로콜리 흑초 만들기)

3개월 뒤에 앙금과 맑은 식초 상초를 분리한다. 6~9개월 더 숙성을 하면 맛은 부드럽고 색은 황갈색으로 변하면서 약성 좋고 향이 은은한 브로콜리 흑초가 만들어진다. 숙성된 식초는 실온에서는 초막이 다시 생기지 않으나 공기와의 접촉을 피할 수 있게 밀봉하여 보관한다.

tip 상층에 뜨는 맑은 식초는 분리하여 바로 먹어도 된다. 하초 앙금을 종초로 사용할 수 있으며 생막걸리를 부어 막걸리식초를 만들 수 있다. 앙금을 종초로 사용할 경우 생막걸리 양의 30%를 넣으면 된다.

❾ 현미브로콜리천연식초의 음용

식초와 물을 1:10(브로콜리식초 20㎖, 물 200㎖)로 희석하여 하루 1~3회 먹는다. 위가 약한 사람은 식후에 바로 먹는다.

tip 현미 브로콜리천연식초 효소음료 만들기
브로콜리식초, 브로콜리효소, 물을 1:1:6(브로콜리식초 20㎖, 브로콜리효소 20㎖, 물 120㎖)으로 희석해 얼음 몇 조각 넣어 먹는다. 브로콜리효소가 없으면 매실효소 등 다른 효소를 넣어도 된다.

도전! 명품 식초 만들기

현미브로콜리멜론식초 만들기

멜론을 넣어 시력 향상과 뇌졸중, 폐에 좋은 명품 식초를 만들어보자. 멜론은 수분이 88.2%이며 비교적 즙이 잘 나오지 않는다. 필요하다면 물 13%를 넣고 짜도 된다. 잘 씻은 멜론은 껍질을 벗겨내고 분쇄기로 갈아 즙을 짠다. 초막이 늦게 생기고 식초가 완성되는 데 걸리는 시간이 길어진다. 이 식초 속에는 누룩, 엿기름, 브로콜리, 멜론, 현미 등의 약성이 포함되어 있어 식이요법으로 하루에 1~3회 약처럼 마시면 좋다. 위가 좋지 않다면 식후 바로 마실 것을 권한다.

❶ 현미 500g, 브로콜리즙 500㎖, 멜론즙 500㎖, 누룩 250g, 엿기름 50g, 효모(이스트) 0.25t, 물 500㎖, 종초(술 양의 10~30%, 성공 포인트는 30%), 발효통 4ℓ를 준비한다.
❷ 만드는 과정은 브로콜리식초 만들기와 동일하다. 명품 식초인 만큼 술 발효 기간이 약간 길어진다는 점을 기억하자.

사과식초

　도시와 농어촌 등 전국 어디에서든지 건강에 좋은 식초를 쉽게 따라 만들어 먹을 수 있는 방법에 대해 고민하고 연구하면서 수많은 시행착오를 겪어 왔다. 그동안 200여 가지가 넘는 효소를 담가보았고 설탕을 넣지 않은 식초를 만들어오고 있다.

　오늘은 우리가 즐겨 먹는 과일 중에서 아침에 먹으면 금과 같다는 사과로 식초를 만들어 보려고 한다. 요즘 사과는 여러 지역에서 재배되고 있다. 특히 지구 온난화가 지속되면서 우리나라 전국의 평균기온이 오르고 예전에는 재배가 되지 않던 곳에서 사과나무 재배를 하는 지역들이 생겼다. 그러다보니 처갓집이 있는 전라북도 진안지역에서도 사과를 생산하고 있다.

　처의 사촌오빠가 진안에서 인삼과 고구마, 고추 농사를 짓고 있어 가끔 방문하고는 하는데 사과만은 재배하지 않아서 그 지역 주변에 있는 사과 과수원을 찾게 되었다. 농장 주인이 지난해부터 사과 수확을 하고 있다며 먹어보라고 몇 개 따주었는데 달달하고 향이 참 좋았다. 사과 맛과 향에 대해 칭찬하는 말을 들은 농장 주인은 '제가 키웠지만 참 달고 새콤하면서 맛이 좋습니다.' 하며 사과가 풍년이 들어 기분이 좋다고 싱글벙글이다. 사과 과수원을 구경하고 집으로 돌아온 뒤 얼마가 지나 그 사과 맛이 생각나 사과를 주문하기 위해 전화를 했다. 그러나 농장 주인의 반가움보다는 근심어린 한숨이 먼저 들려왔다.

　사과가 익어 수확을 할 시점이 되었을 때 태풍의 여파로 나무가 줄줄이 넘어지고 부러져 열매는 대부분 떨어졌고 과수원 꼴이 엉망이 되고 말았다는 것이다. 그 말을 들은 우리 부부는 떨어진 사과를 어떻게 하면 좋을까 고민을 하게 되었다. 농장주와 한 번의 만남으로 시름까지 같이 나누게 된 것이다. 고민 끝에 비록 바람에 떨어져 제값을 받을 수는 없는 사과지만 충분히 먹을 수 있는 상태라니 주변 이웃들에게 도움을 청하여 십시일반 구입을 했다. 어려운 사람에게 먼저 손을 내밀고 잡아주는 마음들이 사과의 향기와 함께 가을바람에 실려 훈훈해진 느낌이다.

사과의 효능

한방에서 사과는 약이 되는 과일로 알려져 있다. 뇌를 보호하고 몸속 독소 등 유해물질을 제거시키는 효능이 있다. 사과의 대표 성분 중에는 당분과 유기산, 팩틴 등이 있는데 이들은 우리의 몸 안에 쌓인 피로물질을 없애주는 역할을 한다. 특히 팩틴은 장의 운동을 촉진시켜 변비 치료에 좋은 효과가 있다. 그 외 심장보호, 뇌졸중 예방, 항암작용, 변비예방, 노화방지, 빈혈치료, 치매예방, 폐질환 예방, 콜레스테롤 저하, 가려움증 치료, 소화불량, 고혈압 예방에 좋다고 알려져 있다.

현미사과식초 만드는 법

재료 및 준비물

현미 500g, 사과즙 500㎖, 누룩 250g, 엿기름 50g, 효모(이스트) 0.25t, 물 1,000㎖, 종초(술 양의 10~30%, 성공 포인트는 30%), 발효통 4ℓ, 함지박, 천, 고무줄, 일회용 비닐장갑, 국자

❶ 준비하기

사용할 도구들은 미리 소독을 해두고, 현미는 고슬고슬한 고두밥보다는 성공 확률이 높은 진밥으로 짓는다.

tip 누룩은 이화곡이나 밀누룩을 사용하는데, 전통적인 옛맛과 효능을 내고 산미도 좋은 밀누룩을 만들어 사용할 것을 권한다.

❷ 재료 손질하기

사과는 수분이 83.6%로 비교적 즙이 적게 나오며 필요하다면 물 15%를 넣고 짜도 된다. 씻은 사과는 물기를 최대한 털어낸 다음 씨를 빼고 껍질째 분쇄기로 갈아 즙을 짠다. 보통은 생즙과 물을 그대로 사용하나 사과즙과 물을 혼합해 끓여서 사용하면 오염이 되어 생길 수 있는 실패를 줄일 수 있고 감칠맛 나는 식초를 얻을 수 있다. 현미밥은 25℃ 정도로 식혀서 사용한다.

tip 설탕을 넣지 않고 현미와 사과를 섞어 식초를 만들 때 건더기가 들어가면 발효에 어려움이 있지만, 사과즙을 짜서 사용하면 발효가 잘되고 알코올 형성 또한 빨라져 실패 없이 질 좋은 사과식초를 만들 수 있다.

❸ 혼합하기

함지박에 현미밥, 사과즙, 누룩, 엿기름, 효모를 넣고 10분 동안 으깨듯이 치댄 뒤 물을 전부 넣고 섞어준다. 물은 상온에 반나절 정도 받아놓아 찬 기를 없앤 것을 사용하거나 25℃의 물을 사용한다. 사과는 당도(평균 8~15brix)가 있으니 물을 조금 더 넣고 발효시킨다.

tip 현미의 쌀알을 으깨듯이 치댈 때 믹서나 도깨비 방망이 등을 사용할 경우 식초가 탁해지고 잡맛이 생기므로 번거롭더라도 반드시 직접 손으로 해야 한다.

❹ 술 안치고 알코올발효하기(용기 안의 적정 온도 23~28℃)

식초를 담그기 위한 전단계로 현미와 사과로 전통술을 만드는 과정이다. 준비한 통에 혼합물을 넣고 용기 입구를 천으로 덮고 묶어둔다. 술은 산소를 싫어하는 혐기성 발효를 하므로 공기 차단을 위해 뚜껑을 천 위에 살짝 올려놓는다. 다음 날부터 뽀글뽀글 소리를 내면서 방울이 올리고오 발효를 시작한다. 3일 동안 매일 한두 번씩 저어주고 4일째 되는 날 랩으로 씌워 묶는다. 견출지에 식초 이름과 날짜를 써서 랩 가운데에 붙이고, 바늘로 초파리가 들어가지 못할 정도의 크기로 구멍을 한 개만 뚫어 에어 락을 만들어준다. 술 발효를 시작하면 3일째까지는 발효가 활발하게 이루어져 온도가 상승하므로 될 수 있으면 집을 비우지 않도록 한다.

tip 1. 술 발효 시 용기 안의 온도가 23℃ 이하로 내려가면 알코올발효가 제대로 되지 않으며 28℃ 이상 올라가면 잡균이 번식을 하여 실패의 원인이 되니 온도 조절에 신경을 써야 한다. 기온이 낮은 날에는 전기장판이나 이불, 보온 기구를 사용하여 온도를 맞춰준다.
2. 저어줄 때 밑까지 골고루 저어 가라앉은 앙금도 당화가 되도록 해준다. 사과식초는 술 발효 시 잡균이 잘 생기므로 신경 써서 저어주어야 한다. 통을 흔드는 것은 오염의 원인이 될 수 있으니 저어주는 방법으로 한다. 발효가 되면서 곰팡이 같은 것이 하얗게 생기는 경우가 있으나 몸에 해로운 물질은 아니고 계속 저어주면 없어진다. 저어줘도 계속 생기면 설탕 (사과즙과 물을 합한 양의 15%)을 넣고 저어주면 며칠 후 사라지며 발효는 계속 진행된다.

❺ 술 거르기(7~10일 정도)

당화 과정이 끝날 때쯤 현미 껍질이 떠오르기 시작하여 상층에 꽉 차게 떠오른다. 점차 뽀글뽀글 소리가 줄어들면서 현미 껍질이 다시 가라앉으면 발효가 다 끝난 것이니 거르기를 하면 된다. 사과식초 담금용 술을 완성하기 위해 거름망에 넣고 주물러 짠다.

tip 술을 거르는 시점은 당도, 사과즙, 현미, 누룩, 엿기름, 효모, 물 등 재료의 양과 온도 그리고 계절에 따라 달라진다. 보통은 7~10일 발효 뒤에 거르기를 한다.

❻ 식초 안치고 초산발효하기(용기 안의 적정 온도 27~30℃)

가수는 하지 않는다. 종초를 넣으면 실패율이 적어지며 전체 술 양의 10~30%의 종초를 넣으면 된다. 식초는 많은 양의 산소를 필요로 하는 호기성 발효를 하므로 뚜껑은 덮지 않고 천 또는 한지로 덮어 묶고 그 위에 옛날 십 원짜리 동전을 올려둔다. 발효 기간은 3개월 정도이며 온도는 27~30℃를 유지하는 것이 중요하다. 발효되는 동안 일주일에 한두 번씩 저어준다. 초산발효는 25~34℃에서도 가능하다.

tip 초산균은 알코올 6~8도의 환경을 좋아하며 산도를 조절하기기 위해 물을 섞는 가수를 한다. 저자의 식초는 처음부터 가수를 하여 담는 방법이므로 추가로 물을 넣을 필요가 없다. 초산균이 살아 있는 씨앗식초인 종초를 많이 넣으면 식초 성공률이 높아진다.

❼ 산도 체크하기

초막이 생기고 십 원짜리 동전에 초록색 녹이 슬면 식초가 만들어지고 있는 것이다. 초막은 식초가 완성되면 자연스럽게 줄어든다.

tip 시중에서 판매되는 일반 식초는 산도 4.0 이상이며 감식초는 2.6 이상이다. 초막은 알코올 도수와 당도, 종초의 양, 온도와 환경에 따라 5일에서 2개월 정도 걸리며 생기지 않는 경우도 있다. 담금 시 물을 적게 넣으면 초막이 늦게 생기며 산도가 조금 낮은 식초가 만들어질 수 있으나 버리지 않고 샐러드나 식초음료로 활용하면 된다.

❽ 숙성하기(6~9개월, 사과 흑초 만들기)

3개월 뒤에 앙금과 맑은 식초 상초를 분리한다. 6~9개월 더 숙성을 하면 맛은 부드럽고 색은 황갈색으로 변하면서 약성 좋고 향이 은은한 사

과 흑초가 만들어진다. 숙성된 식초는 실온에서는 초막이 다시 생기지 않으나 공기와의 접촉을 피할 수 있게 밀봉하여 보관한다.

tip 상층에 뜨는 맑은 식초는 분리하여 바로 먹어도 된다. 하초 앙금을 종초로 사용할 수 있으며 생막걸리를 부어 막걸리식초를 만들 수 있다. 앙금을 종초로 사용할 경우 생막걸리 양의 30%를 넣으면 된다.

❾ 현미사과천연식초의 음용

식초와 물을 1:10(사과식초 20㎖, 물 200㎖)로 희석하여 하루 1~3회 먹는다. 위가 약한 사람은 식후에 바로 먹는다.

tip 현미 사과천연식초 효소음료 만들기
사과식초, 사과효소, 물을 1:1:6(사과식초 20㎖, 사과효소 20㎖, 물 120㎖)으로 희석해 얼음 몇 조각 넣어 먹는다. 사과효소가 없으면 매실효소 등 다른 효소를 넣어도 된다.

도전! 명품 식초 만들기

현미사과양배추식초 만들기

양배추를 넣어 위장 보호와 대장활동을 원활하게 할 수 있는 효능 좋은 명품 식초를 만들어 보자. 양배추는 수분이 93.5%이며 비교적 즙이 잘 나오나 물 5%를 넣고 짜도 된다. 잘 씻은 양배추는 분쇄기로 갈아 즙을 짠다. 초막이 늦게 생기고 식초가 완성되는 데 걸리는 시간이 길어진다. 이 식초 속에는 누룩, 엿기름, 사과, 양배추, 현미 등의 약성이 포함되어 있어 식이요법으로 하루에 1~3회 약처럼 마시면 좋다. 위가 좋지 않다면 식후 바로 마실 것을 권한다.

❶ 현미 500g, 사과즙 500㎖, 양배추즙 500㎖, 누룩 250g, 엿기름 50g, 효모(이스트) 0.25t, 물 500㎖, 종초(술 양의 10~30%, 성공 포인트는 30%), 발효통 4ℓ를 준비한다.
❷ 만드는 과정은 사과식초 만들기와 동일하다. 명품 식초인 만큼 술 발효 기간이 약간 길어진다는 점을 기억하자.

솔잎식초

　때이른 추석 명절로 다들 마음이 바쁜 9월이었다. 과수 농장에서는 주렁주렁 열려 있는 사과며 배를 명절 대목에 맞춰 수확하느라 분주하게 움직여야 했고, 대체 휴일이 처음 시작되는 해라 고속도로 곳곳이 혼란스럽기도 했다. 하지만 개인적으로는 연휴기간이 길다 보니 차량이 분산되어 고향에 다녀오는 길이 막히지 않아 좋았다.

　우리 가족은 군산에서 혼자 사시는 아버지를 찾아뵙기 위해 새벽같이 일어나 고향으로 향했다. 해가 뜨기 전 새벽바람을 가르며 우리의 귀성길은 시작이 되었다. 한참을 달려 시골집에 다다를 때쯤 아침 해가 막 떠오르기 시작했고, 옆에서 꾸벅꾸벅 졸던 아내가 잠에서 깨어났다. 귀성길에서 이렇게 맞이하는 아침 해와 코끝 찡한 이른 아침의 바람을 좋아하는 아내를 위해 매번 새벽길을 달리게 된다.

　시골집에 도착을 하니 아버지와 둘째형님 부부가 우리를 반갑게 맞이해 주셨다. 잠을 설치고 오랜 시간 운전을 하여 피곤한 몸이었지만 가족을 만나는 순간 피로가 사르르 눈 녹듯이 녹아내렸다. 가족의 얼굴이 활력소가 되는 순간이었다. 차가 밀리지 않아 모두들 빨리 도착을 했는데 장을 봐오는 큰형님 부부가 늦게 도착하는 바람에 오후 늦게서야 전이며 명절음식 장만이 시작되었다. 나는 옆에 쪼그리고 앉아 갓 부친 고구마전과 동태전 등 각종 전을 시식했다.

　새벽같이 일어나 온 가족이 차례를 지내며 앞으로도 건강하게 지낼 수 있도록 해달라고 빌었다. 차례가 끝나고 성묘를 위해 묘 앞에 서니 살아 생전 할머니와 어머니의 모습이 생생하게 스쳐 지나갔다. 그 분들의 온기가 나의 몸에 고스란히 전해오는 느낌에 보고 싶은 마음이 사무쳤다. 그렇게 조상님들께 문안인사를 드리고 주변에 있는 소나무에서 여린 솔잎을 조금 땄다. 어머니께서는 평소에 솔잎을 요구르트와 함께 갈아드셨다. 당신의 건강을 위해 스스로 몸을 챙기지는 않았지만 외가 어른들이 혈액순환에 문제가 있었던 터라 심근경색 등 혈관성 질환이 걱정 되신다며 솔잎을 자주 챙겨 드시곤 하셨다. 어머니를 생각하며 솔 향 가득한 솔잎식초를 담가본다.

솔잎의 효능

솔잎은 다이어트에 좋고 허기를 달래는 데 좋으며 갈증을 풀어준다. 엽록소 성분과 비타민C가 많아 피로를 풀어주고, 철분이 함유되어 있어 빈혈 등에 효과적이다. 뇌졸중과 혈액순환 장애를 개선시키고, 위궤양과 상처를 치료하는 데도 좋다. 니코틴 해독, 혈당강하 등의 효능이 있다고도 알려져 있다. 심신 안정 등에 효능이 있어 초조, 불안, 흥분을 진정시킨다.

현미솔잎식초 만드는 법

재료 및 준비물

현미 500g, 솔잎즙 500㎖, 누룩 250g, 엿기름 100g, 효모(이스트) 0.25t, 물 900㎖, 종초(술 양의 10~30%, 성공 포인트는 30%), 발효통 4ℓ, 함지박, 천, 고무줄, 일회용 비닐장갑, 국자

❶ 준비하기

사용할 도구들은 미리 소독을 해두고, 현미는 고슬고슬한 고두밥보다는 성공 확률이 높은 진밥으로 짓는다.

tip 누룩은 이화곡이나 밀누룩을 사용하는데, 전통적인 옛맛과 효능을 내고 산미도 좋은 밀누룩을 만들어 사용할 것을 권한다.

❷ 재료 손질하기

솔잎은 수분이 58.1%이며 즙이 거의 나오지 않으므로 물 40%를 섞어서 짠다. 세심하게 씻은 솔잎은 물기를 최대한 털어낸 다음 분쇄기로 갈아 즙을 짠다. 보통은 생즙과 물을 그대로 사용하나 솔잎즙과 물을 혼합해 끓여서 사용하면 오염이 되어 생길 수 있는 실패를 줄일 수 있고 감칠맛 나는 식초를 얻을 수 있다. 현미밥은 25℃ 정도로 식혀서 사용한다.

tip 설탕을 넣지 않고 현미와 솔잎을 섞어 식초를 만들 때 건더기가 들어가면

발효에 어려움이 있지만, 솔잎즙을 짜서 사용하면 발효가 잘되고 알코올 형성 또한 빨라져 실패 없이 질 좋은 솔잎식초를 만들 수 있다.

❸ 혼합하기

함지박에 현미밥, 솔잎즙, 누룩, 엿기름, 효모를 넣고 10분 동안 으깨듯이 치댄 뒤 물을 전부 넣고 섞어준다. 물은 상온에 반나절 정도 받아놓아 찬 기를 없앤 것을 사용하거나 25℃의 물을 사용한다.

tip 현미의 쌀알을 으깨듯이 치댈 때 믹서나 도깨비 방망이 등을 사용할 경우 식초가 탁해지고 잡맛이 생기므로 번거롭더라도 반드시 직접 손으로 해야 한다.

❹ 술 안치고 알코올발효하기(용기 안의 적정 온도 23~28℃)

식초를 담그기 위한 전단계로 현미와 솔잎으로 전통술을 만드는 과정이 다. 준비한 통에 혼합물을 넣고 용기 입구를 천으로 덮고 묶어둔다. 술은 산소를 싫어하는 혐기성 발효를 하므로 공기 차단을 위해 뚜껑을 천 위에 살짝 올려 놓는다. 다음 날부터 뽀글뽀글 소리를 내면서 방울이 올라오고 발효를 시작한다. 3일 동안 매일 한두 번씩 저어주고 4일째 되는 날 랩으로 씌워 묶는다. 견출지에 식초 이름과 날짜를 써서 랩 가운데에 붙이고, 바늘로 초파리가 들어가지 못할 정도 크기의 구멍을 한 개만 뚫어 에어 락을 만들어준다. 술 발효를 시작하면 3일째까지는 발효가 활발하게 이루어져 온도가 상승하므로 될 수 있으면 집을 비우지 않는 것이 좋겠다.

tip 1. 술 발효 시 용기 안의 온도가 23℃ 이하로 내려가면 알코올발효가 제대로 되지 않으며 28℃ 이상 올라가면 잡균이 번식을 하여 실패의 원인이 되니 온도 조절에 신경을 써야 한다. 기온이 낮은 날에는 전기장판이나 이불, 보온 기구를 사용하여 온도를 맞춰준다.

2. 저어줄 때 밑까지 골고루 저어 가라앉은 앙금도 당화가 되도록 해준다. 솔잎식초는 술 발효 시 잡균이 잘 생기므로 신경 써서 저어주어야 한다. 통을 흔드는 것은 오염의 원인이 될 수 있으니 저어주는 방법으로 한다. 발효가 되면서 곰팡이 같은 것이 하얗게 생기는 경우가 있으나 몸에 해로운 물질은 아니고 계속 저어주면 없어진다. 저어줘도 계속 생기면 설탕(솔잎즙과 물을 합한 양의 15%)을 넣고 저어주면 며칠 후 사라지며 발효는 계속 진행된다.

❺ 술 거르기(7~10일 정도)

당화 과정이 끝날 때쯤 현미 껍질이 떠오르기 시작하여 상층에 꽉 차게 떠오른다. 점차 뽀글뽀글 소리가 줄어들면서 현미 껍질이 다시 가라앉으면 발효가 다 끝난 것이니 거르기를 하면 된다. 솔잎식초 담금용 술을 완성하기 위해 거름망에 넣고 주물러 짠다.

tip 술을 거르는 시점은 당도, 솔잎즙, 현미, 누룩, 엿기름, 효모, 물 등 재료의 양과 온도 그리고 계절에 따라 달라진다. 보통은 7~10일 발효 뒤에 거르기를 한다.

❻ 식초 안치고 초산발효하기(용기 안의 적정 온도 27~30℃)

가수는 하지 않는다. 종초를 넣으면 실패율이 적어지며 전체 술 양의 10~30%의 종초를 넣으면 된다. 식초는 많은 양의 산소를 필요로 하는 호기성 발효를 하므로 뚜껑은 덮지 않고 천 또는 한지로 덮어 묶고 그 위에 옛날 십 원짜리 동전을 올려둔다. 발효 기간은 3개월 정도이며 온도는 27~30℃를 유지하는 것이 중요하다. 발효되는 동안 일주일에 한두 번씩 저어준다. 초산발효는 25~34℃에서도 가능하다.

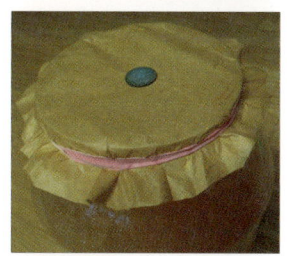

tip 초산균은 알코올 6~8도의 환경을 좋아하며 산도를 조절하기기 위해 물을 섞는 가수를 한다. 저자의 식초는 처음부터 가수를 하여 담는 방법이므로 추가로 물을 넣을 필요가 없다. 초산균이 살아 있는 씨앗식초인 종초를 많이 넣으면 식초 성공률이 높아진다.

❼ 산도 체크하기

초막이 생기고 십 원짜리 동전에 초록색 녹이 슬면 식초가 만들어지고 있는 것이다. 초막은 식초가 완성되면 자연스럽게 줄어든다.

tip 시중에서 판매되는 일반 식초는 산도 4.0 이상이며 감식초는 2.6 이상이다. 초막은 알코올 도수와 당도, 종초의 양, 온도와 환경에 따라 5일에서 2개월 정도 걸리며 생기지 않는 경우도 있다. 담금 시 물을 적게 넣으면 초막이 늦게 생기며 산도가 조금 낮은 식초가 만들어질 수 있으나 버리지 않고 샐러드나 식초음료로 활용하면 된다.

❽ 숙성하기(6~9개월, 솔잎 흑초 만들기)

3개월 뒤에 앙금과 맑은 식초 상초를 분리한다. 6~9개월 더 숙성을 하면 맛은 부드럽고 색은 황갈색으로 변하면서 약성 좋고 향이 은은한 솔

잎 흑초가 만들어진다. 숙성된 식초는 실온에서는 초막이 다시 생기지 않으나 공기와의 접촉을 피할 수 있게 밀봉하여 보관한다.

tip 상층에 뜨는 맑은 식초는 분리하여 바로 먹어도 된다. 하초 앙금을 종초로 사용할 수 있으며 생막걸리를 부어 막걸리식초를 만들 수 있다. 앙금을 종초로 사용할 경우 생막걸리 양의 30%를 넣으면 된다.

❾ 현미솔잎천연식초의 음용

식초와 물을 1:10(솔잎식초 20㎖, 물 200㎖)로 희석하여 하루 1~3회 먹는다. 위가 약한 사람은 식후에 바로 먹는다.

tip 현미 솔잎천연식초 효소음료 만들기
솔잎식초, 솔잎효소, 물을 1:1:6(솔잎식초 20㎖, 솔잎효소 20㎖, 물 120㎖)으로 희석해 얼음 몇 조각 넣어 먹는다. 솔잎효소가 없으면 매실효소 등 다른 효소를 넣어도 된다.

도전! 명품 식초 만들기

현미솔잎양파식초 만들기

양파즙을 넣어 혈액순환 장애와 고지혈증 등 성인병을 예방할 수 있는 명품 식초를 만들어 보자. 양파는 수분이 90.1%로 수분이 많지만 7% 정도의 물을 섞어 즙을 짜도 된다. 잘 씻은 양파는 분쇄기로 갈아 즙을 짠다. 깨끗한 겉껍질은 물을 넣고 끓여서 사용해도 된다. 초막이 늦게 생기고 식초가 완성되는 데 걸리는 시간이 길어진다. 이 식초 속에는 누룩, 엿기름, 솔잎, 양파, 현미 등의 약성이 포함되어 있어 식이요법으로 하루에 1~3회 약처럼 마시면 좋다. 위가 좋지 않다면 식후 바로 마실 것을 권한다.

❶ 현미 500g, 솔잎즙 500㎖, 양파즙 500㎖, 누룩 250g, 엿기름 100g, 효모(이스트) 0.25t, 물 400㎖, 종초(술 양의 10~30%, 성공 포인트는 30%), 발효통 4ℓ를 준비한다.
❷ 만드는 과정은 솔잎식초 만들기와 동일하다. 명품 식초인 만큼 술 발효 기간이 약간 길어진다는 점을 기억하자.

양배추식초

    속쓰림과 위통으로 음식을 제대로 먹을 수 없던 시절이 있었다. 내가 제일 좋아하는 새콤한 식초가 들어간 홍어초무침 한 젓가락, 김치 한 조각, 아니 커피 한 모금만이라도 먹어봤으면 소원이 없겠던 시절이었다.

    위장 장애로 인해 위장약을 늘 입에 달고 살았고, 병원을 내 집처럼 들락거렸다. '혹시나 죽을병은 아닐까? 결혼을 한 지도 얼마 되지 않았는데……, 아들 녀석은 걸음마도 떼지 못해 아빠가 없으면 안 되는데……, 이렇게 죽는 걸까?' 하루도 걱정과 근심에서 벗어날 수 없었다.

    큰마음 먹고 병원에 찾아가 내시경을 했는데 의사 선생님 하는 말은 너무나 간단했다. 위염이니 술 담배 조심하고 매운 음식 조심하라는 말이 전부였다. 그러더니 부모님께서 이러한 질병을 앓은 적이 있느냐고 가족력을 물었다.

    우리 아버지는 위장 장애와 만성 설사로 지금까지 고생을 하고 계신다. 큰누나는 위암으로 위 전체를 잘라냈다. 큰형님과 셋째형님도 장이 좋지 않아 고생을 한다. 또 다른 형과 누나들 역시 위와 장이 건강하지 않다. 이를 보면 내게 일어난 장의 문제 역시 집안 내력임이 분명하다. 이렇게 가족력이 있었어도 20대 후반까지는 아무 증상도 없던 터라 술과 담배를 무식할 정도로 많이 했다. 그러다가 결혼 직후부터 장에 문제가 나타나기 시작했고, 한 번 시작되자 걷잡을 수가 없었다. 김치 한 조각, 커피 한 잔에도 배를 쥐어 숨을 쉴 수 없을 정도로 고통을 겪어야 했다. 지금 생각해 보면 그 시절을 어떻게 지내왔나 싶을 정도다. 병원 처방약을 3개월 정도 꾸준히 먹으면 치료가 되는가 싶다가도 한 달이 지나면 다시 통증이 찾아오길 반복했다. 그렇게 고통스러운 나날을 보내던 중 어떤 방송에서 술을 자주 마시는 사람들을 대상으로 양배추즙의 효과를 시험해보는 모습을 보게 되었다. 방송에 따르면 양배추즙은 확실히 효과가 있었다.

    그 후로 혹시나 하는 마음에, 아니 낭떠러지에서 지푸라기라도 붙잡는 심정으로 양배추즙을 먹기 시작했다. 이런 양배추 사랑 덕분인지 다행히 나의 위장은 예전에 비한다면 놀라울 정도로 좋아졌다. 요즘엔 양배추식초로 계속해서 위장을 관리하고 있다.

양배추의 효능

양배추에 함유된 유황과 염소, 비타민 U와 K 성분이 위장의 점막을 강화하여 위궤양이나 장내출혈과 같은 위장병을 예방한다. 또 식이섬유가 풍부하게 함유되어 있어 양배추를 꾸준히 섭취할 경우 장 속의 노폐물과 각종 독성물질을 배출하는 데 효과적이다. 또 식이섬유는 장의 연동운동을 활발하게 하여 소화를 촉진하고 변비를 개선하는 데 도움이 된다. 글루코시놀레이트와 베타카로틴 성분은 폐암, 위암, 대장암 등을 비롯한 각종 암의 발병률을 낮춰주는 데 도움이 된다. 그 외 어린이들의 면역력 강화, 산모의 엽산보충, 해열작용, 간기능 개선 등에도 효능이 있다.

현미양배추식초 만드는 법

❶ 준비하기

사용할 도구들은 미리 소독을 해두고, 현미는 고슬고슬한 고두밥보다는 성공 확률이 높은 진밥으로 짓는다.

tip 누룩은 이화곡이나 밀누룩을 사용하는데, 전통적인 옛맛과 효능을 내고 산미도 좋은 밀누룩을 만들어 사용할 것을 권한다.

❷ 재료 손질하기

양배추는 수분이 93.5%로 비교적 즙이 잘 나오며 필요하다면 물 7%를 넣고 짜도 된다. 씻은 양배추는 물기를 최대한 털어낸 다음 분쇄기로 갈아 즙을 짠다. 보통은 생즙과 물을 그대로 사용하나 양배추즙과 물을 혼합해 끓여서 사용하면 오염이 되어 생길 수 있는 실패를 줄일 수 있고 감

칠맛 나는 식초를 얻을 수 있다. 현미밥은 25℃ 정도로 식혀서 사용한다.

tip 설탕을 넣지 않고 현미와 양배추를 섞어 식초를 만들 때 건더기가 들어가
면 발효에 어려움이 있지만, 양배추즙을 짜서 사용하면 발효가 잘되고 알
코올 형성 또한 빨라져 실패 없이 질 좋은 양배추식초를 만들 수 있다.

❸ 혼합하기

함지박에 현미밥, 양배추즙, 누룩, 엿기름, 효모를 넣고 10분 동안 으깨듯
이 치댄 뒤 물을 전부 넣고 섞어준다. 물은 상온에 반나절 정도 받아놓아
찬 기를 없앤 것을 사용하거나 25℃의 물을 사용한다.

tip 현미의 쌀알을 으깨듯이 치댈 때 믹서나 도깨비 방망이 등을 사용할 경우
식초가 탁해지고 잡맛이 생기므로 번거롭더라도 반드시 직접 손으로 해야
한다.

❹ 술 안치고 알코올발효하기(용기 안의 적정 온도 23~28℃)

식초를 담그기 위한 전단계로 현미와 양배추로 전통술을 만드는 과정이
다. 준비한 통에 혼합물을 넣고 용기 입구를 천으로 덮고 묶어둔다. 술은
산소를 싫어하는 혐기성 발효를 하므로 공기 차단을 위해 뚜껑을 천 위에
살짝 올려놓는다. 다음 날부터 뽀글뽀글 소리를 내면서 방울이 올라오고
발효를 시작한다. 3일 동안 매일 한두 번씩 저어주고 4일째 되는 날 랩으
로 씌워 묶는다. 견출지에 식초 이름과 날짜를 써서 랩 가운데에 붙이고,
바늘로 초파리가 들어가지 못할 정도의 크기로 구멍을 한 개만 뚫어 에어
락을 만들어준다. 술 발효를 시작하면 3일째까지는 발효가 활발하게 이루
어져 온도가 상승하므로 될 수 있으면 집을 비우지 않도록 한다.

tip 1. 술 발효 시 용기 안의 온도가 23℃ 이하로 내려가면 알코올발효가 제대
로 되지 않으며 28℃ 이상 올라가면 잡균이 번식을 하여 실패의 원인이
되니 온도 조절에 신경을 써야 한다. 기온이 낮은 날에는 전기장판이나
이불, 보온 기구를 사용하여 온도를 맞춰준다.

2. 저어줄 때 밑까지 골고루 저어 가라앉은 앙금도 당화가 되도록 해준다.
양배추식초는 술 발효 시 잡균이 잘 생기므로 신경 써서 저어주어야 한
다. 통을 흔드는 것은 오염의 원인이 될 수 있으니 저어주는 방법으로 한
다. 발효가 되면서 곰팡이 같은 것이 하얗게 생기는 경우가 있으나 몸에
해로운 물질은 아니고 계속 저어주면 없어진다. 저어줘도 계속 생기면 설
탕(양배추즙과 물을 합한 양의 15%)을 넣고 저어주면 며칠 후 사라지며
발효는 계속 진행된다.

❺ 술 거르기(7~10일 정도)

당화 과정이 끝날 때쯤 현미 껍질이 떠오르기 시작하여 상층에 꽉 차게 떠오른다. 점차 뽀글뽀글 소리가 줄어들면서 현미 껍질이 다시 가라앉으면 발효가 다 끝난 것이니 거르기를 하면 된다. 양배추식초 담금용 술을 완성하기 위해 거름망에 넣고 주물러 짠다.

tip 술을 거르는 시점은 당도, 양배추즙, 현미, 누룩, 엿기름, 효모, 물 등 재료의 양과 온도 그리고 계절에 따라 달라진다. 보통은 7~10일 발효 뒤에 거르기를 한다.

❻ 식초 안치고 초산발효하기(용기 안의 적정 온도 27~30℃)

가수는 하지 않는다. 종초를 넣으면 실패율이 적어지며 전체 술 양의 10~30%의 종초를 넣으면 된다. 식초는 많은 양의 산소를 필요로 하는 호기성 발효를 하므로 뚜껑은 덮지 않고 천 또는 한지로 덮어 묶고 그 위에 옛날 십 원짜리 동전을 올려둔다. 발효 기간은 3개월 정도이며 온도는 27~30℃를 유지하는 것이 중요하다. 발효되는 동안 일주일에 한두 번씩 저어준다. 초산발효는 25~34℃에서도 가능하다.

tip 초산균은 알코올 6~8도의 환경을 좋아하며 산도를 조절하기기 위해 물을 섞는 가수를 한다. 저자의 식초는 처음부터 가수를 하여 담는 방법이므로 추가로 물을 넣을 필요가 없다. 초산균이 살아 있는 씨앗식초인 종초를 많이 넣으면 식초 성공률이 높아진다.

❼ 산도 체크하기

초막이 생기고 십 원짜리 동전에 초록색 녹이 슬면 식초가 만들어지고 있는 것이다. 초막은 식초가 완성되면 자연스럽게 줄어든다.

tip 시중에서 판매되는 일반 식초는 산도 4.0 이상이며 감식초는 2.6 이상이다. 초막은 알코올 도수와 당도, 종초의 양, 온도와 환경에 따라 5일에서 2개월 정도 걸리며 생기지 않는 경우도 있다. 담금 시 물을 적게 넣으면 초막이 늦게 생기며 산도가 조금 낮은 식초가 만들어질 수 있으나 버리지 않고 샐러드나 식초음료로 활용하면 된다.

❽ 숙성하기(6~9개월, 양배추 흑초 만들기)

3개월 뒤에 앙금과 맑은 식초 상초를 분리한다. 6~9개월 더 숙성을 하면 맛은 부드럽고 색은 황갈색으로 변하면서 약성 좋고 향이 은은한 양

배추 흑초가 만들어진다. 숙성된 식초는 실온에서는 초막이 다시 생기지 않으나 공기와의 접촉을 피할 수 있게 밀봉하여 보관한다.

tip 상층에 뜨는 맑은 식초는 분리하여 바로 먹어도 된다. 하초 앙금을 종초로 사용할 수 있으며 생막걸리를 부어 막걸리식초를 만들 수 있다. 앙금을 종초로 사용할 경우 생막걸리 양의 30%를 넣으면 된다.

❾ 현미양배추천연식초의 음용

식초와 물을 1:10(양배추식초 20㎖, 물 200㎖)로 희석하여 하루 1~3회 먹는다. 위가 약한 사람은 식후에 바로 먹는다.

tip 현미 양배추천연식초 효소음료 만들기
양배추식초, 양배추효소, 물을 1:1:6(양배추식초 20㎖, 양배추효소 20㎖, 물 120㎖)으로 희석해 얼음 몇 조각 넣어 먹는다. 양배추효소가 없으면 매실효소 등 다른 효소를 넣어도 된다.

도전! 명품 식초 만들기

현미양배추감자식초 만들기

감자를 넣어 위장을 좋게 할 수 있는 효능을 높인 명품 식초를 만들어보자. 감자는 수분이 81.4%이며 비교적 즙이 잘 나오지 않으며 물 20%를 넣고 짜도 된다. 잘 씻은 감자는 껍질까서 분쇄기로 갈아 즙을 짠다. 초막이 늦게 생기고 식초가 완성되는 데 걸리는 시간이 길어진다. 이 식초 속에는 누룩, 엿기름, 양배추, 감자, 현미 등의 약성이 포함되어 있어 식이요법으로 하루에 1~3회 약처럼 마시면 좋다. 위가 좋지 않다면 식후 바로 마실 것을 권한다.

❶ 현미 500g, 양배추즙 500㎖, 감자즙 500㎖, 누룩 250g, 엿기름 100g, 효모(이스트) 0.25t, 물 400㎖, 종초(술 양의 10~30%, 성공 포인트는 30%), 발효통 4ℓ를 준비한다.
❷ 만드는 과정은 양배추식초 만들기와 동일하다. 명품 식초인 만큼 술 발효 기간이 약간 길어진다는 점을 기억하자.

오가피식초

　10여 년 전에 가평에 살고 계신 큰형님께서 산에서 자연산 오가피 어린 묘목을 캐와 시골집 담장 아래 약간 그늘진 곳에 심어두었다. 1~2년생 정도로 보이는 아주 어린 묘목이었는데 몇 해가 지나자 가지가 무성해지고 꽃을 피우더니 열매를 맺었다. 오가피는 자생력이 강해 장소를 가리지 않고 잘 자라며 자신의 종족 번식을 위해 꽃과 열매를 잘 맺는 나무인 것 같다. 그렇게 잘 자라준 오가피 덕분에 우리 형제들은 시골집에 갈 때마다 순을 뜯어 먹고 나뭇가지를 잘라 차로 끓여 마시며 열매를 따서 술을 담그기도 한다. 하지만 시골에 계신 아버지는 그 오가피가 효능이 있으면 얼마나 있겠느냐며 전혀 관심이 없으시다.

　아버지는 평생 술을 즐기셨는데, 지금도 매일 소주 두 병 이상을 드신다. 이렇게 술을 즐기시다보니 당신의 건강을 지키기 위한 나름의 비법도 찾아내셨는데, 그게 아이러니하게도 오가피 진액이다. 집에 있는 오가피나무는 쳐다보지도 않으시지만 해마다 오가피 진액을 구입해서 하루도 거르지 않고 드신다. 아무튼 그렇게 수년 동안 오가피 진액을 드셔서 그런지 아무리 술을 드셔도 취하지 않고 건강하게 살고 계신다. 꾸준히 드셨던 오가피가 아버지의 간을 지켜드린 것 같다.

　나는 시골집을 찾을 때마다 오가피나무를 조금씩 잘라다 놓고 물을 끓일 때 넣어 그 물을 마신다. 몸이 치쳐 피곤하거나 눈이 침침해질 때 오가피 나무를 평소보다 더 넣고 차를 끓여 마시면 피곤이 풀리고 눈이 밝아지는 느낌이 든다.

　얼마 전에는 막걸리를 담그면서 오가피 끓인 물을 넣고 담가 먹었고, 말린 오가피로는 설탕 시럽을 넣어 효소를 담가 두었다가 식초를 안칠 때 넣기도 했다. 오가피는 간 건강에 도움을 주는 특수한 약성을 지닌 약재지만 평소에 먹는 음식처럼 하루 세 번 습관을 들이면 부작용 없이 꾸준히 먹을 수 있는 약재다. 오늘 아침에도 오가피효소에 오가피식초를 섞어 한 잔 마시니 하루 종일 몸이 피곤하지 않고 좋은 것 같다.

오가피의 효능

오가피는 간에 쌓인 유해물질을 몸 밖으로 배출시키고 해독하는 효과가 있어서 간기능에 도움을 주어 간 건강을 개선하고 간경화를 억제시키며 숙취해소 등에 효과가 있다. 오가피 가지나 뿌리를 달여서 꾸준히 섭취하면 혈당수치가 내려가고 콜레스테롤을 제거하여 혈관을 확장시켜 고혈압 개선에도 효과가 있다. 또한 스트레스를 줄이고 심신을 안정시키는 효과가 있어서 불면증이 있는 사람들에게 좋다. 그 외 신진대사 촉진, 세포활성, 콜레스테롤 수치 저하, 전립선 건강, 정력증대, 위궤양, 학습능력 향상, 혈당저하, 혈액순환 향상, 신경통, 관절염, 피부노화 방지 등에 도움이 된다.

현미오가피식초 만드는 법

재료 및 순비룰

현미 500g, 오가피 끓인 물 1,400㎖(말린 오가피 200g+물 2,800㎖), 누룩 250g, 엿기름 100g, 효모(이스트) 0.25t, 종초(술 양의 10~30%, 성공 포인트는 30%), 발효통 4ℓ, 함지박, 천, 고무줄, 일회용 비닐장갑, 국자

❶ 준비하기

사용할 도구들은 미리 소독을 해두고, 현미는 고슬고슬한 고두밥보다는 성공 확률이 높은 진밥으로 짓는다.

tip 누룩은 이화곡이나 밀누룩을 사용하는데, 전통적인 옛맛과 효능을 내고 산미도 좋은 밀누룩을 만들어 사용할 것을 권한다.

❷ 재료 손질하기

말린 오가피 200g을 흐르는 물에 씻은 뒤 물 2,800㎖를 넣고 물 양이 반이 될 때까지 은근히 끓인 후 거른다. 오가피를 끓여서 사용하면 오염이 되어 생길 수 있는 실패를 줄일 수 있고 감칠맛 나는 식초를 얻을 수 있다. 현미밥은 25℃ 정도로 식혀서 사용한다.

tip 설탕을 넣지 않고 현미와 오가피를 섞어 식초를 만들 때 오가피 끓인 물을 사용하면 발효가 잘되고 알코올 형성 또한 빨라져 실패 없이 질 좋은 오가피식초를 만들 수 있다.

❸ 혼합하기

함지박에 현미밥, 오가피 끓인 물 50%, 누룩, 엿기름, 효모를 넣고 10분 동안 으깨듯이 치댄 뒤 남은 오가피 끓인 물 50% 전부를 넣고 섞어준다. 오가피 끓인 물은 25℃ 정도로 식혀 사용한다.

tip 현미의 쌀알을 으깨듯이 치댈 때 믹서나 도깨비 방망이 등을 사용할 경우 식초가 탁해지고 잡맛이 생기므로 번거롭더라도 반드시 직접 손으로 해야 한다.

❹ 술 안치고 알코올발효하기(용기 안의 적정 온도 23~28℃)

식초를 담그기 위한 전단계로 현미와 오가피로 전통술을 만드는 과정이다. 준비한 통에 혼합물을 넣고 용기 입구를 천으로 덮고 묶어둔다. 술은 산소를 싫어하는 혐기성 발효를 하므로 공기 차단을 위해 뚜껑을 천 위에 살짝 올려놓는다. 다음 날부터 뽀글뽀글 소리를 내면서 방울이 올라오고 발효를 시작한다. 3일 동안 매일 한두 번씩 저어주고 4일째 되는 날 랩으로 씌워 묶는다. 견출지에 식초 이름과 날짜를 써서 랩 가운데에 붙이고, 바늘로 초파리가 들어가지 못할 정도의 크기로 구멍을 한 개만 뚫어 에어 락을 만들어준다. 술 발효를 시작하면 3일째까지는 발효가 활발하게 이루어져 온도가 상승하므로 될 수 있으면 집을 비우지 않도록 한다.

tip 1. 술 발효 시 용기 안의 온도가 23℃ 이하로 내려가면 알코올발효가 제대로 되지 않으며 28℃ 이상 올라가면 잡균이 번식을 하여 실패의 원인이 되니 온도 조절에 신경을 써야 한다. 기온이 낮은 날에는 전기장판이나 이불, 보온 기구를 사용하여 온도를 맞춰준다.
2. 저어줄 때 밑까지 골고루 저어 가라앉은 앙금도 당화가 되도록 해준다. 오가피식초는 술 발효 시 잡균이 잘 생기므로 신경 써서 저어주어야 한다. 통을 흔드는 것은 오염의 원인이 될 수 있으니 저어주는 방법으로 한다. 발효가 되면서 곰팡이 같은 것이 하얗게 생기는 경우가 있으나 몸에 해로운 물질은 아니고 계속 저어주면 없어진다. 저어줘도 계속 생기면 설탕(오가피 끓인 물의 15%)을 넣고 저어주면 며칠 후 사라지며 발효는 계속 진행된다.

❺ 술 거르기(7~10일 정도)

당화 과정이 끝날 때쯤 현미 껍질이 떠오르기 시작하여 상층에 꽉 차게 떠오른다. 점차 뽀글뽀글 소리가 줄어들면서 현미 껍질이 다시 가라앉으면 발효가 다 끝난 것이니 거르기를 하면 된다. 오가피식초 담금용 술을 완성하기 위해 거름망에 넣고 주물러 짠다.

tip 술을 거르는 시점은 당도, 오가피즙, 현미, 누룩, 엿기름, 효모, 물 등 재료의 양과 온도 그리고 계절에 따라 달라진다. 보통은 7~10일 발효 뒤에 거르기를 한다.

❻ 식초 안치고 초산발효하기(용기 안의 적정 온도 27~30℃)

가수는 하지 않는다. 종초를 넣으면 실패율이 적어지며 전체 술 양의 10~30%의 종초를 넣으면 된다. 식초는 많은 양의 산소를 필요로 하는 호기성 발효를 하므로 뚜껑은 덮지 않고 천 또는 한지로 덮어 묶고 그 위에 옛날 십 원짜리 동전을 올려둔다. 발효 기간은 3개월 정도이며 온도는 27~30℃를 유지하는 것이 중요하다. 발효되는 동안 일주일에 한두 번씩 저어준다. 초산발효는 25~34℃에서도 가능하다.

tip 초산균은 알코올 6~8도의 환경을 좋아하며 산도를 조절하기 위해 물을 섞는 가수를 한다. 저자의 식초는 처음부터 가수를 하여 담는 방법이므로 추가로 물을 넣을 필요가 없다. 초산균이 살아 있는 씨앗식초인 종초를 많이 넣으면 식초 성공률이 높아진다.

❼ 산도 체크하기

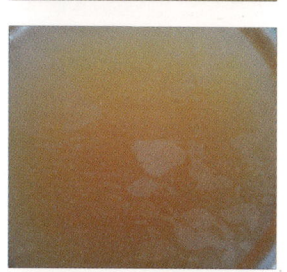

초막이 생기고 십 원짜리 동전에 초록색 녹이 슬면 식초가 만들어지고 있는 것이다. 초막은 식초가 완성되면 자연스럽게 줄어든다.

tip 시중에서 판매되는 일반 식초는 산도 4.0 이상이며 감식초는 2.6 이상이다. 초막은 알코올 도수와 당도, 종초의 양, 온도와 환경에 따라 5일에서 2개월 정도 걸리며 생기지 않는 경우도 있다. 담금 시 물을 적게 넣으면 초막이 늦게 생기며 산도가 조금 낮은 식초가 만들어질 수 있으나 버리지 않고 샐러드나 식초음료로 활용하면 된다.

❽ 숙성하기(6~9개월, 오가피 흑초 만들기)

3개월 뒤에 앙금과 맑은 식초 상초를 분리한다. 6~9개월 더 숙성을 하면 맛은 부드럽고 색은 황갈색으로 변하면서 약성 좋고 향이 은은한 오

가피 흑초가 만들어진다. 숙성된 식초는 실온에서는 초막이 다시 생기지 않으나 공기와의 접촉을 피할 수 있게 밀봉하여 보관한다.

tip 상층에 뜨는 맑은 식초는 분리하여 바로 먹어도 된다. 하초 앙금을 종초로 사용할 수 있으며 생막걸리를 부어 막걸리식초를 만들 수 있다. 앙금을 종초로 사용할 경우 생막걸리 양의 30%를 넣으면 된다.

❾ 현미오가피천연식초의 음용

식초와 물을 1:10(오가피식초 20㎖, 물 200㎖)로 희석하여 하루 1~3회 먹는다. 위가 약한 사람은 식후에 바로 먹는다.

tip 현미 오가피천연식초 효소음료 만들기
오가피식초, 오가피효소, 물을 1:1:6(오가피식초 20㎖, 오가피효소 20㎖, 물 120㎖)으로 희석해 얼음 몇 조각 넣어 먹는다. 오가피효소가 없으면 매실효소 등 다른 효소를 넣어도 된다.

도전! 명품 식초 만들기

현미오가피식초 만들기

오가피 열매를 첨가하여 혈액순환과 간 기능 향상에 좋은 명품 식초를 만들어보자. 오가피나무 100g에 열매 100g을 섞어서 끓인 물로 식초를 담근다. 초막이 늦게 생기고 식초가 완성되는 데 걸리는 시간이 길어진다. 이 식초 속에는 누룩, 엿기름, 오가피 가지, 오가피 열매, 현미 등의 약성이 포함되어 있어 식이요법으로 하루에 1~3회 약처럼 마시면 좋다. 위가 좋지 않다면 식후 바로 마실 것을 권한다.

❶ 현미 500g, 오가피와 오가피 열매 끓인 물 1,400㎖(말린 오가피 100g+오가피 열매 100g+물 2,800㎖), 누룩 250g, 엿기름 100g, 효모(이스트) 0.25t, 종초(술 양의 10~30%, 성공 포인트는 30%), 발효통 4ℓ를 준비한다.
❷ 만드는 과정은 오가피식초 만들기와 동일하다. 명품 식초인 만큼 술 발효 기간이 약간 길어진다는 점을 기억하자.

유근피식초

유근피식초 만들기에 대한 강의를 요청받고 모 백화점 문화센터에 나간 적이 있다. 문화센터에 도착해서야 강의와 실습을 할 요리실이 따로 없다는 것을 알게 되었다. 식초 만들기는 실습을 해야 하기 때문에 당연히 도구들과 요리실이 있어야 하는데 프로그램 책임자가 요리실이 없다는 것을 알려주지 않았던 것이다. 고민 끝에 궁여지책으로 찾아낸 방법은 참가자들이 오기 전에 모든 재료를 준비해 두고 통에 바로 담아 가도록 하는 것이었다. 1시간의 강연을 끝내고 30분 정도의 실습시간이 되어 참가자들에게 통을 하나씩 나눠주었다. 불편하지만 어쩔 수 없이 발효통에 현미와 누룩, 유근피 끓인 물을 넣고 10분 동안 치대도록 했다.

섭외를 받았을 때 강의자인 내가 먼저 문화센터 측에 확인을 했어야 하는데 그리지 못해 여러 참가자들에게 불편을 드린 것 같아 정말 죄송한 마음이었다. 다행히 큰 문제나 불만 없이 강의를 마치고 참가자 각자가 직접 담근 식초 통을 들고 돌아가는 모습을 보고서야 마음이 조금 놓였다.

유근피식초는 느릅나무 뿌리의 껍질을 재료로 사용하며, 비염이나 축농증 등 코와 호흡기에 좋은 기능성 식초이다. 환절기나 겨울철에 찾아오는 알레르기성 비염이나 감기 등으로 생기는 염증에 좋고 미세먼지 등으로 힘들어 하는 기관지와 목의 염증에 좋은 식초이다.

평소 코와 위 관련 가족력 때문에 자주 만들고 있는 천연식초 가운데 하나로, 약초를 넣고 만들지만 냄새가 강하지 않고 맛 또한 약재처럼 쓰지 않아 누구나 쉽게 먹을 수 있다. 유근피식초를 먹을 때는 도라지, 느릅나무 껍질, 신이화, 수세미로 각각 담가놓은 효소를 혼합해 먹으니 먹기도 좋고 효과도 더 좋은 것 같다. 가을 겨울에 만들어 두었다가 봄철 중국에서 넘어오는 황사와 미세먼지로 인해 생기는 기침이나 기관지 질환 예방을 위해 평소 즐겨 마시고 있다. 오늘도 일과를 끝내고 유근피를 구입해 내년 봄을 준비하며 식초를 담가보려 한다.

유근피의 효능

느릅나무 껍질은 유피, 느릅나무 뿌리의 껍질은 유근피라 한다. 유근피는 귀하고 가격이 비싸 대부분 유피를 사용하고 있다. 유근피는 각종 염증에 좋아 소화기의 염증 치료와 코, 호흡기에도 좋은 약초이다. 알레르기성 비염, 비염, 축농증 등 코의 염증 개선, 기관지염과 목의 염증 개선, 위염, 위궤양, 십이지장궤양, 대장궤양, 관절염 등 신체의 각종 염증 치료 작용 등과 코와 호흡기를 괴롭히는 염증에 좋으며 소염작용이 탁월하다. 또한 위염 등 소화기 계통의 염증과 관절염에도 좋다.

현미유근피식초 만드는 법

재료 및 준비물

현미 500g, 유근피 끓인 물 1,400㎖(유근피 50g+물 2,800㎖), 누룩 250g, 엿기름 100g, 효모(이스트) 0.25t, 종초(술 양의 10~30%, 성공 포인트는 30%), 발효통 4ℓ, 함지박, 천, 고무줄, 일회용 비닐장갑, 국자

❶ 준비하기

사용할 도구들은 미리 소독을 해두고, 현미는 고슬고슬한 고두밥보다는 성공 확률이 높은 진밥으로 짓는다.

tip 누룩은 이화곡이나 밀누룩을 사용하는데, 전통적인 옛맛과 효능을 내고 산미도 좋은 밀누룩을 만들어 사용할 것을 권한다.

❷ 재료 손질하기

유근피 50g을 흐르는 물에 솔로 치대어 씻고, 물 2,800㎖를 넣어 물의 양이 반이 될 때까지 은근히 끓인 후 거른다. 유근피 끓인 물을 사용하면 오염이 되어 생길 수 있는 실패를 줄일 수 있고 감칠맛 나는 식초를 얻을 수 있다. 현미밥은 25℃ 정도로 식혀서 사용한다.

tip 설탕을 넣지 않고 현미와 유근피를 섞어 식초를 만들 때 유근피 끓인 물을 사용하면 발효가 잘되고 알코올 형성 또한 빨라져 실패 없이 질 좋은 유근 피식초를 만들 수 있다.

❸ 혼합하기

함지박에 현미밥, 유근피 끓인 물 50%, 누룩, 엿기름, 효모를 넣고 10분 동안 으깨듯이 치댄 뒤 남은 유근피 끓인 물50%를 전부 넣고 섞어준다. 유근피 끓인 물은 25℃ 정도로 식혀 사용한다.

tip 현미의 쌀알을 으깨듯이 치댈 때 믹서나 도깨비 방망이 등을 사용할 경우 식초가 탁해지고 잡맛이 생기므로 번거롭더라도 반드시 직접 손으로 해야 한다.

❹ 술 안치고 알코올발효하기(용기 안의 적정 온도 23~28℃)

식초를 담그기 위한 전단계로 현미와 유근피로 전통술을 만드는 과정이다. 준비한 통에 혼합물을 넣고 용기 입구를 천으로 덮고 묶어둔다. 술은 산소를 싫어하는 혐기성 발효를 하므로 공기 차단을 위해 뚜껑을 천 위에 살짝 올려놓는다. 다음 날부터 뽀글뽀글 소리를 내면서 방울이 올라오고 발효를 시작한다. 3일 동안 매일 한두 번씩 저어주고 4일쌔 되는 날 랩으로 씌워 묶는다. 견출지에 식초 이름과 날짜를 써서 랩 가운데에 붙이고, 바늘로 초파리가 들어가지 못할 정도의 크기로 구멍을 한 개만 뚫어 에어 락을 만들어준다. 술 발효를 시작하면 3일째까지는 발효가 활발하게 이루어져 온도가 상승하므로 될 수 있으면 집을 비우지 않도록 한다.

tip 1. 술 발효 시 용기 안의 온도가 23℃ 이하로 내려가면 알코올발효가 제대로 되지 않으며 28℃ 이상 올라가면 잡균이 번식을 하여 실패의 원인이 되니 온도 조절에 신경을 써야 한다. 기온이 낮은 날에는 전기장판이나 이불, 보온 기구를 사용하여 온도를 맞춰준다.
2. 저어줄 때 밑까지 골고루 저어 가라앉은 앙금도 당화가 되도록 해준다. 유근피식초는 술 발효 시 잡균이 잘 생기므로 신경 써서 저어주어야 한다. 통을 흔드는 것은 오염의 원인이 될 수 있으니 저어주는 방법으로 한다. 발효가 되면서 곰팡이 같은 것이 하얗게 생기는 경우가 있으나 몸에 해로운 물질은 아니고 계속 저어주면 없어진다. 저어줘도 계속 생기면 설탕(유근피 끓인 물 양의 15%)을 넣고 저어주면 며칠 후 사라지며 발효는 계속 진행된다.

❺ 술 거르기(7~10일 정도)

당화 과정이 끝날 때쯤 현미 껍질이 떠오르기 시작하여 상층에 꽉 차게 떠오른다. 점차 뽀글뽀글 소리가 줄어들면서 현미 껍질이 다시 가라앉으면 발효가 다 끝난 것이니 거르기를 하면 된다. 유근피식초 담금용 술을 완성하기 위해 거름망에 넣고 주물러 짠다.

tip 술을 거르는 시점은 당도, 유근피즙, 현미, 누룩, 엿기름, 효모, 물 등 재료의 양과 온도 그리고 계절에 따라 달라진다. 보통은 7~10일 발효 뒤에 거르기를 한다.

❻ 식초 안치고 초산발효하기(용기 안의 적정 온도 27~30℃)

가수는 하지 않는다. 종초를 넣으면 실패율이 적어지며 전체 술 양의 10~30%의 종초를 넣으면 된다. 식초는 많은 양의 산소를 필요로 하는 호기성 발효를 하므로 뚜껑은 덮지 않고 천 또는 한지로 덮어 묶고 그 위에 옛날 십 원짜리 동전을 올려둔다. 발효 기간은 3개월 정도이며 온도는 27~30℃를 유지하는 것이 중요하다. 발효되는 동안 일주일에 한두 번씩 저어준다. 초산발효는 25~34℃에서도 가능하다.

tip 초산균은 알코올 6~8도의 환경을 좋아하며 산도를 조절하기기 위해 물을 섞는 가수를 한다. 저자의 식초는 처음부터 가수를 하여 담는 방법이므로 추가로 물을 넣을 필요가 없다. 초산균이 살아 있는 씨앗식초인 종초를 많이 넣으면 식초 성공률이 높아진다.

❼ 산도 체크하기

초막이 생기고 십 원짜리 동전에 초록색 녹이 슬면 식초가 만들어지고 있는 것이다. 초막은 식초가 완성되면 자연스럽게 줄어든다.

tip 시중에서 판매되는 일반 식초는 산도 4.0 이상이며 감식초는 2.6 이상이다. 초막은 알코올 도수와 당도, 종초의 양, 온도와 환경에 따라 5일에서 2개월 정도 걸리며 생기지 않는 경우도 있다. 담금 시 물을 적게 넣으면 초막이 늦게 생기며 산도가 조금 낮은 식초가 만들어질 수 있으나 버리지 않고 샐러드나 식초음료로 활용하면 된다.

❽ 숙성하기(6~9개월, 유근피 흑초 만들기)

3개월 뒤에 앙금과 맑은 식초 상초를 분리한다. 6~9개월 더 숙성을 하면 맛은 부드럽고 색은 황갈색으로 변하면서 약성 좋고 향이 은은한 유

근피 흑초가 만들어진다. 숙성된 식초는 실온에서는 초막이 다시 생기지 않으나 공기와의 접촉을 피할 수 있게 밀봉하여 보관한다.

tip 상층에 뜨는 맑은 식초는 분리하여 바로 먹어도 된다. 하초 앙금을 종초로 사용할 수 있으며 생막걸리를 부어 막걸리식초를 만들 수 있다. 앙금을 종초로 사용할 경우 생막걸리 양의 30%를 넣으면 된다.

❾ 현미유근피천연식초의 음용

식초와 물을 1:10(유근피식초 20㎖, 물 200㎖)로 희석하여 하루 1~3회 먹는다. 위가 약한 사람은 식후에 바로 먹는다.

tip 현미 유근피천연식초 효소음료 만들기
유근피식초, 유근피효소, 물을 1:1:6(유근피식초 20㎖, 유근피효소 20㎖, 물 120㎖)으로 희석해 얼음 몇 조각 넣어 먹는다. 유근피효소가 없으면 매실효소 등 다른 효소를 넣어도 된다.

도전! 명품 식초 만들기

현미유근피배식초 만들기

배즙을 넣어 목감기와 기관지 보호에 좋은 명품 식초를 만들어보자. 배는 잘 씻어서 껍질을 벗기고 씨를 발라낸 다음 분쇄기로 갈아 즙을 짠다. 초막이 늦게 생기고 식초가 완성되는데 걸리는 시간이 길어진다. 이 식초 속에는 누룩, 엿기름, 유근피, 배, 현미 등의 약성이 포함되어 있어 식이요법으로 하루에 1~3회 약처럼 마시면 좋다. 위가 좋지 않다면 식후 바로 마실 것을 권한다.

❶ 현미 500g, 유근피 끓인 물 1,000㎖(유근피 40g+물 2,800㎖), 배즙 500㎖, 누룩 250g, 엿기름 50g, 효모(이스트) 0.25t, 종초(술 양의 10~30%, 성공 포인트는 30%), 발효통 4ℓ를 준비한다.
❷ 만드는 과정은 유근피식초 만들기와 동일하다. 명품 식초인 만큼 술 발효 기간이 약간 길어진다는 점을 기억하자.

헛개나무 식초

헛개나무를 넣어 만든 식초는 간 해독에 좋다. 헛개나무는 동아시아가 원산지로 한국에서는 중부 이남의 비교적 따뜻한 지역 해발 50~800m에서 주로 자생하는데, 근래에는 농민들이 직접 키워 약초로 시중에 유통하기도 한다.

2013년에 《효소 만들기 비법노트》를 출간한 후 효소, 식초, 막걸리 등 발효식품을 주제로 한 강연 요청이 많아졌다. 발효식품에 대한 관심이 높다는 것은 알고 있었지만 집에서 만들어 먹고 싶어 하는 참여자들을 직접 만날 때마다 기분이 좋아진다.

헛개나무에 배, 칡 등 여러 재료를 섞어 '헛개나무 : 숙취해소, 간 해독 효소'라는 이름으로 강의를 했는데, 인기 강좌의 하나로 지금도 인터넷 검색 상위에 올라와 있다. 많은 사람들이 따라 하고 있다.

강연장은 수원에 있는 센터였는데 만들기를 시연하고 '신용철의 발효식품 이야기'라는 주제로 강연도 했다. 강연 시간은 90분이었는데 예상보다 많은 사람들이 와주었다. 강연을 끝내고 짐을 챙기는데 젊은 여성 한 분이 나가지 않고 자리에 남아 있었다. 얼굴에는 근심이 가득했고 몸은 무척이나 힘들어 보였다. 나는 그에게 다가가 조심스럽게 말을 걸었다. 어찌 가지 않고 이곳에 남아 있느냐고 물으니 그녀가 망설이다 겨우 입을 열었다. 사실은 얼마 전에 암 판정을 받았다며 눈물을 글썽이며 말을 잇지 못했다. 겨우 30대 초반으로 보이는 젊은 사람이 암이라니 내 귀가 의심스러웠다.

간암인데 이미 전이가 되어 치료가 어렵다는 말을 덧붙이며 헛개나무가 간에 좋으냐고 물었다. 절박한 심정이 드러나는 그 질문에 나는 선뜻 대답을 해주지 못했다. 삶의 마지막 절벽 끝에서 생명의 끈을 찾고 있는 그에게 섣부른 대답을 해줄 수 없었던 것이다. 나는 잠시 머뭇거리다 대답했다. '좋지요. 좋습니다. 헛개를 먹으면 나을 수 있습니다.' 그에게 희망을 주고 싶었고 마지막 하루라도 귀한 생명을 놓지 말라는 뜻에서 좋다는 말을 연신 해줬다. 그리고 강연장에서 만들기 시연을 했던 헛개나무 효소를 그에게 주니 웃으면서 '제가 먹고 좋아지면 선생님께 꼭 전화할 게요.'라고 대답하는 것이다. 그분의 전화가 언제나 올지 기다리고 있다.

헛개나무와 열매의 효능

헛개나무와 열매의 추출물이 알코올에 손상된 간을 보호하는 효능이 있고, 피로를 개선하고 운동수행능력을 향상시킨다는 사실이 밝혀지면서 많은 관심을 받고 있는 식품이다. 그 외 간 기능 개선, 숙취해소, 운동능력 향상, 피로회복, 지방간 개선, 피부미용, 뼈와 근육 강화, 소화 작용, 체내 독소 배출 등의 효과가 있다.

현미헛개나무식초 만드는 법

재료 및 준비물

현미 500g, 헛개나무 끓인 물 1,400㎖(헛개나무 200g+물 2,800㎖), 누룩 250g, 엿기름 100g, 효모(이스트) 0.25t, 종초(술 양이 10~30%, 성공 포인트는 30%), 발효통 4ℓ, 함지박, 천, 고무줄, 일회용 비닐장갑, 국자

❶ 준비하기

사용할 도구들은 미리 소독을 해두고, 현미는 고슬고슬한 고두밥보다는 성공 확률이 높은 진밥으로 짓는다.

tip 누룩은 이화곡이나 밀누룩을 사용하는데, 전통적인 옛맛과 효능을 내고 산미도 좋은 밀누룩을 만들어 사용할 것을 권한다.

❷ 재료 손질하기

헛개나무 200g을 흐르는 물에 솔로 치대어 씻고, 물 2,800㎖를 넣은 다음 물의 양이 반이 될 때까지 은근히 끓여 거른다. 헛개나무를 끓여서 사용하면 오염이 되어 생길 수 있는 실패를 줄일 수 있고 감칠맛 나는 식초를 얻을 수 있다. 현미밥은 25℃ 정도로 식혀서 사용한다.

tip 설탕을 넣지 않고 현미와 헛개나무를 섞어 식초를 만들 때 헛개나무 끓인 물을 사용하면 발효가 잘되고 알코올 형성 또한 빨라져 실패 없이 질 좋은

헛개나무식초를 만들 수 있다.

❸ 혼합하기

함지박에 현미밥, 헛개나무 끓인 물 50%, 누룩, 엿기름, 효모를 넣고 10분 동안 으깨듯이 치댄 뒤 남은 헛개나무 끓인 물 50%을 전부 넣고 섞어준다. 헛개나무 끓인 물은 25℃ 정도로 식혀 사용한다.

tip 현미의 쌀알을 으깨듯이 치댈 때 믹서나 도깨비 방망이 등을 사용할 경우 식초가 탁해지고 잡맛이 생기므로 번거롭더라도 반드시 직접 손으로 해야 한다.

❹ 술 안치고 알코올발효하기(용기 안의 적정 온도 23~28℃)

식초를 담그기 위한 전단계로 현미와 헛개나무로 전통술을 만드는 과정이다. 준비한 통에 혼합물을 넣고 용기 입구를 천으로 덮고 묶어둔다. 술은 산소를 싫어하는 혐기성 발효를 하므로 공기 차단을 위해 뚜껑을 천위에 살짝 올려놓는다. 다음 날부터 뽀글뽀글 소리를 내면서 방울이 올라오고 발효를 시작한다. 3일 동안 매일 한두 번씩 저어주고 4일째 되는 날 랩으로 씌워 묶는다. 견출지에 식초 이름과 날짜를 써서 랩 가운데에 붙이고, 바늘로 초파리가 들어가지 못할 정도의 크기로 구멍을 한 개만 뚫어 에어 락을 만들어준다. 술 발효를 시작하면 3일째까지는 발효가 활발하게 이루어져 온도가 상승하므로 될 수 있으면 집을 비우지 않도록 한다.

tip 1. 술 발효 시 용기 안의 온도가 23℃ 이하로 내려가면 알코올발효가 제대로 되지 않으며 28℃ 이상 올라가면 잡균이 번식을 하여 실패의 원인이 되니 온도 조절에 신경을 써야 한다. 기온이 낮은 날에는 전기장판이나 이불, 보온 기구를 사용하여 온도를 맞춰준다.
2. 저어줄 때 밑까지 골고루 저어 가라앉은 앙금도 당화가 되도록 해준다. 헛개나무식초는 술 발효 시 잡균이 잘 생기므로 신경 써서 저어주어야 한다. 통을 흔드는 것은 오염의 원인이 될 수 있으니 저어주는 방법으로 한다. 발효가 되면서 곰팡이 같은 것이 하얗게 생기는 경우가 있으나 몸에 해로운 물질이 아니고 계속 저어주면 없어진다. 저어줘도 계속 생기면 설탕(헛개나무 끓인 물 양의 15%)을 넣고 저어주면 며칠 후 사라지며 발효는 계속 진행된다.

❺ 술 거르기(7~10일 정도)

당화 과정이 끝날 때쯤 현미 껍질이 떠오르기 시작하여 상층에 꽉 차게

떠오른다. 점차 뽀글뽀글 소리가 줄어들면서 현미 껍질이 다시 가라앉으면 발효가 다 끝난 것이니 거르기를 하면 된다. 헛개나무식초 담금용 술을 완성하기 위해 거름망에 넣고 주물러 짠다.

tip 술을 거르는 시점은 당도, 헛개나무즙, 현미, 누룩, 엿기름, 효모, 물 등 재료의 양과 온도 그리고 계절에 따라 달라진다. 보통은 7~10일 발효 뒤에 거르기를 한다.

❻ 식초 안치고 초산발효하기(용기 안의 적정 온도 27~30℃)

가수는 하지 않는다. 종초를 넣으면 실패율이 적어지며 전체 술 양의 10~30%의 종초를 넣으면 된다. 식초는 많은 양의 산소를 필요로 하는 호기성 발효를 하므로 뚜껑은 덮지 않고 천 또는 한지로 덮어 묶고 그 위에 옛날 십 원짜리 동전을 올려둔다. 발효 기간은 3개월 정도이며 온도는 27~30℃를 유지하는 것이 중요하다. 발효되는 동안 일주일에 한두 번씩 저어준다. 초산발효는 25~34℃에서도 가능하다.

tip 초산균은 알코올 6~8도의 환경을 좋아하며 산도를 조절하기기 위해 물을 섞는 가수를 한다. 저자의 식초는 처음부터 가수를 하여 담는 방법이므로 추가로 물을 넣을 필요가 없다. 초산균이 살아 있는 씨앗식초인 종초를 많이 넣으면 식초 성공률이 높아진다.

❼ 산도 체크하기

초막이 생기고 십 원짜리 동전에 초록색 녹이 슬면 식초가 만들어지고 있는 것이다. 초막은 식초가 완성되면 자연스럽게 줄어든다.

tip 시중에서 판매되는 일반 식초는 산도 4.0 이상이며 감식초는 2.6 이상이다. 초막은 알코올 도수와 당도, 종초의 양, 온도와 환경에 따라 5일에서 2개월 정도 걸리며 생기지 않는 경우도 있다. 담금 시 물을 적게 넣으면 초막이 늦게 생기며 산도가 조금 낮은 식초가 만들어질 수 있으나 버리지 않고 샐러드나 식초음료로 활용하면 된다.

❽ 숙성하기(6~9개월, 헛개나무 흑초 만들기)

3개월 뒤에 앙금과 맑은 식초 상초를 분리한다. 6~9개월 더 숙성을 하면 맛은 부드럽고 색은 황갈색으로 변하면서 약성 좋고 향이 은은한 헛개나무 흑초가 만들어진다. 숙성된 식초는 실온에서는 초막이 다시 생기지 않으나 공기와의 접촉을 피할 수 있게 밀봉하여 보관한다.

tip 상층에 뜨는 맑은 식초는 분리하여 바로 먹어도 된다. 하초 앙금을 종초로 사용할 수 있으며 생막걸리를 부어 막걸리식초를 만들 수 있다. 앙금을 종초로 사용할 경우 생막걸리 양의 30%를 넣으면 된다.

❾ 현미헛개나무천연식초의 음용

식초와 물을 1:10(헛개나무식초 20㎖, 물 200㎖)로 희석하여 하루 1～3회 먹는다. 위가 약한 사람은 식후에 바로 먹는다.

tip 현미 헛개나무천연식초 효소음료 만들기
헛개나무식초, 헛개나무효소, 물을 1:1:6(헛개나무식초 20㎖, 헛개나무효소 20㎖, 물 120㎖)으로 희석해 얼음 몇 조각 넣어 먹는다. 헛개나무효소가 없으면 매실효소 등 다른 효소를 넣어도 된다.

도전! 명품 식초 만들기

현미헛개나무열매식초 만들기

숙취해소와 간 기능에 좋은 명품 식초를 만들어보자. 헛개나무 100g, 헛개나무 열매(지구자) 100g을 섞어 물 2,800㎖를 넣고 물 양이 반이 될 때까지 은근히 끓인 후 거른다. 초막이 늦게 생기고 식초가 완성되는 데 걸리는 시간이 길어진다. 이 식초 속에는 누룩, 엿기름, 헛개나무, 배, 현미 등의 약성이 포함되어 있어 식이요법으로 하루에 1～3회 약처럼 마시면 좋다. 위가 좋지 않다면 식후 바로 마실 것을 권한다.

❶ 현미 500g, 헛개나무와 열매 끓인 물 1,400㎖(헛개나무 100g+헛개나무 열매 100g+물 2,800㎖), 누룩 250g, 엿기름 100g, 효모(이스트) 0.25t, 종초(술 양의 10～30%, 성공 포인트는 30%), 발효통 4ℓ를 준비한다.
❷ 만드는 과정은 헛개나무식초 만들기와 동일하다. 명품 식초인 만큼 술 발효 기간이 약간 길어진다는 점을 기억하자.

늙은호박식초

 어느새 창문 너머 하늘이 푸르고 아침저녁으로는 쌀쌀해지면서 이불을 덮어야 잠을 잘 수 있는 계절이 되었다. 언제 그렇게 더웠는가 싶기도 하다. 화창한 토요일, 식초 책 마무리 때문에 나들이를 하지 못하고 컴퓨터를 붙잡고 열심히 자판을 두드리고 있다. 아내 또한 어린이집 평가 재인증 준비 때문에 컴퓨터 앞에서 씨름을 하고 있다. 종일 모니터만 들여다보았더니 눈도 침침하고 어깨 근육도 뭉치는 것 같아 잠시 운동 삼아 지난 주에 감자를 심어놓은 집 가까운 텃밭에 다녀왔다. 나선 김에 김장용 무와 배추 모종도 심을 겸 이것저것 챙겼다. 유기농으로 키우고 있는 고추는 비료를 주지 않아서 그런지 벌써부터 노랗게 단풍이 들고 호박은 늦장마에 줄기가 녹아내려 딩그러니 늙은호박 몇 개만 비닥에서 뒹굴고 있다. 그 중에 그래두 잘 익어서 먹을 만한 것이 하나 있기에 집으로 가져왔다.

 집에 돌아와서는 이 작은 호박 한 개로 어떤 요리를 할까 궁리 끝에 발효식품을 만들기로 했다. 나는 발효라는 말을 듣고 생각만 해도 몸에서 힘이 솟고 웃음이 절로 나오면서 기분이 좋아진다. 아마도 내 몸 속에 있는 가족력의 50%는, 이런 발효식품 만드는 즐거움이 약이 되어 없어지는 것 같다.

 나에게 호박은 곧 할머니다. 우리 할머니는 지병이신 해소기침 때문에 도라지 외에도 호박을 참 많이 드셨다. 젊어서부터 기력이 남아 있을 때까지 당신께서 손수 늙은호박찜을 해 드셨다. 할머니가 몸이 아파 자리에 누웠을 때는 어머니가 늙은호박 속을 파내어 대추, 밤, 은행, 생강, 꿀 등을 넣고 가마솥에 넣고 중탕을 하여 할머니께 드렸다. 할머니께서 그 호박찜을 드실 때면 얼마나 맛있어 보이는지 옆에서 한 수저씩 얻어먹었고 어머니 몰래 퍼먹기도 했다.

 가을과 함께 찾아오는 늙은호박은 겨울을 건강하게 넘길 수 있는 보약 같은 채소이다. 호박찜 한 수저에 겨울철 하루를 건강하게 지낼 수 있을 정도로 우리에게 좋은 식품이다. 두 분께서 즐겨 드셨던 호박으로 식초를 담가본다.

늙은호박의 효능

늙은호박에는 비타민A와 C, 칼륨, 레시틴 등이 풍부하게 들어 있어 이뇨작용과 해독작용이 매우 뛰어나며 회복기 환자에게 좋다. 특히 위장이 약한 사람이나 노인과 산모들에게 도움이 되는 식품이다. 그 외 부기치유, 이뇨작용, 해독 작용, 감기, 기침, 소화 작용, 대장의 연동운동 촉진, 피부미용, 성인병, 다이어트, 노폐물 배출, 산모건강 등에 효과가 있다.

현미늙은호박식초 만드는 법

재료 및 준비물

현미 500g, 늙은호박즙 500㎖, 누룩 250g, 엿기름 100g, 효모(이스트) 0.25t, 물 900㎖, 종초(술 양의 10~30%, 성공 포인트는 30%), 발효통 4ℓ, 함지박, 천, 고무줄, 일회용 비닐장갑, 국자

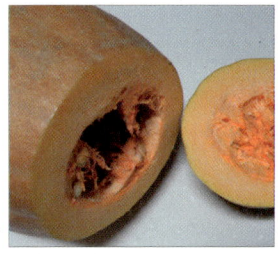

❶ 준비하기

사용할 도구들은 미리 소독을 해두고, 현미는 고슬고슬한 고두밥보다는 성공 확률이 높은 진밥으로 짓는다.

tip 누룩은 이화곡이나 밀누룩을 사용하는데, 전통적인 옛맛과 효능을 내고 산미도 좋은 밀누룩을 만들어 사용할 것을 권한다.

❷ 재료 손질하기

늙은호박은 수분이 91%로 즙이 비교적 잘 나오나 물 10%를 섞어 짜도 된다. 늙은호박은 딱딱한 겉껍질은 얇게 깎아낸 후 속을 파서 씨를 발라낸 다음 분쇄기로 갈아 즙을 짠다. 보통은 생즙과 물을 그대로 사용하나 늙은호박즙과 물을 혼합해 끓여서 사용하면 오염이 되어 생길 수 있는 실패를 줄일 수 있고 감칠맛 나는 식초를 얻을 수 있다. 현미밥은 25℃ 정도로 식혀서 사용한다.

tip 설탕을 넣지 않고 현미와 늙은호박을 섞어 식초를 만들 때 건더기가 들어가면 발효에 어려움이 있지만, 늙은호박즙을 짜서 사용하면 발효가 잘되고 알코올 형성 또한 빨라져 실패 없이 질 좋은 호박식초를 만들 수 있다.

❸ 혼합하기

함지박에 현미밥, 늙은호박즙, 누룩, 엿기름, 효모를 넣고 10분 동안 으깨듯이 치댄 뒤 물을 전부 넣고 섞어준다. 물은 상온에 반나절 정도 받아놓아 찬 기를 없앤 것을 사용하거나 25℃의 물을 사용한다.

tip 현미의 쌀알을 으깨듯이 치댈 때 믹서나 도깨비 방망이 등을 사용할 경우 식초가 탁해지고 잡맛이 생기므로 번거롭더라도 반드시 직접 손으로 해야 한다.

❹ 술 안치고 알코올발효하기(용기 안의 적정 온도 23~28℃)

식초를 담그기 위한 전단계로 현미와 늙은호박 즙으로 전통술을 만드는 과정이다. 준비한 통에 혼합물을 넣고 용기 입구를 천으로 덮고 묶어둔다. 술은 산소를 싫어하는 혐기성 발효를 하므로 공기 차단을 위해 뚜껑을 천 위에 살짝 올려놓는다. 다음 날부터 뽀글뽀글 소리를 내면서 방울이 올라오고 발효를 시작한다. 3일 동안 매일 한두 번씩 지어주고 4일째 되는 날 랩으로 씌워 묶는다. 견출지에 식초 이름과 날짜를 써서 랩 가운데에 붙이고, 바늘로 초파리가 들어가지 못할 정도의 크기로 구멍을 한 개만 뚫어 에어 락을 만들어준다. 술 발효를 시작하면 3일째까지는 발효가 활발하게 이루어져 온도가 상승하므로 될 수 있으면 집을 비우지 않도록 한다.

tip 1. 술 발효 시 용기 안의 온도가 23℃ 이하로 내려가면 알코올발효가 제대로 되지 않으며 28℃ 이상 올라가면 잡균이 번식을 하여 실패의 원인이 되니 온도 조절에 신경을 써야 한다. 기온이 낮은 날에는 전기장판이나 이불, 보온 기구를 사용하여 온도를 맞춰준다.

2. 저어줄 때 밑까지 골고루 저어 가라앉은 앙금도 당화가 되도록 해준다. 늙은호박식초는 술 발효 시 잡균이 잘 생기므로 신경 써서 저어주어야 한다. 통을 흔드는 것은 오염의 원인이 될 수 있으니 저어주는 방법으로 한다. 발효가 되면서 곰팡이 같은 것이 하얗게 생기는 경우가 있으나 몸에 해로운 물질은 아니고 계속 저어주면 없어진다. 저어줘도 계속 생기면 설탕(늙은호박즙과 물을 합한 양의 15%)을 넣고 저어주면 며칠 후 사라지며 발효는 계속 진행된다.

❺ 술 거르기(7~10일 정도)

당화 과정이 끝날 때쯤 현미 껍질이 떠오르기 시작하여 상층에 꽉 차게 떠오른다. 점차 뽀글뽀글 소리가 줄어들면서 현미 껍질이 다시 가라앉으면 발효가 다 끝난 것이니 거르기를 하면 된다. 늙은호박식초 담금용 술을 완성하기 위해 거름망에 넣고 주물러 짠다.

tip 술을 거르는 시점은 당도, 늙은호박즙, 현미, 누룩, 엿기름, 효모, 물 등 재료의 양과 온도 그리고 계절에 따라 달라진다. 보통은 7~10일 발효 뒤에 거르기를 한다.

❻ 식초 안치고 초산발효하기(용기 안의 적정 온도 27~30℃)

가수는 하지 않는다. 종초를 넣으면 실패율이 적어지며 전체 술 양의 10~30%의 종초를 넣으면 된다. 식초는 많은 양의 산소를 필요로 하는 호기성 발효를 하므로 뚜껑은 덮지 않고 천 또는 한지로 덮어 묶고 그 위에 옛날 십 원짜리 동전을 올려둔다. 발효 기간은 3개월 정도이며 온도는 27~30℃를 유지하는 것이 중요하다. 발효되는 동안 일주일에 한두 번씩 저어준다. 초산발효는 25~34℃에서도 가능하다.

tip 초산균은 알코올 6~8도의 환경을 좋아하며 산도를 조절하기기 위해 물을 섞는 가수를 한다. 저자의 식초는 처음부터 가수를 하여 담는 방법이므로 추가로 물을 넣을 필요가 없다. 초산균이 살아 있는 씨앗식초인 종초를 많이 넣으면 식초 성공률이 높아진다.

❼ 산도 체크하기

초막이 생기고 십 원짜리 동전에 초록색 녹이 슬면 식초가 만들어지고 있는 것이다. 초막은 식초가 완성되면 자연스럽게 줄어든다.

tip 시중에서 판매되는 일반 식초는 산도 4.0 이상이며 감식초는 2.6 이상이다. 초막은 알코올 도수와 당도, 종초의 양, 온도와 환경에 따라 5일에서 2개월 정도 걸리며 생기지 않는 경우도 있다. 담금 시 물을 적게 넣으면 초막이 늦게 생기며 산도가 조금 낮은 식초가 만들어질 수 있으나 버리지 않고 샐러드나 식초음료로 활용하면 된다.

❽ 숙성하기(6~9개월, 늙은호박 흑초 만들기)

3개월 뒤에 앙금과 맑은 식초 상초를 분리한다. 6~9개월 더 숙성을 하면 맛은 부드럽고 색은 황갈색으로 변하면서 약성 좋고 향이 은은한 감

흑초가 만들어진다. 숙성된 식초는 실온에서는 초막이 다시 생기지 않으나 공기와의 접촉을 피할 수 있게 밀봉하여 보관한다.

tip 상층에 뜨는 맑은 식초는 분리하여 바로 먹어도 된다. 하초 앙금을 종초로 사용할 수 있으며 생막걸리를 부어 막걸리식초를 만들 수 있다. 앙금을 종초로 사용할 경우 생막걸리 양의 30%를 넣으면 된다.

❾ 현미늙은호박천연식초의 음용

식초와 물을 1:10(늙은호박식초 20㎖, 물 200㎖)로 희석하여 하루 1~3회 먹는다. 위가 약한 사람은 식후에 바로 먹는다.

tip 현미 늙은호박천연식초 효소음료 만들기
늙은호박식초, 늙은호박효소, 물을 1:1:6(늙은호박식초 20㎖, 늙은호박효소 20㎖, 물 120㎖)으로 희석해 얼음 몇 조각 넣어 먹는다. 늙은호박효소가 없으면 매실효소 등 다른 효소를 넣어도 된다.

도전! 명품 식초 만들기

현미늙은호박배식초 만들기

배즙을 넣어 기침과 가래를 삭이는 데 좋은 명품 식초를 만들어보자. 배는 수분이 88.4%이며 즙이 잘 나온다. 잘 씻은 배는 껍질을 벗기고 씨를 발라낸 다음 분쇄기로 갈아 즙을 짠다. 초막이 늦게 생기고 식초가 완성되는 데 걸리는 시간이 길어진다. 이 식초 속에는 누룩, 엿기름, 늙은호박, 배, 현미 등의 약성이 포함되어 있어 식이요법으로 하루에 1~3회 약처럼 마시면 좋다. 위가 좋지 않다면 식후 바로 마실 것을 권한다.

❶ 현미 500g, 늙은호박즙 500㎖, 배즙 500㎖, 누룩 250g, 엿기름 50g, 효모(이스트) 0.25t, 물 500㎖, 종초(술 양의 10~30%, 성공 포인트는 30%), 발효통 4ℓ를 준비한다.
❷ 만드는 과정은 감식초 만들기와 동일하다. 명품 식초인 만큼 술 발효 기간이 약간 길어진다는 점을 기억하자.

가을과 겨울철 온도 관리는
전기방석 하나면 끝!

집에서 성공적으로 천연발효 식초를 만들기 위해 가장 신경을 써야 할 것은 온도를 잘 맞춰주는 것이다. 발효의 기본 온도는 27~30℃이며 오차 범위가 2~4℃ 정도이다. 인위적인 온도 조절 없이 자연발효를 하려면 5월에서 10월까지가 매우 적합하다.

막걸리를 빚거나 생막걸리를 구입하여 식초를 안치고 30℃ 정도의 환경에서 발효를 하면 40~90일이면 완성된 식초를 얻을 수 있다. 그 이후에는 온도 조절 필요 없이 실온에서 짧게는 6개월에서 길게는 9개월 정도 자연 숙성을 시키면 풍미가 깊은 막걸리식초가 만들어진다.

식초를 만들기 위해 알코올 6도 정도의 술로 공기 중에 떠다니는 미생물의 도움을 받아 순수하게 자연발효를 시킨다. 또 초산균이 살아 있는 식초를 종초로 넣어 인위적으로 환경을 만들어 발효를 진행한다. 하지만 아무리 좋은 환경에 좋은 종초를 넣는다고 해도 온도 관리를 제대로 하지 않으면 대부분 실패하게 된다. 온도가 맞지 않으면 힘 좋은 종초를 넣었다 해도 처음에는 초산발효를 시작하는 듯이 시큼한 맛이 올라오다가 이내 잡균이 끼고 고약한 냄새가 올라오면서 물맛이 되고 만다.

식초를 전문적으로 만들지 않고, 우리 집 식구들 먹을 것과 지인들과 나눔을 할 정도로만 만든다면 온도 조절 기구로 1인용 전기방석과 이불 한 개면 현미 3.5kg 정도가 들어가는 22 *l* 의 전통식초를 충분히 만들 수 있다.

전기방석은 딱딱한 재질보다는 이불 같은 재질로 만든 방석을 구입한다. 발효통의 바닥이 아닌 위쪽 입구에 덮고 이불을 씌워 적절한 온도를 맞춰주면 식초가 만들어진다.

식초를 발효시키면서 세 가지 방법으로 만들어보는 실험을 하고 있다. 첫 번째는 온도 조절이 자동으로 되는 시스템을 갖춘 발효실, 두 번째는 쉽게 구입하여 사용할 수 있는 전기방석과 이불을 활용하여 발효시키는 방법, 세 번째는 실온에서 자연온도 그대로 발효를 시켜 식초를 만드는 방법이다. 이 책에서는 초보자를 위해 가정에서 쉽게 따라할 수 있는 전기방석 활용법을 소개한다. 주변 온도가 높은 여름에는 이런 보온 장비를 사용할 필요가 없다.

전기방석을 활용한 식초 발효하기

재료 준비
전기방석 1인용, 이불, 술, 종초, 22 ℓ 발효통

만드는 법
❶ 바닥에 이불 등 보온재를 깐다.
❷ 보온재 위에 내용물을 넣은 발효통을 올려놓는다.
❸ 발효통 입구는 천으로 덮고 묶는다. 그 위에 전기장판을 덮고 이불을 푹 씌워둔다.
❹ 온도계를 넣어 적정 온도를 찾아 전기방석의 온도를 조절한다.

겨울&기타

WINTER&ETC

귤식초

백화점이나 마트의 문화센터들에 다니면서 효소, 식초, 막걸리를 주재로 발효식품 초청 강의를 많이 하고 있다. 하루는 안산에 있는 이마트에서 말린 오미자로 효소 담그는 법에 관한 강의를 끝내고 식초 담글 재료들을 찾기 위해 식품매장에 들렀다.

추석이 코앞에 있고 가을이 성큼 다가와서인지 사과며 배, 포도 등 각종 과일들이 풍성하게 나와 있었다. 냉동고에서도 복분자며 블루베리가 나를 부르며 손짓하고 있었다. 먼저 유기농 현미를 카트에 담고 효소 담글 설탕도 조금 챙겼다. 그러나 식품매장을 한 바퀴 다 돌아도 딱히 식초를 담고 싶은 특별한 과일은 눈에 띄지 않았다. 오늘은 여기서 포기하고 집으로 가야지 하고 키드를 계산대 쪽으로 돌리고 있는데 이제 막 푸른 기기 기시고 노랗게 익이기는 귤이 눈에 쏙 들어왔다.

나는 몇 개 남지 않은 귤을 누가 먼저 가져갈까봐 마치 호랑이가 먹잇감을 낚아채듯이 얼른 한 꾸러미를 집어 카트에 담고는 그제야 흐뭇한 표정으로 계산대로 향했다. 평소 식초 담글 재료를 직접 심어 얻기도 하고 자연에서 채취하기도 하고 때로는 재래시장이나 동네 가까운 마트에서 쉽게 구하기도 하는데 그날은 마트에서 구입한 귤이 주인공이 되는 날이었다.

계산을 하고 지하 주차장으로 내려가는 동안 귤 한 개를 꺼내 맛을 보았다. 아직은 제철이 아니라 제 맛은 아니지만 나름대로 새콤달콤했다.

작년에는 제주도 귤 농장에서 유기농으로 재배한 귤을 미리 예약해 몇 박스 구입해 먹었다. 강의에 귤껍질 말린 것을 넣는 수업이 있어 귤껍질을 직접 말려 진피를 만들기 위해서였다. 올해도 주문을 해두었으니 조금 있으면 맛있는 귤을 받아볼 수 있을 것이다.

귤은 아내가 퍽 좋아하는 과일이다. 임신을 했을 때는 한 박스를 사도 일주일을 넘기기가 어려울 정도였다. 아내가 맛있게 먹는 모습을 옆에서 지켜보다 보면 저절로 귤 하나 집어 들게 되어 나 역시 새콤달콤한 귤 맛에 빠져 살았다. 특히 감기가 오려고 할 때는 귤을 팬에 돌돌돌 굴려 구워먹으면 한결 몸이 가벼워지는 느낌이 든다.

귤의 효능

귤은 칼로리가 100g당 39kcal밖에 되지 않고 비타민C도 많아 다이어트에 좋은 과일이다. 풍부하게 들어 있어 있는 비타민C가 인체의 신진대사를 원활하게 해주어 피로를 풀어주고 피부에 탄력을 준다. 환절기나 겨울철에는 감기 예방에 탁월한 효과가 있어 사람들이 즐겨 찾는다. 그 외 항산화 작용, 피부보호, 콜레스테롤 저하, 항암 작용, 감기예방, 기미 주근깨 개선, 눈 건강, 노화방지, 미백 효과, 동맥경화 예방, 심혈관 질환 예방, 콜레스테롤 저하 등의 효과가 있다.

현미귤식초 만드는 법

재료 및 준비물

현미 500g, 귤즙 500㎖, 누룩 250g, 엿기름 50g, 효모(이스트) 0.25t, 물 1,000㎖, 종초(술 양의 10~30%, 성공 포인트는 30%), 발효통 4ℓ, 함지박, 천, 고무줄, 일회용 비닐장갑, 국자

❶ 준비하기

사용할 도구들은 미리 소독을 해두고, 현미는 고슬고슬한 고두밥보다는 성공 확률이 높은 진밥으로 짓는다.

tip 누룩은 이화곡이나 밀누룩을 사용하는데, 전통적인 옛맛과 효능을 내고 산미도 좋은 밀누룩을 만들어 사용할 것을 권한다.

❷ 재료 손질하기

귤은 수분이 89%로 즙이 적으나 비교적 잘 나온다. 물 10%를 섞어 사용해도 된다. 귤은 껍질을 벗겨 분쇄기로 갈아 즙을 짠다. 보통은 생즙과 물을 그대로 사용하나 귤즙과 물을 혼합해 끓여서 사용하면 오염이 되어 생길 수 있는 실패를 줄일 수 있고 감칠맛 나는 식초를 얻을 수 있다. 현미밥은 25℃ 정도로 식혀서 사용한다.

tip 설탕을 넣지 않고 현미와 귤을 섞어 식초를 만들 때 건더기가 들어가면 발효에 어려움이 있지만, 귤즙을 짜서 사용하면 발효가 잘되고 알코올 형성 또한 빨라져 실패 없이 질 좋은 귤식초를 만들 수 있다.

❸ 혼합하기

함지박에 현미밥, 귤즙, 누룩, 엿기름, 효모를 넣고 10분 동안 으깨듯이 치댄 뒤 물을 전부 넣고 섞어준다. 물은 상온에 반나절 정도 받아놓아 찬 기를 없앤 것을 사용하거나 25℃의 물을 사용한다. 귤은 당도(평균 11brix)가 있으니 물을 조금 더 넣어 발효를 한다.

tip 현미의 쌀알을 으깨듯이 치댈 때 믹서나 도깨비 방망이 등을 사용할 경우 식초가 탁해지고 잡맛이 생기므로 번거롭더라도 반드시 직접 손으로 해야 한다.

❹ 술 안치고 알코올발효하기(용기 안의 적정 온도 23~28℃)

식초를 담그기 위한 전단계로 현미와 귤로 전통술을 만드는 과정이다. 준비한 통에 혼합물을 넣고 용기 입구를 천으로 덮고 묶어둔다. 술은 산소를 싫어하는 혐기성 발효를 하므로 공기 차단을 위해 뚜껑을 천 위에 살짝 올려놓는다. 다음 날부터 뽀글뽀글 소리를 내면서 방울이 올라오고 발효를 시작한다. 3일 동안 매일 한두 번씩 저어주고 4일째 되는 날 랩으로 씌워 묶는다. 견출지에 식초 이름과 날짜를 써서 랩 가운데에 붙이고, 바늘로 초파리가 들어가지 못할 정도의 크기로 구멍을 한 개만 뚫어 에어락을 만들어준다. 술 발효를 시작하면 3일째까지는 발효가 활발하게 이루어져 온도가 상승하므로 될 수 있으면 집을 비우지 않도록 한다.

tip 1. 술 발효 시 용기 안의 온도가 23℃ 이하로 내려가면 알코올발효가 제대로 되지 않으며 28℃ 이상 올라가면 잡균이 번식을 하여 실패의 원인이 되니 온도 조절에 신경을 써야 한다. 기온이 낮은 날에는 전기장판이나 이불, 보온 기구를 사용하여 온도를 맞춰준다.

2. 저어줄 때 밑까지 골고루 저어 가라앉은 앙금도 당화가 되도록 해준다. 귤식초는 술 발효 시 잡균이 잘 생기므로 신경 써서 저어주어야 한다. 통을 흔드는 것은 오염의 원인이 될 수 있으니 저어주는 방법으로 한다. 발효가 되면서 곰팡이 같은 것이 하얗게 생기는 경우가 있으나 몸에 해로운 물질은 아니고 계속 저어주면 없어진다. 저어줘도 계속 생기면 설탕(귤즙과 물을 합한 양의 15%)을 넣고 저어주면 며칠 후 사라지며 발효는 계속 진행된다.

❺ 술 거르기(7~10일 정도)

당화 과정이 끝날 때쯤 현미 껍질이 떠오르기 시작하여 상층에 꽉 차게 떠오른다. 점차 뽀글뽀글 소리가 줄어들면서 현미 껍질이 다시 가라앉으면 발효가 다 끝난 것이니 거르기를 하면 된다. 귤식초 담금용 술을 완성하기 위해 거름망에 넣고 주물러 짠다.

tip 술을 거르는 시점은 당도, 귤즙, 현미, 누룩, 엿기름, 효모, 물 등 재료의 양과 온도 그리고 계절에 따라 달라진다. 보통은 7~10일 발효 뒤에 거르기를 한다.

❻ 식초 안치고 초산발효하기(용기 안의 적정 온도 27~30℃)

가수는 하지 않는다. 종초를 넣으면 실패율이 적어지며 전체 술 양의 10~30%의 종초를 넣으면 된다. 식초는 많은 양의 산소를 필요로 하는 호기성 발효를 하므로 뚜껑은 덮지 않고 천 또는 한지로 덮어 묶고 그 위에 옛날 십 원짜리 동전을 올려둔다. 발효 기간은 3개월 정도이며 온도는 27~30℃를 유지하는 것이 중요하다. 발효되는 동안 일주일에 한두 번씩 저어준다. 초산발효는 25~34℃에서도 가능하다.

tip 초산균은 알코올 6~8도의 환경을 좋아하며 산도를 조절하기기 위해 물을 섞는 가수를 한다. 저자의 식초는 처음부터 가수를 하여 담는 방법이므로 추가로 물을 넣을 필요가 없다. 초산균이 살아 있는 씨앗식초인 종초를 많이 넣으면 식초 성공률이 높아진다.

❼ 산도 체크하기

초막이 생기고 십 원짜리 동전에 초록색 녹이 슬면 식초가 만들어지고 있는 것이다. 초막은 식초가 완성되면 자연스럽게 줄어든다.

tip 시중에서 판매되는 일반 식초는 산도 4.0 이상이며 감식초는 2.6 이상이다. 초막은 알코올 도수와 당도, 종초의 양, 온도와 환경에 따라 5일에서 2개월 정도 걸리며 생기지 않는 경우도 있다. 담금 시 물을 적게 넣으면 초막이 늦게 생기며 산도가 조금 낮은 식초가 만들어질 수 있으나 버리지 않고 샐러드나 식초음료로 활용하면 된다.

❽ 숙성하기(6~9개월, 귤 흑초 만들기)

3개월 뒤에 앙금과 맑은 식초 상초를 분리한다. 6~9개월 더 숙성을 하면 맛은 부드럽고 색은 황갈색으로 변하면서 약성 좋고 향이 은은한 감

흑초가 만들어진다. 숙성된 식초는 실온에서는 초막이 다시 생기지 않으나 공기와의 접촉을 피할 수 있게 밀봉하여 보관한다.

tip 상층에 뜨는 맑은 식초는 분리하여 바로 먹어도 된다. 하초 앙금을 종초로 사용할 수 있으며 생막걸리를 부어 막걸리식초를 만들 수 있다. 앙금을 종초로 사용할 경우 생막걸리 양의 30%를 넣으면 된다.

❾ 현미귤천연식초의 음용

식초와 물을 1:10(귤식초 20㎖, 물 200㎖)로 희석하여 하루 1~3회 먹는다. 위가 약한 사람은 식후에 바로 먹는다.

tip 현미 귤천연식초 효소음료 만들기
귤식초, 귤효소, 물을 1:1:6(귤식초 20㎖, 귤효소 20㎖, 물 120㎖)으로 희석해 얼음 몇 조각 넣어 먹는다. 귤효소가 없으면 매실효소 등 다른 효소를 넣어도 된다.

도전! 명품 식초 만들기

현미귤무식초 만들기

무즙을 넣어 소화기능 향상과 감기 예방에 좋은 명품 식초를 만들어보자. 무는 수분이 94.5%로 비교적 즙이 많이 나온다. 잘 씻은 무는 껍질째 분쇄기로 갈아 즙을 짠다. 초막이 늦게 생기고 식초가 완성되는 데 걸리는 시간이 길어진다. 이 식초 속에는 누룩, 엿기름, 귤, 배, 현미 등의 약성이 포함되어 있어 식이요법으로 하루에 1~3회 약처럼 마시면 좋다. 위가 좋지 않다면 식후 바로 마실 것을 권한다.

❶ 현미 500g, 귤즙 500㎖, 무즙 500㎖, 누룩 250g, 엿기름 50g, 효모(이스트) 0.25t, 물 500㎖, 종초(술 양의 10~30%, 성공 포인트는 30%), 발효통 4ℓ를 준비한다.
❷ 만드는 과정은 귤식초 만들기와 동일하다. 명품 식초인 만큼 술 발효 기간이 약간 길어진다는 점을 기억하자.

바나나식초

바나나는 가을에 KBS 〈생생정보통〉 프로그램 녹화 때 소개한 식품이다. 바나나식초는 많은 양의 운동 에너지가 필요할 때 먹으면 좋은 식초다. 살을 빼지 않아도 될 사람들이 다이어트로 고민을 많이 하는 나라가 대한민국이다. 예전에는 주로 젊은 여성들이 살을 빼기 위해 노력했지만 요즘은 남녀 구분 없이 너도나도 다이어트 열풍이다. 살을 빼기 위한 정보들도 인터넷에 넘쳐나고 있다. 그런 다이어트 정보 가운데 가장 중요한 정보로 취급되는 것이 바로 바나나식초다.

바나나로 식초를 만드는 방법에 관한 수많은 정보들도 여기저기 떠돌고 있다. 바나나에 흑설탕과 꿀을 넣은 다음 양조식초를 부어 만드는 바나나식초 등 다양한 방법으로 먹고 있는 것이다. 하지만 이런 방법들은 몸에 좋은 건강한 균이 제대로 만들어지지 않아 불완전한 영양식품일 뿐이다.

나는 이번에 새로운 도전을 시작했다. 곡물에 바나나를 섞어 발효식품을 만드는 것이다. 막걸리를 만들 때 바나나를 넣고 발효를 시켜서 바나나막걸리를 만들어 먹는다. 인공 당분을 넣지 않고 현미에 바나나를 섞어 천연발효식초도 만든다.

바나나로 천연발효식초를 만들기 위해 현미밥을 짓고 바나나를 까서 누룩 및 이스트를 약간 첨가하고 물도 조금 넣어 12일 동안 발효시킨 뒤 초를 안쳤다. 왕성하게 발효되고 있는 통에 귀를 대면 뽀글뽀글 톡톡 발효되어 가스가 올라오면서 거품이 터지는 소리가 들린다. 한밤중에 발효실에 들어가면 50여 개가 넘는 천연발효 식초 통에서 마치 오케스트라가 합주를 하듯이 아름다운 소리를 낸다. 청명하면서 맛을 부르는 그 소리가 좋아 지금까지 식초를 만드는 것 같다.

식초 중에서도 바나나식초는 살을 빼는 다이어트용으로 많이 먹고 있다. 하지만 일반 식초를 넣고 만든 바나나식초에는 체내를 청소하고 해독할 수 있는 유익균이 부족하다. 그에 반해 현미를 섞어 만드는 바나나식초는 몸에 좋은 균이 많다. 또 현미의 유익한 성분과 천연 당을 사용하므로 몸에 무리를 주지 않고 다이어트를 할 수 있다. 당연히 요요현상도 줄어든다.

바나나의 효능

바나나는 성질은 차고 맛은 달콤한 과일이다. 수입과일 중에서도 효능이 매우 우수하다. 바나나의 당질은 소화흡수가 잘 되는 과당이나 포도당으로 변하기 때문에 사람의 에너지원으로 쓰기에 적합하다. 심한 운동을 하는 선수들이나 체력이 필요한 수험생들이 먹으면 체력을 보강하는 데 도움이 된다. 또 위궤양, 위염, 소화성궤양, 위암 등 위와 관련된 질환에 효과를 보이며, 뇌졸중 등 뇌혈관계 질환에도 좋아 치매를 예방하는 효능이 있다. 그 외 운동능력 향상, 뇌혈관질환 개선, 변비치료, 신경안정 효과 등이 있다.

현미바나나식초 만드는 법

재료 및 준비물

현미 500g, 바나나 500g, 누룩 300g, 엿기름 100g, 효모(이스트) 0.25t, 물 1,000㎖, 종초(술 양의 10~30%, 성공 포인트는 30%), 발효통 4ℓ, 함지박, 천, 고무줄, 일회용 비닐장갑, 국자

❶ 준비하기

사용할 도구들은 미리 소독을 해두고, 현미는 고슬고슬한 고두밥보다는 성공 확률이 높은 진밥으로 짓는다.

tip 누룩은 이화곡이나 밀누룩을 사용하는데, 전통적인 옛맛과 효능을 내고 산미도 좋은 밀누룩을 만들어 사용할 것을 권한다.

❷ 재료 손질하기

바나나는 즙을 짤 수 없으므로 발효에 어려움은 있지만 생과를 넣고 식초를 만든다. 바나나는 당도(평균 14~16brix)가 높아 생과를 넣어도 성공할 확률이 높다. 걱정이 되면 바나나를 약간의 물과 함께 믹서로 갈아서 사용해도 된다. 현미밥은 25℃ 정도로 식혀서 사용한다.

tip 설탕을 넣지 않고 현미와 바나나를 섞어 식초를 만들 때 건더기가 들어가
면 발효에 어려움이 있지만, 바나나즙을 짜서 사용하면 발효가 잘되고 알
코올 형성 또한 빨라져 실패 없이 질 좋은 바나나식초를 만들 수 있다.

❸ 혼합하기

함지박에 현미밥, 바나나, 누룩, 엿기름, 효모를 넣고 10분 동안 으깨듯이
치댄 뒤 물을 전부 넣고 섞어준다. 물은 상온에 반나절 정도 받아놓아 찬
기를 없앤 것을 사용하거나 25℃의 물을 사용한다. 바나나는 당도(평균
14~16brix)가 높아 생과째 넣어도 성공률이 높다.

tip 현미의 쌀알을 으깨듯이 치댈 때 믹서나 도깨비 방망이 등을 사용할 경우
식초가 탁해지고 잡맛이 생기므로 번거롭더라도 반드시 직접 손으로 해야
한다.

❹ 술 안치고 알코올발효하기(용기 안의 적정 온도 23~28℃)

식초를 담그기 위한 전단계로 현미와 바나나로 전통술을 만드는 과정이
다. 준비한 통에 혼합물을 넣고 용기 입구를 천으로 덮고 묶어둔다. 술
은 산소를 싫어하는 혐기성 발효를 하므로 공기 차단을 위해 뚜껑을 천
위에 살짝 올려놓는다. 다음 날부터 뽀글뽀글 소리를 내면서 방울이 올
라오고 발효를 시작한다. 3일 동안 매일 한두 번씩 저어주고 4일째 되
는 날 랩으로 씌워 묶는다. 견출지에 식초 이름과 날짜를 써서 랩 가운
데에 붙이고, 바늘로 초파리가 들어가지 못할 정도의 크기로 구멍을 한
개만 뚫어 에어 락을 만들어준다. 술 발효를 시작하면 3일째까지는 발
효가 활발하게 이루어져 온도가 상승하므로 될 수 있으면 집을 비우지
않도록 한다.

tip 1. 술 발효 시 용기 안의 온도가 23℃ 이하로 내려가면 알코올발효가 제대
로 되지 않으며 28℃ 이상 올라가면 잡균이 번식을 하여 실패의 원인이
되니 온도 조절에 신경을 써야 한다. 기온이 낮은 날에는 전기장판이나
이불, 보온 기구를 사용하여 온도를 맞춰준다.

2. 저어줄 때 밑까지 골고루 저어 가라앉은 앙금도 당화가 되도록 해준다.
바나나식초는 술 발효 시 잡균이 잘 생기므로 신경 써서 저어주어야 한
다. 통을 흔드는 것은 오염의 원인이 될 수 있으니 저어주는 방법으로 한
다. 발효가 되면서 곰팡이 같은 것이 하얗게 생기는 경우가 있으나 몸에
해로운 물질은 아니고 계속 저어주면 없어진다. 저어줘도 계속 생기면 설
탕(첨가한 물 양의 15%)을 넣고 저어주면 며칠 후 사라지며 발효는 계속
진행된다.

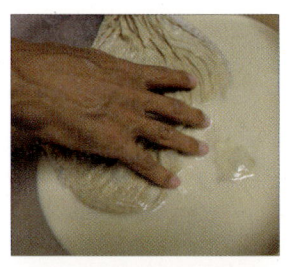

❺ 술 거르기(7~10일 정도)

당화 과정이 끝날 때쯤 현미 껍질이 떠오르기 시작하여 상층에 꽉 차게 떠오른다. 점차 뽀글뽀글 소리가 줄어들면서 현미 껍질이 다시 가라앉으면 발효가 다 끝난 것이니 거르기를 하면 된다. 바나나식초 담금용 술을 완성하기 위해 거름망에 넣고 주물러 짠다.

tip 술을 거르는 시점은 당도, 바나나즙, 현미, 누룩, 엿기름, 효모, 물 등 재료의 양과 온도 그리고 계절에 따라 달라진다. 보통은 7~10일 발효 뒤에 거르기를 한다.

❻ 식초 안치고 초산발효하기(용기 안의 적정 온도 27~30℃)

가수는 하지 않는다. 종초를 넣으면 실패율이 적어지며 전체 술 양의 10~30%의 종초를 넣으면 된다. 식초는 많은 양의 산소를 필요로 하는 호기성 발효를 하므로 뚜껑은 덮지 않고 천 또는 한지로 덮어 묶고 그 위에 옛날 십 원짜리 동전을 올려둔다. 발효 기간은 3개월 정도이며 온도는 27~30℃를 유지하는 것이 중요하다. 발효되는 동안 일주일에 한두 번씩 저어준다. 초산발효는 25~34℃에서도 가능하다.

tip 초산균은 알코올 6~8도의 환경을 좋아하며 산도를 조절하기기 위해 물을 섞는 가수를 한다. 저자의 식초는 처음부터 가수를 하여 담는 방법이므로 추가로 물을 넣을 필요가 없다. 초산균이 살아 있는 씨앗식초인 종초를 많이 넣으면 식초 성공률이 높아진다.

❼ 산도 체크하기

초막이 생기고 십 원짜리 동전에 초록색 녹이 슬면 식초가 만들어지고 있는 것이다. 초막은 식초가 완성되면 자연스럽게 줄어든다.

tip 시중에서 판매되는 일반 식초는 산도 4.0 이상이며 감식초는 2.6 이상이다. 초막은 알코올 도수와 당도, 종초의 양, 온도와 환경에 따라 5일에서 2개월 정도 걸리며 생기지 않는 경우도 있다. 담금 시 물을 적게 넣으면 초막이 늦게 생기며 산도가 조금 낮은 식초가 만들어질 수 있으나 버리지 않고 샐러드나 식초음료로 활용하면 된다.

❽ 숙성하기(6~9개월, 바나나 흑초 만들기)

3개월 뒤에 앙금과 맑은 식초 상초를 분리한다. 6~9개월 더 숙성을 하면 맛은 부드럽고 색은 황갈색으로 변하면서 약성 좋고 향이 은은한 바

나나 흑초가 만들어진다. 숙성된 식초는 실온에서는 초막이 다시 생기지 않으나 공기와의 접촉을 피할 수 있게 밀봉하여 보관한다.

tip 상층에 뜨는 맑은 식초는 분리하여 바로 먹어도 된다. 하초 앙금을 종초로 사용할 수 있으며 생막걸리를 부어 막걸리식초를 만들 수 있다. 앙금을 종 초로 사용할 경우 생막걸리 양의 30%를 넣으면 된다.

❾ 현미바나나천연식초의 음용

식초와 물을 1:10(바나나식초 20㎖, 물 200㎖)로 희석하여 하루 1~3회 먹는다. 위가 약한 사람은 식후에 바로 먹는다.

tip 현미 바나나천연식초 효소음료 만들기
바나나식초, 바나나효소, 물을 1:1:6(바나나식초 20㎖, 바나나효소 20㎖, 물 120 ㎖)으로 희석해 얼음 몇 조각 넣어 먹는다. 바나나효소가 없으면 매실효소 등 다른 효소를 넣어도 된다.

도전! 명품 식초 만들기

현미바나나양배추식초 만들기

양배추즙을 넣어 항암 작용, 위장 보호, 대장활동을 원활하게 할 수 있는 효능을 높인 명품 식초를 만들어보자. 양배추는 수분이 93.5%이며 비교적 즙이 잘 나오나 물 5%를 넣고 짜 도 된다. 초막이 늦게 생기고 식초가 완성되는 데 걸리는 시간이 길어진다. 이 식초 속에는 누룩, 엿기름, 바나나, 배, 현미 등의 약성이 포함되어 있어 식이요법으로 하루에 1~3회 약 처럼 마시면 좋다. 위가 좋지 않다면 식후 바로 마실 것을 권한다.

❶ 현미 500g, 바나나 500g, 양배추즙 500㎖, 누룩 250g, 엿기름 100g, 효모(이스트) 0.25t, 물 500 ㎖, 종초(술 양의 10~30%, 성공 포인트는 30%), 발효통 4ℓ를 준비한다.
❷ 만드는 과정은 바나나식초 만들기와 동일하다. 명품 식초인 만큼 술 발효 기간이 약간 길어진다 는 점을 기억하자.

쌍화탕식초

　겨울이 시작되면 어김없이 9가지 쌍화탕 재료들을 끓여 차를 만들어 마신다. 사실 우리 생활에서 쌍화탕은 퍽이나 익숙한 건강음료다. 병원에서 진료를 받은 뒤 처방전을 들고 약국에 가면 어린이에게는 요구르트를 주고 성인에게는 따끈한 쌍화탕을 주는 곳이 있을 정도다. 병원의 진료와 약국의 처방전이 분리되기 전에는 약국에서 가벼운 병들은 직접 진료를 받았고 처방약 또한 받았다. 그 시절에도 쌍화탕은 약국의 가장 좋은 자리에 놓여 귀한 감기약으로 대접을 받았다.

　군에서 제대하고 학교를 마친 뒤에 고향 군산을 떠나 서울 생활을 시작한 첫해 가을에 몸살감기에 걸려 심하게 앓았던 적이 있다. 전화할 힘도 없어 아무에게도 연락조차 하지 못했는데 출근을 하지 않은 내가 걱정이 되었는지 동료가 찾아왔다.

　나를 찾아온 동료는 끙끙 앓고 있는 나를 보고 병원은커녕 약국조차 못 간 내게 잠시만 기다리라고 하더니 약과 뜨끈한 쌍화탕을 사다 주었다. 타향살이에서 동료의 정이 담긴 쌍화탕을 받으니 얼마나 고맙고 감사하던지 지금도 그 친구를 보면 쌍화탕이 생각나고 고마운 마음이 든다.

　쌍화탕은 지금도 건강한 삶을 위해 차로 다려 먹고 발효식품을 만들어 먹으면서 더 가까이하게 되었다. 자연발효식품의 다양한 효능에 매료되면서 이젠 쌍화탕 애호가가 되어가고 있다. 대부분의 사람들에게 쌍화탕을 언제 먹느냐고 물으면 감기 걸렸을 때 먹는다고 간단하게 말하지만,《동의보감》등 옛 의서에 소개된 쌍화탕의 다양한 효능들을 살펴보면 단순히 감기약 정도가 아니다. 9가지 말린 재료들의 배합을 보면서 다시 한 번 놀라움을 느끼게 되어 효능에 대해서도 다시생각하게 되었다. 쌍화탕의 효능에 대해 알아가면서 아랫배와 손발이 찬 아내의 갱년기 건강을 위해 쌍화탕 재료들과 설탕을 섞어 효소를 만들었다. 지금은 현미밥을 섞어 쌍화탕식초를 담가 아내가 거부감 없이 먹을 수 있도록 발효식품으로 재탄생시키고 있는 중이다.

쌍화탕의 효능

쌍화탕은 인체의 기와 혈을 골고루 평형을 맞춰주고 조화롭게 해주어 피로를 풀어준다. 한의학에서는 기와 혈을 쌍으로 조화를 이루게 해준다고 하여 쌍화산(雙和散)이라고도 부른다. 기와 혈 보충, 육체적 피로, 정신적 피로, 몸살감기, 기력회복, 면역력 증진, 보온 효과, 식욕부진, 빈혈, 집중력 향상 등에 도움이 된다.

현미쌍화탕식초 만드는 법

재료 및 준비물

현미 500g, 쌍화탕 끓인 물* 1,400㎖, 누룩 250g, 엿기름 100g, 효모(이스트) 0.25t, 종초(술 양의 10~30%, 성공 포인트는 30%), 발효통 4ℓ, *쌍화탕 재료 : 말린 백작약 30g, 숙지황12g, 황기12g, 당귀12g, 천궁12g, 계피9g, 감초9g, 생강9g, 대추9g, 물 2,800㎖, 함지박, 천, 고무줄, 일회용 비닐장갑, 국자

❶ 준비하기

사용할 도구들은 미리 소독을 해두고, 현미는 고슬고슬한 고두밥보다는 성공 확률이 높은 진밥으로 짓는다.

tip 누룩은 이화곡이나 밀누룩을 사용하는데, 전통적인 옛맛과 효능을 내고 산미도 좋은 밀누룩을 만들어 사용할 것을 권한다.

❷ 재료 손질하기

말린 재료들은 흐르는 물에 빠르게 씻는다. 재료에 물 2,800㎖를 넣고 물의 양이 반이 될 때가지 은근한 불에 끓여서 거른다. 끓여서 사용하면 오염이 되어 생길 수 있는 실패를 줄일 수 있고 감칠맛 나는 식초를 얻을 수 있다. 현미밥은 25℃ 정도로 식혀서 사용한다.

tip 설탕을 넣지 않고 현미와 쌍화탕를 섞어 식초를 만들 때 건더기가 들어가면 발효에 어려움이 있지만, 쌍화탕즙을 짜서 사용하면 발효가 잘되고 알

코올 형성 또한 빨라져 실패 없이 질 좋은 감식초를 만들 수 있다.

❸ 혼합하기

함지박에 현미밥, 쌍화탕 끓인 물 50%, 누룩, 엿기름, 효모를 넣고 10분 동안 으깨듯이 치댄 뒤 물을 전부 넣고 섞어준다. 이때 쌍화탕은 재료를 끓인 물은 25℃ 정도로 식혀서 사용한다.

tip 현미의 쌀알을 으깨듯이 치댈 때 믹서나 도깨비 방망이 등을 사용할 경우 식초가 탁해지고 잡맛이 생기므로 번거롭더라도 반드시 직접 손으로 해야 한다.

❹ 술 안치고 알코올발효하기(용기 안의 적정 온도 23~28℃)

식초를 담그기 위한 전단계로 현미와 쌍화탕 재료로 전통술을 만드는 과정이다. 준비한 통에 혼합물을 넣고 용기 입구를 천으로 덮고 묶어둔다. 술은 산소를 싫어하는 혐기성 발효를 하므로 공기 차단을 위해 뚜껑을 천 위에 살짝 올려놓는다. 다음 날부터 뽀글뽀글 소리를 내면서 방울이 올라오고 발효를 시작한다. 3일 동안 매일 한두 번씩 저어주고 4일째 되는 날 랩으로 씌워 묶는다. 견출지에 식초 이름과 날짜를 써서 랩 가운데에 붙이고, 바늘로 초파리가 들이기지 못힐 징도의 크기로 구멍을 한 개만 뚫어 에어 락을 만들어준다. 술 발효를 시작하면 3일째까지는 발효가 활발하게 이루어져 온도가 상승하므로 될 수 있으면 집을 비우지 않도록 한다.

tip 1. 술 발효 시 용기 안의 온도가 23℃ 이하로 내려가면 알코올발효가 제대로 되지 않으며 28℃ 이상 올라가면 잡균이 번식을 하여 실패의 원인이 되니 온도 조절에 신경을 써야 한다. 기온이 낮은 날에는 전기장판이나 이불, 보온 기구를 사용하여 온도를 맞춰준다.

2. 저어줄 때 밑까지 골고루 저어 가라앉은 앙금도 당화가 되도록 한다. 쌍화탕식초는 술 발효 시 잡균이 잘 생기므로 신경 써서 저어주어야 한다. 통을 흔드는 것은 오염의 원인이 될 수 있으니 저어주는 방법으로 한다. 발효가 되면서 곰팡이 같은 것이 하얗게 생기는 경우가 있으나 몸에 해로운 물질은 아니고 계속 저어주면 없어진다. 저어줘도 계속 생기면 설탕(첨가한 물 양의 15%)을 넣고 저어주면 며칠 후 사라지며 발효는 계속 진행된다.

❺ 술 거르기(7~10일 정도)

당화 과정이 끝날 때쯤 현미 껍질이 떠오르기 시작하여 상층에 꽉 차게

떠오른다. 점차 뽀글뽀글 소리가 줄어들면서 현미 껍질이 다시 가라앉으면 발효가 다 끝난 것이니 거르기를 하면 된다. 쌍화탕식초 담금용 술을 완성하기 위해 거름망에 넣고 주물러 짠다.

tip 술을 거르는 시점은 당도, 쌍화탕 끓인 물, 현미, 누룩, 엿기름, 효모, 물 등 재료의 양과 온도 그리고 계절에 따라 달라진다. 보통은 7~10일 발효 뒤에 거르기를 한다.

❻ 식초 안치고 초산발효하기(용기 안의 적정 온도 27~30℃)

가수는 하지 않는다. 종초를 넣으면 실패율이 적어지며 전체 술 양의 10~30%의 종초를 넣으면 된다. 식초는 많은 양의 산소를 필요로 하는 호기성 발효를 하므로 뚜껑은 덮지 않고 천 또는 한지로 덮어 묶고 그 위에 옛날 십 원짜리 동전을 올려둔다. 발효 기간은 3개월 정도이며 온도는 27~30℃를 유지하는 것이 중요하다. 발효되는 동안 일주일에 한두 번씩 저어준다. 초산발효는 25~34℃에서도 가능하다.

tip 초산균은 알코올 6~8도의 환경을 좋아하며 산도를 조절하기기 위해 물을 섞는 가수를 한다. 저자의 식초는 처음부터 가수를 하여 담는 방법이므로 추가로 물을 넣을 필요가 없다. 초산균이 살아 있는 씨앗식초인 종초를 많이 넣으면 식초 성공률이 높아진다.

❼ 산도 체크하기

초막이 생기고 십 원짜리 동전에 초록색 녹이 슬면 식초가 만들어지고 있는 것이다. 초막은 식초가 완성되면 자연스럽게 줄어든다.

tip 시중에서 판매되는 일반 식초는 산도 4.0 이상이며 감식초는 2.6 이상이다. 초막은 알코올 도수와 당도, 종초의 양, 온도와 환경에 따라 5~30일 정도 걸리며 생기지 않는 경우도 있다. 담금 시 물을 적게 넣으면 초막이 늦게 생기며 산도가 조금 낮은 식초가 만들어질 수 있으나 버리지 않고 샐러드나 식초음료로 활용하면 된다.

❽ 숙성하기(6~9개월, 쌍화탕 흑초 만들기)

3개월 뒤에 앙금과 맑은 식초 상초를 분리한다. 6~9개월 더 숙성을 하면 맛은 부드럽고 색은 황갈색으로 변하면서 약성 좋고 향이 은은한 쌍화탕 흑초가 만들어진다. 숙성된 식초는 실온에서는 초막이 다시 생기지 않으나 공기와의 접촉을 피할 수 있게 밀봉하여 보관한다.

tip 상층에 뜨는 맑은 식초는 분리하여 바로 먹어도 된다. 하초 앙금을 종초로 사용할 수 있으며 생막걸리를 부어 막걸리식초를 만들 수 있다. 앙금을 종초로 사용할 경우 생막걸리 양의 30%를 넣으면 된다.

❾ 현미쌍화탕천연식초의 음용

식초와 물을 1:10(쌍화탕식초 20㎖, 물 200㎖)로 희석하여 하루 1~3회 먹는다. 위가 약한 사람은 식후에 바로 먹는다.

tip 현미 쌍화탕천연식초 효소음료 만들기
쌍화탕식초, 쌍화탕효소, 물을 1:1:6(쌍화탕식초 20㎖, 쌍화탕효소 20㎖, 물 120㎖)으로 희석해 얼음 몇 조각 넣어 먹는다. 쌍화탕효소가 없으면 매실효소 등 다른 효소를 넣어도 된다.

도전! 명품 식초 만들기

현미쌍회탕배식초 만들기

배즙을 넣어 감기와 호흡기에 좋고 원기회복에 좋은 명품 식초를 만들어보자. 배는 수분이 88.4%이며 즙이 잘 나온다. 초막이 늦게 생기고 식초가 완성되는 데 걸리는 시간이 길어진다. 이 식초 속에는 누룩, 엿기름, 쌍화탕 재료, 배, 현미 등의 약성이 포함되어 있어 식이요법으로 하루에 1~3회 약처럼 마시면 좋다. 위가 좋지 않다면 식후 바로 마실 것을 권한다.

❶ 현미 500g, 쌍화탕 끓인 물 1,000㎖, 배즙 500㎖, 누룩 250g, 엿기름 50g, 효모(이스트) 0.25t, 종초(술 양의 10~30%, 성공 포인트는 30%), 발효통 4ℓ를 준비한다.
❷ 만드는 과정은 쌍화탕식초 만들기와 동일하다. 명품 식초인 만큼 술 발효 기간이 약간 길어진다는 점을 기억하자.

PART3

| 초간단 천연식초 만들기 |

초간단
천연식초 만들기

　천연식초를 만들어 먹으려고 생각을 해도 일반인은 만드는 과정이 여러 단계이고 발효기간이 길어 쉽지 않다. 이번 장에서는 바쁘게 움직이는 직장인과 어렵고 복잡한 것을 싫어하는 분들을 위해 아주 간단한 천연식초 만드는 방법을 설명한다.

　준비하는 재료 또한 간단하고 우리 주변에서 흔하게 있는 것들이며 조금만 노력하면 쉽게 얻을 수 있는 것들이다. 또 기존에 만들어놓은 식초에 준비한 재료를 넣어 짧게는 10일에서 길게는 20일이면 완성되어 먹을 수 있는 식초이다.

　설명에 따라 만든 식초를 예쁜 병에 몇 개만 담아 주방에 놓으면 예쁜 인테리어 소품이 되고, 지인들에게 선물할 일이 있을 때 활용하면 좋을 것 같다. 특히 각종 차로 만든 현미볶음식초와 현미명월초식초 같은 경우는 당뇨나 고혈압이 있는 분들이 만들어 드시면 1년 이상 발효시켜 완성되는 천연현미식초를 대신할 수 있다. 천연발효식초를 구하지 못할 경우에는 마트에서 판매하고 있는 현미식초를 구입하고, 집에서 만든 효소 발효액을 넣어 만들면 시중에서 판매하고 있는 홍초나 흑초의 맛을 느낄 수 있다.

　완성된 식초를 물에 희석해서 마실 때도 발효액 효소를 조금 섞으면 살아 있는 균을 함께 섭취할 수 있어 장 건강과 면역력 향상에 도움이 된다. 이제부터는 집에서 먹다 남긴 오래된 차나 약재, 말린 나물과 묵은 과일로 천연식초를 만들어 가족의 건강을 챙겨보는 것도 좋을 듯하다.

천연발효 현미식초 만들기

현미식초를 만들어두면 활용도가 많다. 특히 현미식초 그대로 먹어도 좋지만 다른 재료를 넣어서 다양한 맛과 효능을 가진 식초를 간단하게 짧은 시간 안에 만들어 먹을 수 있다. 여기서는 초간단 식초를 만들기 위해 필요한 전통 현미식초 담그는 법을 소개한다.

현미식초는 변비예방, 숙변제거, 체질개선, 피부미용, 피로회복, 다이어트, 고혈압, 당뇨병, 골다공증 예방, 칼슘 흡수에 도움이 되고 방부, 살균 효과가 있다.

천연발효 현미식초 만드는 법

재료 및 준비물

현미 500g, 누룩 250g, 엿기름 100g, 효모(이스트) 0.25t, 물 1,400㎖, 발효통 4ℓ, 함지박, 천, 고무줄, 일회용 비닐장갑, 국자

❶ 준비하기

사용할 도구들은 미리 소독을 해두고, 현미는 고슬고슬한 고두밥보다는 성공 확률이 높은 진밥으로 짓는다.

tip 누룩은 이화곡이나 밀누룩을 사용하는데, 전통적인 옛맛과 효능을 내고 산미도 좋은 밀누룩을 만들어 사용할 것을 권한다.

❷ 재료 손질하기

현미는 백미와 겉껍질 사이에 있는 미강을 같이 사용한다. 농약 등 유해 물질과 가까이 있기 때문에 깨끗하게 씻어야 한다.

tip 현미 씻기와 진밥 짓는 법은 p.28 참조. 무농약 유기농 현미를 구입하면 씻기가 간단하다. 현미밥은 25℃ 정도로 식혀서 사용한다.

❸ 혼합하기

함지박에 현미밥, 누룩, 엿기름, 효모, 물 50%를 넣고 10분 동안 으깨듯이 치댄 뒤 물을 전부 넣고 섞어준다. 물은 상온에 반나절 정도 받아놓아 찬 기를 없앤 것을 사용하거나 25℃의 물을 사용한다.

tip 현미밥의 밥알을 으깨듯이 치댈 때 믹서나 도깨비 방망이 등을 사용할 경우 식
      초가 탁해지고 잡맛이 생기므로 번거롭더라도 반드시 직접 손으로 해야 한다.

❹ 술 안치고 알코올발효하기(용기 안의 적정 온도 23~28℃)

식초를 담그기 위한 전단계로 현미로 전통술을 만드는 과정이다. 준비한 통에 혼합물을 넣고 용기 입구를 천으로 덮고 묶어둔다. 술은 산소를 싫어하는 혐기성 발효를 하므로 공기 차단을 위해 뚜껑을 천 위에 살짝 올려놓는다. 다음 날부터 뽀글뽀글 소리를 내면서 방울이 올라오고 발효를 시작한다. 3일 동안 매일 한두 번씩 저어주고 4일째 되는 날 랩으로 씌워 묶는다. 견출지에 식초 이름과 날짜를 써서 랩 가운데에 붙이고, 바늘로 초파리가 들어가지 못할 정도의 크기로 구멍을 한 개만 뚫어 에어 락을 만들어준다. 술 발효를 시작하면 3일째까지는 발효가 활발하게 이루어져 온도가 상승하므로 될 수 있으면 집을 비우지 않도록 한다.

tip 1. 술 발효 시 용기 안의 온도가 23℃ 이하로 내려가면 알코올발효가 제대
        로 되지 않으며 28℃ 이상 올라가면 잡균이 번식을 하여 실패의 원인이
        되니 온도 조절에 신경을 써야 한다. 기온이 낮은 날에는 전기장판이나
        이불, 보온 기구를 사용하여 온도를 맞춰준다.
      2. 저어줄 때 밑까지 골고루 저어 가라앉은 앙금도 당화가 되도록 해준다.
        술 발효 시 잡균이 잘 생기므로 신경 써서 저어주어야 한다. 통을 흔드
        는 것은 오염의 원인이 될 수 있으니 저어주는 방법으로 한다. 발효가 되
        면서 곰팡이 같은 것이 하얗게 생기는 경우가 있으나 몸에 해로운 물질
        은 아니고 계속 저어주면 없어진다. 저어줘도 계속 생기면 설탕(물 양의
        15%)을 넣고 저어주면 며칠 후 사라지며 발효는 계속 진행된다.

❺ 술 거르기(7~10일 정도)

당화 과정이 끝날 때쯤 현미 껍질이 떠오르기 시작하여 상층에 꽉 차게 떠오른다. 점차 뽀글뽀글 소리가 줄어들면서 현미 껍질이 다시 가라앉으면 발효가 다 끝난 것이니 거르기를 하면 된다. 감식초 담금용 술을 완성하기 위해 거름망에 넣고 주물러 짠다.

tip 술을 거르는 시점은 당도, 현미, 누룩, 엿기름, 효모, 물 등 재료의 양과 온

도, 계절에 따라 달라진다. 보통은 7~10일 발효 뒤에 거르기를 한다.

❻ 식초 안치고 초산발효하기(용기 안의 적정 온도 27~30℃)

가수는 하지 않는다. 종초를 넣으면 실패율이 적어지며 전체 술 양의 10~30%의 종초를 넣으면 된다. 식초는 많은 양의 산소를 필요로 하는 호기성 발효를 하므로 뚜껑은 덮지 않고 천 또는 한지로 덮어 묶고 그 위에 옛날 십 원짜리 동전을 올려둔다. 발효 기간은 3개월 정도이며 온도는 27~30℃를 유지하는 것이 중요하다. 발효되는 동안 일주일에 한두 번씩 저어준다. 초산발효는 25~34℃에서도 가능하다.

tip 초산균은 알코올 6~8도의 환경을 좋아하며 산도를 조절하기기 위해 물을 섞는 가수를 한다. 저자의 식초는 처음부터 가수를 하여 담는 방법이므로 추가로 물을 넣을 필요가 없다. 초산균이 살아 있는 씨앗식초인 종초를 많이 넣으면 식초 성공률이 높아진다.

❼ 산도 체크하기

초막이 생기고 십 원짜리 동전에 초록색 녹이 슬면 식초가 만들어지고 있는 것이다. 초막은 식초가 완성되면 자연스럽게 줄어든다.

tip 시중에서 판매되는 일반 식초는 산도 4.0 이상이며 감식초는 2.6 이상이다. 초막은 알코올 도수와 당도, 종초의 양, 온도와 환경에 따라 5일에서 2개월 정도 걸리며 생기지 않는 경우도 있다. 담금 시 물을 적게 넣으면 초막이 늦게 생기며 산도가 조금 낮은 식초가 만들어질 수 있으나 버리지 않고 샐러드나 식초음료로 활용하면 된다.

❽ 숙성하기(6~9개월, 현미흑초 만들기)

3개월 뒤에 앙금과 맑은 식초를 분리한다. 6~9개월 더 숙성을 하면 맛은 부드럽고 색은 황갈색으로 변하면서 약성 좋고 향이 은은한 현미흑초가 만들어진다. 숙성된 식초는 실온에서는 초막이 다시 생기지 않으나 공기와의 접촉을 피할 수 있게 밀봉하여 보관한다.

tip 상층에 뜨는 맑은 식초는 분리하여 바로 먹어도 된다. 하초 앙금을 종초로 사용할 수 있으며 생막걸리를 부어 막걸리식초를 만들 수 있다. 앙금을 종초로 사용할 경우 생막걸리 양의 30%를 넣으면 된다.

❾ 현미식초의 음용

식초와 물을 1:10(현미식초 20㎖, 물 200㎖)로 희석하여 하루 1~3회 먹는다. 위가 약한 사람은 식후에 바로 먹는다.

효소 발효액과 건더기로
식초 만들기

집에서 만든 효소 발효액을 활용하여 식초를 만드는 방법이 있다. 일 년에 몇 통씩 담아 놓아 냉장고를 꽉 채우고 있고 베란다와 방을 차지하고 있는 효소액 때문에 고민을 하는 사람들이 적지 않다. 매스컴에서 효소 발효액이 설탕물이라고 하도 떠들어대니 이를 귀로 듣고는 먹기가 찜찜하여 눈에 띄지 않는 곳에 놓고 잊어버리는 일도 흔하다.

효소는 물에 희석하여 음료로 먹고, 김치를 담그거나 무침 요리를 할 때 설탕 대신 넣으면 좋다. 하지만 음식에 넣어 먹는 것으로는 많은 양의 효소액이 쉽게 줄지 않는다.

이미 방송이나 인터넷 등에 발효액의 다양한 활용법이 소개되어 있고, 물을 섞고 누룩과 효모를 넣어 식초를 만드는 방법 등도 쉽게 찾아볼 수 있다. 하지만 듣고 검색한 내용을 그대로 따라해봐도 실패하는 경우가 많다. 강의를 하면서 듣게 되는 이야기의 대부분이 생각보다는 효소로 식초 만들기가 쉽지 않다는 하소연이었다.

몇 번 실패를 거듭하다 보면 식초 만들기가 더욱 어렵게만 느껴지고, 집에서는 만들 수 없다는 생각이 들어 아예 포기하고 다시는 만들지 않게 된다. 이런 고민을 해결하고 발효액 효소로도 얼마든지 식초를 만들어 먹을 수 있도록 성공률 100%의 쉬운 방법을 찾아보았다. 발효액 효소와 그 건더기로 식초를 만들면 산도가 제대로 나오지 않으면서 부패되

는 경우가 많다. 이 문제를 해결하려면 소주를 넣어 살짝 알코올 도수를 올려주고, 현미식
초를 섞어 산도를 조금 올려서 유해 잡균의 접근을 막으면 된다.

발효액으로 효소식초 만들기

재료 준비

발효액 효소 750㎖, 생막걸리 3,000㎖, 현미식초 375㎖, 소주 35도
375㎖, 종초 10~30%(375~1,125㎖), 발효통 8ℓ, 천, 고무줄, 주걱

준비하기

스테인리스, 유리, 플라스틱 용기는 1차 세제로 씻고 깨끗한 물에 락스
용액을 풀어 30분 담가두었다가 여러 번 헹군 뒤 말려 사용한다. 항아
리는 짚을 사용하여 불 소독을 하거나 뜨거운 물로 소독한다.

만드는 법

❶ 발효통 및 사용 도구를 소독한다.
❷ 생막걸리는 흔들어 준비해 둔다.
❸ 발효통에 효소와 생막걸리, 현미식초, 소주, 종초를 넣는다.
tip 종초가 없으면 넣지 않고 식초를 만들어도 된다. 식초는 시중에 유통되
　　는 것을 사용해도 괜찮다.

❹ 골고루 섞이도록 저어준다.
tip 저어줄 때는 소독하기 쉬운 스테인리스 도구를 사용한다.
❺ 입구는 천으로 덮고 묶어두며 일주일에 두 번씩 저어준다.
❻ 적정 온도는 27~30℃이며 10~30일 정도면 초막이 생긴다.
tip 발효는 25~34℃에서도 가능하다.

❼ 발효 기간은 3~6개월이며, 완료 시점이 되면 초막이 현저히 줄
　　어든다. 이때 밀봉하여 보관한다.
tip 완성된 식초는 바로 음용할 수 있고 종초로 사용할 수도 있다.

건더기로 효소식초 만들기

재료 준비

발효액 효소 건더기 1kg, 생막걸리 2,250㎖, 현미식초 325㎖, 소주 35도 3255㎖, 종초 10~30%(325~975㎖) 발효통 8ℓ, 천, 고무줄, 주걱

준비하기

스테인리스, 유리, 플라스틱 용기는 1차 세제로 씻고 깨끗한 물에 락스 용액을 풀어 30분 담가두었다가 여러 번 헹군 뒤 말려 사용한다. 항아리는 짚을 사용하여 불 소독을 하거나 뜨거운 물로 소독한다.

만드는 법

❶ 발효통 및 사용 도구를 소독한다.

❷ 생막걸리는 흔들어 준비해 둔다.

❸ 통에 효소건더기, 생막걸리, 현미식초, 소주, 종초를 넣는다.

tip 종초가 없으면 넣지 않고 식초를 만들어도 된다. 식초는 시중에 유통되는 것을 사용해도 괜찮다.

❹ 골고루 섞이도록 저어준다.

tip 저어줄 때는 소독하기 쉬운 스테인리스 도구를 사용한다.

❺ 입구는 천으로 덮고 묶어두며 일주일 동안 매일 한 번씩 저어준다.

❻ 일주일 발효 뒤 건더기는 걸러내고 남은 액으로 식초를 안친다.

❼ 입구는 다시 천으로 덮고 묶어두며 일주일에 두 번 저어준다.

❽ 적정 온도는 27~30℃이며 10~30일 정도면 초막이 생긴다.

tip 초산발효는 25~34℃에서도 가능하다.

❾ 발효 기간은 3~6개월이며, 완료 시점이 되면 초막이 현저히 줄어든다. 이때 밀봉하여 보관한다.

tip 완성된 식초는 바로 음용할 수 있고 종초로 사용할 수도 있다.

당귀식초

재료 천연발효 현미식초 1ℓ, 당귀(말린 것) 20g, 발효액 효소 (선택사항) 100㎖

1

당귀는 티만 골라내고 먼지를 털어준다.

2

발효통에 현미식초와 당귀를 넣는다.

3

입구는 천으로 덮고 묶어두며 뚜껑을 올려놓고 통풍이 잘되는 곳에 둔다. 일주일에 두 번 저어준다.

4

발효 기간은 20일이며 산도 4~6% 내외의 천연 당귀식초가 만들어진다.

5

완성된 식초는 걸러서 밀봉한 후 서늘한 곳에 둔다.

tip 당귀식초는 혈액순환과 보혈에 좋고 빈혈, 자궁 건강에 좋아 여성들이 즐겨 마시면 좋은 식초이다. 당귀는 참당귀 뿌리를 말려 사용한다. 발효 시 매실 등 집에서 만든 발효액 효소를, 식초와 재료를 합한 양의 10% 정도 첨가하면 색다른 맛을 느낄 수 있다.

딸기식초

재료 천연발효 현미식초 1ℓ, 딸기(생) 200g, 발효액 효소(선택
사항) 120㎖

1
딸기는 꼭지를 따내고 흐르는 물에 씻어 물기를 말린다.

2
발효통에 천연 현미식초와 딸기를 넣는다.

3
입구는 천으로 덮고 묶어두며 뚜껑을 올려놓고 상온
또는 냉장고에 넣는다. 일주일에 두 번 저어준다.

4
발효 기간은 20일이며 산도 4~6% 내외의 천연 딸기
식초가 만들어진다.

5
완성된 식초는 걸러서 밀봉한 후 서늘한 곳에 둔다.

tip 딸기식초는 단맛과 신맛이 풍부하여 식초와 물을 1:10으
로 희석하여 음료로 먹으면 피부와 피로회복에 도움이
되는 식초다. 발효 시 과육이 떠오르니 일주일에 두 번
정도 섞어준다. 발효 시 매실 등 집에서 만든 발효액 효
소를, 식초와 재료를 합한 양의 10% 정도 첨가하면 색다
른 맛을 느낄 수 있다.

망초식초

재료 천연발효 현미식초 1ℓ, 망초 잎(덖은 것) 6g, 발효액 효소(선택사항) 100㎖

1 망초 순은 위에서 여섯 잎까지 어린순을 채취해 씻어 물기를 말려 볶아둔다.

2 발효통에 천연 현미식초와 망초를 넣는다.

3 입구는 천으로 덮고 묶어두며 뚜껑을 올려놓고 통풍이 잘되는 곳에 둔다. 일주일에 두 번 저어준다.

4 발효 기간은 10일이며 산도 4~6% 내외의 천연 망초식초가 만들어진다.

5 완성된 식초는 걸러서 밀봉한 후 서늘한 곳에 둔다.

tip 망초식초는 변비가 있을 때 마시면 도움이 되는 식초다. 망초순은 녹차처럼 덖음을 하여 준비한다. 덖음 온도는 250~300℃에서 한 번만 볶고 비빈 다음 건조해서 사용한다. 발효 시 매실 등 집에서 만든 발효액 효소를, 식초와 재료를 합한 양의 10% 정도 첨가하면 색다른 맛을 느낄 수 있다.

방풍뿌리식초

재료 천연발효 현미식초 1ℓ, 방풍뿌리(말린 것) 20g, 발효액 효소(선택사항) 100㎖

1
방풍뿌리는 씻어 말려 둔다.

2
발효통에 천연 현미식초와 방풍뿌리를 넣는다.

3
입구는 천으로 덮고 묶어두며 뚜껑을 올려놓고 통풍이 잘되는 곳에 둔다. 일주일에 두 번 저어준다.

4
발효 기간은 20일이며 산도 4~6% 내외의 천연 방풍 뿌리식초가 만들어진다.

5
완성된 식초는 걸러서 밀봉한 후 서늘한 곳에 둔다.

tip 방풍뿌리식초는 풍을 막아주는 효능이 있어 저녁식사 후에 바로 먹으면 도움이 되는 식초이다. 식초 20㎖에 물 10배로 희석하여 하루 세 번 먹는다. 발효 시 매실 등 집에서 만든 발효액 효소를, 식초와 재료를 합한 양의 10% 정도 첨가하면 색다른 맛을 느낄 수 있다.

쑥식초

재료 천연발효 현미식초 1ℓ , 쑥(덖은 것) 6g, 발효액 효소(선택사항) 100㎖

1 쑥은 씻어 물기를 말려 볶아 둔다.

2 발효통에 천연 현미식초와 쑥을 넣는다.

3 입구는 천으로 덮고 묶어두며 뚜껑을 올려놓고 통풍이 잘되는 곳에 둔다. 일주일에 두 번 저어준다.

4 발효 기간은 10일이며 산도 4~6% 내외의 천연 쑥식초가 만들어진다.

5 완성된 식초는 걸러서 밀봉한 후 서늘한 곳에 둔다.

tip 쑥식초는 손발이 저리는 혈액순환 개선에 좋고 따뜻한 성질이 있어 환절기나 겨울에 먹으면 좋은 식초이다. 쑥은 씻어 물기만 말린 뒤 250~300℃의 온도에서 빠르게 볶아 내 비벼 말려 준다. 발효 시 매실 등 집에서 만든 발효액 효소를, 식초와 재료를 합한 양의 10% 정도 첨가하면 색다른 맛을 느낄 수 있다.

아카시아꽃식초

재료 천연발효 현미식초 1ℓ, 아카시아꽃(말린 것) 5g, 발효액
효소(선택사항) 100㎖

1 아카시아꽃은 씻어 말려 둔다.

2 발효통에 천연 현미식초와 아카시아꽃을 넣는다.

3 입구는 천으로 덮고 묶어두며 뚜껑을 올려놓고 통풍이
잘되는 곳에 둔다. 일주일에 두 번 저어준다.

4 발효 기간은 10일이며 산도 4~6% 내외의 천연 아카시
아꽃식초가 만들어진다.

5 완성된 식초는 걸러서 밀봉한 후 서늘한 곳에 둔다.

tip 아카시아꽃식초는 향이 좋은 식초이며 여드름과 중이
염에 도움이 되는 식초다. 물과 희석하여 음료로 먹고
스프레이에 넣어 조금씩 뿌려주면 방향제 역할을 한다.
발효 시 매실 등 집에서 만든 발효액 효소를, 식초와 재
료를 합한 양의 10% 정도 첨가하면 색다른 맛을 느낄
수 있다.

우슬식초

재료 천연발효 현미식초 1ℓ, 우슬(말린 것) 15g, 발효액 효소
(선택사항) 100㎖

1

우슬은 깨끗이 씻어 말린다.

2

발효통에 천연 현미식초와 우슬을 넣는다.

3

입구는 천으로 덮고 묶어두며 뚜껑을 올려놓고 통풍이
잘되는 곳에 둔다. 일주일에 두 번 저어준다.

4

발효 기간은 20일이며 산도 4~6% 내외의 천연 우슬식
초가 만들어진다.

5

완성된 식초는 걸러서 밀봉한 후 서늘한 곳에 둔다.

tip 우슬식초는 관절에 좋아 중년으로 넘어가는 시기에 자
주 먹으면 관절 건강에 도움이 되는 식초다. 우슬은 쇠
무릎 뿌리 부분이다. 발효 시 매실 등 집에서 만든 발효
액 효소를, 식초와 재료를 합한 양의 10% 정도 첨가하면
색다른 맛을 느낄 수 있다.

찔레꽃식초

재료 천연발효 현미식초 1ℓ, 찔레꽃(쪄 말린 것) 10g, 발효액 효소(선택사항) 100㎖

1. 찔레꽃은 씻어 쪄 말린다.

2. 발효통에 천연 현미식초와 찔레꽃을 넣는다.

3. 입구는 천으로 덮고 묶어두며 뚜껑을 올려놓고 통풍이 잘되는 곳에 둔다. 일주일에 두 번 저어준다.

4. 발효 기간은 10일이며 산도 4~6% 내외의 천연 찔레꽃 식초가 만들어진다.

5. 완성된 식초는 걸러서 밀봉한 후 서늘한 곳에 둔다.

tip 찔레꽃식초는 지방을 분해하고 동맥경화에 도움이 되는 식초다. 증기가 올라오면 3분 정도 살짝 쪄 말려서 사용한다. 발효 시 매실 등 집에서 만든 발효액 효소를, 식초와 재료를 합한 양의 10% 정도 첨가하면 색다른 맛을 느낄 수 있다.

황기식초

재료 천연발효 현미식초 1ℓ, 황기(말린 것) 30g, 발효액 효소
(선택사항) 103㎖

1 황기는 티만 골라내고 먼지를 털어준다.

2 발효통에 천연 현미식초와 황기를 넣는다.

3 입구는 천으로 덮고 묶어두며 뚜껑을 올려놓고 통풍이
잘되는 곳에 둔다. 일주일에 두 번 저어준다.

4 발효 기간은 15일이며 산도 4~6% 내외의 천연 황기식
초가 만들어진다.

5 완성된 식초는 걸러서 밀봉한 후 서늘한 곳에 둔다.

tip 황기식초는 항암 작용이 있고 간암과 비뇨기계 암에 좋
고 여름 더위에 지친 몸에 도움이 되는 식초다. 발효 시
매실 등 집에서 만든 발효액 효소를, 식초와 재료를 합
한 양의 10% 정도 첨가하면 색다른 맛을 느낄 수 있다.

감자껍질식초

재료 천연발효 현미식초 1ℓ, 감자껍질(말린 것) 10g, 발효액
효소(선택사항) 100㎖

1 감자는 깨끗하게 씻어 껍질을 벗겨 말린다.

2 발효통에 천연 현미식초와 감자껍질을 넣는다.

3 입구는 천으로 덮고 묶어두며 뚜껑을 올려놓고 통풍이
잘되는 곳에 둔다. 일주일에 두 번 저어준다.

4 발효 기간은 10일이며 산도 4~6% 내외의 천연 감자껍
질식초가 만들어진다.

5 완성된 식초는 걸러서 밀봉한 후 서늘한 곳에 둔다.

tip 감자껍질식초는 다이어트에 좋고 콜레스테롤 수치를 낮
추는 데 도움이 된다. 껍질을 사용하는 식초이므로 깨끗
하게 씻어 사용해야 한다. 발효 시 매실 등 집에서 만든
발효액 효소를, 식초와 재료를 합한 양의 10% 정도 첨가
하면 색다른 맛을 느낄 수 있다.

고춧잎식초

> **재료** 천연발효 현미식초 1ℓ, 고춧잎(데쳐 말린 것) 12g, 발효
> 액 효소(선택사항) 100㎖

1
고춧잎은 데쳐서 말린다.

2
발효통에 천연 현미식초와 고춧잎을 넣는다.

3
입구는 천으로 덮고 묶어두며 뚜껑을 올려놓고 통풍이
잘되는 곳에 둔다. 일주일에 두 번 저어준다.

4
발효 기간은 10일이며 산도 4~6% 내외의 천연 고춧잎
식초가 만들어진다.

5
완성된 식초는 걸러서 밀봉한 후 서늘한 곳에 둔다.

tip 고춧잎식초는 자궁경부암, 전립선암 등에 항암 작용을
한다. 고춧잎은 깨끗하게 씻은 다음 물에 살짝 데쳐 말
린다. 발효 시 매실 등 집에서 만든 발효액 효소를, 식
초와 재료를 합한 양의 10% 정도 첨가하면 색다른 맛
을 느낄 수 있다.

명월초식초

재료 천연발효 현미식초 1ℓ , 명월초 잎(쪄 말린 것) 8g, 발효액 효소(선택사항) 100㎖

1

명월초는 잎을 따서 씻어 증기로 잠깐만 쪄서 말린다.

2

발효통에 천연 현미식초와 명월초를 넣는다.

3

입구는 천으로 덮고 묶어두며 뚜껑을 올려놓고 통풍이 잘되는 곳에 둔다. 일주일에 두 번 저어준다.

4

발효 기간은 15일이며 산도 4~6% 내외의 천연 명월초 식초가 만들어진다.

5

완성된 식초는 걸러서 밀봉한 후 서늘한 곳에 둔다.

tip 명월초식초는 식후에 바로 먹으면 당뇨 조절에 도움이 된다. 증기로 찔 때 김이 모락모락 올라오면 잎을 넣고 3분간 살짝 쪄 말린다. 발효 시 매실 등 집에서 만든 발효액 효소를, 식초와 재료를 합한 양의 10% 정도 첨가하면 색다른 맛을 느낄 수 있다.

검정콩식초

재료 천연발효 현미식초 1ℓ, 약콩(쥐눈이콩 볶은 것) 100g, 발효액 효소(선택사항) 110㎖

1 약콩은 잡티를 골라내고 흐르는 물에 씻어 풋내만 없어지도록 살짝 볶는다.

2 발효통에 천연 현미식초와 약콩을 넣는다.

3 입구는 천으로 덮고 묶어두며 뚜껑을 올려놓고 통풍이 잘되는 곳에 둔다. 일주일에 두 번 저어준다.

4 발효 기간은 10일이며 산도 4~6% 내외의 천연 검정콩식초가 만들어진다.

5 완성된 식초는 걸러서 밀봉한 후 서늘한 곳에 둔다.

tip 검정콩식초는 혈액순환, 당뇨, 갱년기 여성에 좋으며 성장기 아이들 뼈 성장에 도움이 된다. 구수한 맛이 나며 죽순이나 버섯 등의 무침 요리에 넣으면 신맛과 단맛이 잘 어우러져 맛이 좋아진다. 건더기는 초콩이 되므로 하루 10개 정도를 식후에 나눠 먹으면 좋다. 발효 시 매실 등 집에서 만든 발효액 효소를, 식초와 재료를 합한 양의 10% 정도 첨가하면 색다른 맛을 느낄 수 있다.

겨우살이식초

재료 천연발효 현미식초 1ℓ, 겨우살이(말린 것) 25g, 발효액
효소(선택사항) 103㎖

1

겨우살이는 깨끗하게 씻어 잘라서 말려둔다.

2

발효통에 천연 현미식초와 겨우살이를 넣는다.

3

입구는 천으로 덮고 묶어두며 뚜껑을 올려놓고 통풍이
잘되는 곳에 둔다. 일주일에 두 번 저어준다.

4

발효 기간은 20일이며 산도 4~6% 내외의 천연 겨우살
이식초가 만들어진다.

5

완성된 식초는 걸러서 밀봉한 후 서늘한 곳에 둔다.

tip 겨우살이식초는 혈압 조절과 관절에 좋으며 항암작용이
있는 식초이다. 구입 시에 독이 되는 나무에 기생하는
것을 조심해야 한다. 발효 시 매실 등 집에서 만든 발효
액 효소를, 식초와 재료를 합한 양의 10% 정도 첨가하면
색다른 맛을 느낄 수 있다.

길경식초

재료 천연발효 현미식초 1ℓ, 길경(말린 도라지 뿌리) 15g, 발효액 효소(선택사항) 100㎖

1 길경은 티만 골라내고 먼지를 털어준다.

2 발효통에 천연 현미식초와 길경을 넣는다.

3 입구는 천으로 덮고 묶어두며 뚜껑을 올려놓고 통풍이 잘되는 곳에 둔다. 일주일에 두 번 저어준다.

4 발효 기간은 15일이며 산도 4~6% 내외의 천연 길경식초가 만들어진다.

5 완성된 식초는 걸러서 밀봉한 후 서늘한 곳에 둔다.

tip 길경은 도라지 뿌리 말린 것의 약재명이다. 이 길경으로 만든 천연식초는 기관지, 비염, 당뇨에 좋고 체온 유지에 도움이 된다. 발효 시 매실 등 집에서 만든 발효액 효소를, 식초와 재료를 합한 양의 10% 정도 첨가하면 색다른 맛을 느낄 수 있다.

석류식초

재료 천연발효 현미식초 1ℓ, 석류알(생) 200g, 발효액 효소(선택사항) 120㎖

1

석류는 쪼개어 알맹이만 모은다.

2

발효통에 천연 현미식초와 석류를 넣는다.

3

입구는 천으로 덮고 묶어두며 뚜껑을 올려놓고 상온 또는 냉장고에 넣는다. 일주일에 두 번 저어준다.

4

발효 기간은 20일이며 산도 4~6% 내외의 천연 석류식초가 만들어진다.

5

완성된 식초는 걸러서 밀봉한 후 서늘한 곳에 둔다.

tip 석류식초는 갱년기 여성에 좋으며 체지방 분해와 눈을 밝게 해주어 성장기 아이들과 수험생에게도 좋은 식초이다. 채소 샐러드에 뿌려 먹으면 색감이 좋다. 발효 시 매실 등 집에서 만든 발효액 효소를, 식초와 재료를 합한 양의 10% 정도 첨가하면 색다른 맛을 느낄 수 있다.

오가피식초

재료 천연발효 현미식초 1ℓ, 오가피(말린 것) 50g, 발효액 효소(선택사항) 105㎖

1
오가피는 티만 골라내고 먼지를 털어준다.

2
발효통에 천연 현미식초와 길경을 넣는다.

3
입구는 천으로 덮고 묶어두며 뚜껑을 올려놓고 통풍이 잘되는 곳에 둔다. 일주일에 두 번 저어준다.

4
발효 기간은 20일이며 산도 4~6% 내외의 천연 오가피식초가 만들어진다.

5
완성된 식초는 걸러서 밀봉한 후 서늘한 곳에 둔다.

tip 오가피식초는 간 기능 향상과 혈액순환에 좋으며 숙취 해소에도 도움이 되는 식초다. 오가피 열매 말린 것을 사용해도 된다. 발효 시 매실 등 집에서 만든 발효액 효소를, 식초와 재료를 합한 양의 10% 정도 첨가하면 색다른 맛을 느낄 수 있다.

우엉식초

재료 천연발효 현미식초 1ℓ, 우엉(말린 것) 20g, 발효액 효소
(선택사항) 100㎖

1 우엉은 씻어 편으로 썰어 말려 볶아 둔다.

2 발효통에 천연 현미식초와 우엉을 넣는다.

3 입구는 천으로 덮고 묶어두며 뚜껑을 올려놓고 통풍이
잘되는 곳에 둔다. 일주일에 두 번 저어준다.

4 발효 기간은 25일이며 산도 4~6% 내외의 천연 우엉식
초가 만들어진다.

5 완성된 식초는 걸러서 밀봉한 후 서늘한 곳에 둔다.

tip 우엉식초는 식이섬유가 많아 다이어트에 좋고 남성 정
력에 좋아 성기능이 향상되고 콜레스테롤 저하와 당뇨
에 도움이 되는 식초다. 발효 시 매실 등 집에서 만든 발
효액 효소를 식초와 재료를 합한 양의 10% 정도 첨가하
면 색다른 맛을 느낄 수 있다.

칡식초

재료 천연발효 현미식초 1ℓ, 칡(말린 것) 40g, 발효액 효소(선 택사항) 104㎖

1

칡은 티만 골라내고 먼지를 털어준다.

2

발효통에 천연 현미식초와 칡을 넣는다.

3

입구는 천으로 덮고 묶어두며 뚜껑을 올려놓고 통풍이 잘되는 곳에 둔다. 일주일에 두 번 저어준다.

4

발효 기간은 15일이며 산도 4~6% 내외의 천연 칡식초 가 만들어진다.

5

완성된 식초는 걸러서 밀봉한 후 서늘한 곳에 둔다.

tip 칡식초는 다이어트, 당뇨, 갱년기 여성, 숙취해소 등에 도움이 되는 식초다. 수입 칡이 많이 유통되고 있어 주 의해야 한다. 발효 시 매실 등 집에서 만든 발효액 효소 를, 식초와 재료를 합한 양의 10% 정도 첨가하면 색다 른 맛을 느낄 수 있다.

파뿌리식초

재료 천연발효 현미식초 1ℓ, 파뿌리(말린 것) 30g, 발효액 효소(선택사항) 103㎖

1 파는 깨끗하게 씻어 뿌리를 잘라 말린다.

2 발효통에 천연 현미식초와 파뿌리를 넣는다.

3 입구는 천으로 덮고 묶어두며 뚜껑을 올려놓고 통풍이 잘되는 곳에 둔다. 일주일에 두 번 저어준다.

4 발효 기간은 15일이며 산도 4∼6% 내외의 천연 파뿌리 식초가 만들어진다.

5 완성된 식초는 걸러서 밀봉한 후 서늘한 곳에 둔다.

tip 파뿌리식초는 비염과 고혈압에 좋으며 감기와 피로회복 피부미용에 도움이 되는 식초다. 파의 향이 있어 무침 요리에 넣어 먹으면 좋다. 발효 시 매실 등 집에서 만든 발효액 효소를, 식초와 재료를 합한 양의 10% 정도 첨가하면 색다른 맛을 느낄 수 있다.

계피식초

재료 천연발효 현미식초 1ℓ, 계피(말린 것) 40g, 발효액 효소
(선택사항) 104㎖

1 계피는 티만 골라내고 먼지를 털어준다.

2 발효통에 천연 현미식초와 계피를 넣는다.

3 입구는 천으로 덮고 묶어두며 뚜껑을 올려놓고 통풍이
잘되는 곳에 둔다. 일주일에 두 번 저어준다.

4 발효 기간은 20일이며 산도 4~6% 내외의 천연 계피식
초가 만들어진다.

5 완성된 식초는 걸러서 밀봉한 후 서늘한 곳에 둔다.

tip 계피식초는 위액 분비를 촉진하여 소화작용에 좋으며
심신안정과 당뇨에 도움이 되는 식초다. 계피는 구입 시
곰팡이가 피었는지의 여부를 잘 살펴야 한다. 발효 시
매실 등 집에서 만든 발효액 효소를, 식초와 재료를 합
한 양의 10% 정도 첨가하면 색다른 맛을 느낄 수 있다.

다시마식초

재료 천연발효 현미식초 1ℓ, 다시마(말린 것) 10g. 발효액 효소(선택사항) 101㎖

1

다시마는 티만 털어내고 준비한다.

2

발효통에 천연 현미식초와 다시마를 넣는다.

3

입구는 천으로 덮고 묶어두며 뚜껑을 올려놓고 통풍이 잘 되는 곳에 둔다. 일주일에 두 번 저어준다.

4

발효 기간은 15일이며 산도 4~6% 내외의 천연 다시마식초가 만들어진다.

5

완성된 식초는 걸러서 밀봉한 후 서늘한 곳에 둔다.

tip 다시마식초는 고혈압, 동맥경화 예방에 좋으며 변비가 있을 때 마시면 도움이 되는 식초다. 다시마는 씻지 않고 소금기가 있는 그대로 사용한다. 발효 시 매실 등 집에서 만든 발효액 효소를, 식초와 재료를 합한 무게의 10% 첨가할 수 있다.

무식초

재료 천연발효현미식초 1ℓ, 무(덖은 것) 13g, 발효액 효소(선택사항) 102㎖

1 무는 씻어 채를 썰어 말려 볶는다.

2 발효통에 천연 현미식초와 무 볶은 것을 넣는다.

3 입구는 천으로 덮고 묶어두며 뚜껑을 올려놓고 통풍이 잘 되는 곳에 둔다. 일주일에 두 번 저어준다.

4 발효 기간은 15일이며 산도 4~6% 내외의 천연 무초식초가 만들어진다.

5 완성된 식초는 걸러서 밀봉한 후 서늘한 곳에 둔다.

tip 무식초는 소화작용에 좋아 속이 더부룩할 때 먹으면 소화에 도움이 되는 식초다. 무는 쉽게 볶아지므로 불 조절을 잘 하며 볶아야 한다. 발효 시 매실 등 집에서 만든 발효액 효소를, 식초와 재료를 합한 무게의 10% 첨가할 수 있다.

현미볶음식초

재료 천연발효 현미식초 1ℓ, 현미(볶은것) 50g, 발효액 효소
(선택사항) 115㎖

1
현미를 흐르는 물에 씻어 노릇하게 볶는다.

2
발효통에 천연 현미식초와 현미를 넣는다.

3
입구는 천으로 덮고 묶어두며 뚜껑을 올려놓고 통풍이
잘 되는 곳에 둔다. 일주일에 두 번 저어준다.

4
발효 기간은 15일이며 산도 4~6% 내외의 천연 현미볶
음식초가 만들어진다.

5
완성된 식초는 걸러서 밀봉한 후 서늘한 곳에 둔다.

tip 볶은 현미를 이용한 식초는 혈액순환, 당뇨, 고혈압에
좋으며 남녀노소 누구나 먹을 수 있다. 우유에 타서 먹
으면 구수하면서 요구르트처럼 맛있다. 현미는 생쌀
50g을 씻어 볶아 사용한다. 발효 시 매실 등 집에서 만
든 발효액 효소를, 식초와 재료를 합한 무게의 10% 첨
가할 수 있다.

상지식초

재료 천연발효 현미식초 1ℓ, 상지(말린 것) 35g, 발효액 효소
(선택사항) 104㎖

1 상지는 티만 골라내고 먼지를 털어 준다.

2 발효통에 천연 현미식초와 상지를 넣는다.

3 입구는 천으로 덮고 묶어두며 뚜껑을 올려놓고 통풍이
잘 되는 곳에 둔다. 일주일에 두 번 저어준다.

4 발효 기간은 20일이며 산도 4~6% 내외의 천연 상지식
초가 만들어진다.

5 완성된 식초는 걸러서 밀봉한 후 서늘한 곳에 둔다.

tip 상지식초는 팔다리 어깨가 쑤시고 아플 때 좋으며 식이
섬유가 많아 다이어트에 도움이 되는 식초다. 상지는 뽕
나무 가지 부분이다. 발효 시 매실 등 집에서 만든 발효
액 효소를, 식초와 재료를 합한 무게의 10% 첨가할 수
있다.

생강식초

재료 천연발효 현미식초 1ℓ, 건강(말린 생강) 40g, 발효액 효소(선택사항) 104㎖

1 건강은 티만 골라내고 먼지를 털어준다.

2 발효통에 천연 현미식초와 건강을 넣는다.

3 입구는 천으로 덮고 묶어두며 뚜껑을 올려놓고 통풍이 잘 되는 곳에 둔다. 일주일에 두 번 저어준다.

4 발효 기간은 15일이며 산도 4~6% 내외의 천연 생강식초가 만들어진다.

5 완성된 식초는 걸러서 밀봉한 후 서늘한 곳에 둔다.

tip 생강식초는 체온을 1℃ 상승시켜 따뜻하게 해주고 혈액순환을 돕고 면역력을 증강시켜 감기에 도움이 되는 식초다. 건강(乾薑)은 생강 말린 것의 약재명이다. 발효 시 매실 등 집에서 만든 발효액 효소를, 식초와 재료를 합한 무게의 10% 첨가할 수 있다.

신용철의 참쉬운 천연식초만들기

초판 1쇄 인쇄 2015년 4월 23일
초판 1쇄 발행 2015년 4월 27일

지은이 신용철
펴낸이 김환기
펴낸곳 도서출판 이른아침

주 소 서울시 마포구 마포대로4다길 8(마포동) 경인빌딩 3층
전 화 02)3143-7995
팩 스 02)3143-7996
등 록 2003년 9월 30일 제 313-2003-00324호
이메일 booksorie@naver.com

ISBN 978-89-6745-048-9 13590